现代家政学概论

杨万龄　徐宏卓　主编

上海人民出版社

上海远东出版社

图书在版编目（CIP）数据

现代家政学概论/杨万龄，徐宏卓主编. —上海：
上海远东出版社，2024
ISBN 978 - 7 - 5476 - 2007 - 6

Ⅰ. ①现… Ⅱ. ①杨… ②徐… Ⅲ. ①家政学—开放
大学—教材 Ⅳ. ①TS976

中国国家版本馆 CIP 数据核字（2024）第 078421 号

责任编辑 王　皑
封面设计 李　廉

现代家政学概论

杨万龄　徐宏卓　主编

出　　版 **上海远东出版社**
　　　　 （201101　上海市闵行区号景路 159 弄 C 座）
发　　行 上海人民出版社发行中心
印　　刷 上海中华印刷有限公司
开　　本 710×1000　1/16
印　　张 23.5
插　　页 1
字　　数 305，000
版　　次 2024 年 4 月第 1 版
印　　次 2024 年 8 月第 2 次印刷
ISBN 978 - 7 - 5476 - 2007 - 6/TS・93
定　　价 98.00 元

编 写 说 明

　　近年来，随着我国居民消费能力不断增强和人口老龄化趋势明显，生育政策发生变化，社会分工日益细化，家政服务市场需求增速明显。虽然家政行业发展潜力巨大，但其发展的短板仍十分突出。家政服务业的提质扩容，必须要有一大批层次结构合理、类型齐全、具有较高职业素养和专业能力的高素质人才，而高素质家政人才的培养则需要高等院校的积极参与。

　　2019年6月国务院办公厅发布了《关于促进家政服务业提质扩容的意见》。文件明确表示国家支持高校发展家政学专业，着力培养家政人才和家政学科建设。我国家政学科迎来了前所未有的发展机遇。

　　上海开放大学自2012年开设家政服务与管理专业，经近十年的专科办学，又于2020年成功申办家政学本科，并于2021年正式招生。目前，上海开放大学已成为全国首所且唯一开设家政学本科的成人高校，且已完成了首届家政学本科学生的培养过程。在教学过程中，我们切身感受到适合成人教育的家政学相关教材相对欠缺。《现代家政学概论》是家政学学生进入专业学习的一把开门钥匙，因此我们将其作为开启家政学成人教育教材编写的首选。

　　本教材的编写人员为我校家政学教师，具体分工如下：第一章、第二章由徐宏卓、杨万龄编写，第三章由蒋柳萍编写，第四章由杨万龄编写，第五章由芦琦编写，第六章由四朗曲珍、张佳昊编写，第七章由赵文秀编写，第八章由陈翠华、杨万龄编写，第九章由杨万龄、徐宏卓编写。

在本教材编写的过程中，得到了学校学历教育部和公共管理学院的大力支持。

由于编者水平所限，本书编写疏漏难免。敬请广大师生和读者多提宝贵意见，以便进一步修订与完善。

编者

2024 年 1 月

目　录

第一章　家政学概述

第二章　家庭的起源及发展

第三章　家庭观与家庭伦理

第八章　家庭健康管理与照护

第九章　家政服务业与市场发展

第一章　家政学概述

引言

在现有学科体系中，家政学是一门非常特殊的学科。它的特殊性在于：学科历史非常悠久，但发展至今，其学科地位不增反降，甚至被怀疑到底是一门学科，还仅仅是一项基础性技能。因此，在本书开篇之际，有必要就家政学的起源和发展进行探讨，以在思考往哪里去的时候，也回望从哪里来。

本章学习目标

1. 掌握家政学的概念、内容和定位。
2. 熟悉家政学的研究方法和发展。
3. 了解国内外家政学发展的历程。

第一节　家政学的概念

一、家政的概念

家政行业由来已久，在古代，家政行业在某种意义上是"雇佣类"行业的一种。当然，当时还不存在家政人员、保姆等称呼，而是以管家、仆人等为名。工业革命之后，随着近代城市的兴起和发展，家政行业兴起并不断发展，家政逐渐以一门学科的形式进入人们的视线，并且广受欢迎。

最初，家政是被置于家和家庭的背景下讨论的，但在21世纪，家政的语境已经拓展到了更广泛的生活环境，因为个人和家庭的能力、选择和倾向在从家庭到全社会的各个层面上发挥着影响。家政工作者关心的是个人家庭和社区的赋权和健康发展，以及促进有偿、无偿和志愿者工作的终身学习条件的发展和生活条件的改善。

对于家政，现代意义上对其理解为：家政是对家庭关系及其相关事务的统称。家政涉及家业、家法、家风、收支、教育、人与人的关系，以及家庭与亲戚、朋友、邻里的关系等。而现在通俗所说的家政一般是指家政服务，包括月嫂、保姆、保洁、护理、小时工、家庭搬迁服务等。

二、家政学的学科定义和定位

家政学在中国最早译自英语 Home Economics，是研究如何提高家庭生活质量"满足人们各种生活需求的实践学科"。我国于 1911 年从美国引入家政学，1919 年北京国立女子高等师范学校设立了家政系，这是我国最早的家政学高等教育。

在国际上，家政学作为学科存在已经有 100 多年的历史，其学术地位和影响力得到广泛认可。在"2008 年世界家政学大会"上，国际家政学会发布了题为《21 世纪的家政学》的新一期定位宣言，宣言在总结和修订了以往发布的术语表和定义的基础上，为家政学在当代社会背景下的定位和发展作出了规划，为全世界的家政学研究者和实践者提供了一个明确的学科坐标（见表 1-1）。

表 1-1 "2008 年世界家政学大会"上讨论的具体问题

1	理论思考	对家政学的再思考、研究与理论
2	家政教育	课程计划与开发、教学材料和手段、家政学教师教育、全球教育与能力提升、消费者教育与生活技能、价值观教育
3	家庭生活质量	工作和生活平衡、家庭如何支持个人发展、移民和适应、休闲生活
4	食品与营养	饮食习惯和态度、营养与儿童健康、饮食与健康、食品安全与技术、饮食文化、饮食习惯、文化与心理
5	服装与纺织品	设计、时尚、技术与纺织品、服装设计与穿着习惯、工艺品、传统与纺织品
6	家庭关系	老龄化的挑战、家政学的策略、亲子关系、养老
7	儿童养育	早期教育、父母角色、亲子关系、青少年问题
8	家庭财务管理	家庭理财、可持续发展与消费、消费的多元文化观、消费者信息与沟通
9	家庭产业	家庭的时间利用和生产活动
10	住房与环境	老人公寓的室内设计

（一）学科的定义

在国际家政学界得到公认并沿用至今的家政学定义是："家政学关心的是为个人、家庭、机构和社区当前及未来的利益，运用、发展和管理人类和物质资源。它涉及科学和艺术领域的学习和研究，关系到家庭生活的不同方面及其与物理、经济和社会环境的相互作用。"这个定义既包含了家政学的核心原则，又能让不同国家的家政学者根据自己所处的文化语境进行调整，最终由于精确、简洁、全面和易于翻译而被国际家政学会理事会采纳。

《21世纪的家政学》宣言指出：家政学既是一个学科领域，又是一项职业，它植根于融合了多种学科的人类科学，以求帮助个人、家庭和社区获得尽可能优质的、可持续发展的生活。

（二）学科的内容

家政学的内容是在多种学科基础上，通过跨学科的探究整合而成的。这种学科知识的融合是必要的，因为日常生活中的现象和挑战不是单一维度的。家政学研究的内容取决于具体的情境，但就整体而言包含9个基本方面：食品科学和服务业、营养和健康、织物和服装、住所和安居、消费主义和消费科学、家庭管理、设计和科技、人类发展和家庭研究、教育和社区服务。这种融会贯通各种学科的能力是家政这一学科的优势，它有助于在特定背景下对某一领域作出相应解释。这种学科多元化的特点，以及家政学促进最好的、可持续发展的生活的目标，意味着家政学有可能通过干预、转化政治、社会、文化、生态、经济和科技系统而影响社会的所有层面。家政学者和实践者为达成这些目标而努力的驱动力来自这一学科的道德要求，它是建立在关爱、分享、公正、责任、沟通、反思和远见的价值观之上的。

(三) 学科的定位

家政学作为一个学科领域，要培养新的学者开展研究，发现新知识和思维方式；作为一个为家庭和社区日常生活服务的领域，要发展人类潜能，使人类基本需要得到满足；作为一个课程领域，要通过引导学生进行职业选择或生活准备，帮助学生发现和进一步开发资源和能力，并应用于个人生活；作为一个社会领域，要影响和发展有利于个人、家庭、社区权益和健康发展的政策，运用可转换的方式，促进未来可持续发展。

三、家政学学科的特征

家政学学科聚焦个人和家庭日常生活中的基本需要和实际问题，不仅要关注个人、当地社区层面，而且还要关注社会、全球层面，以使得个人与家庭能够健康发展，并在迎接挑战中得到提高。通过跨学科的探究，整合出多种学科的知识和技能，表现出批判性、改革性、解放性的行动能力，这是提高和支持个人、家庭、社区健康发展的有利途径。学科还要确保家政学各领域之间的相互关联，以求与其他职业进行合作。

当前，世界正以前所未有的速度转变，社会和文化也因此受到巨大的影响。信息时代的复杂、多元和不可预测，要求人们在改变世界的同时，也要努力保留那些社会所重视的元素，这样才有可能进行可持续发展。这正是家政学的潜力所在，也是家政学重新获得关注的原因，更是这个学科的关键价值。

家政学学科具有五个明显的特征。

(一) 独立性

家政学并不从属于其他学科，而是作为一个独立的学科存在，有其独特的研究对象、行为主体、根本目的，也有其自身的内容体系、空间视阈、内在机制，更有其客观存在的历史底蕴、时代价值、社会需求。在家庭生活这个极为重要而又十分特殊的领域里，家政学是最能够引领和指导人们行为实践的科学，除此之外，没有其他任何一个学科能够取代它。

（二）民生性

家政学并不研究和讨论那些宏大的命题，也不是要解决高精尖的技术难题，而是着眼于探究家庭生活中的理论和实践问题，指导和帮助人们充分把握和自觉运用家庭生活的内在规律，科学理性而自在从容地解决自身在家庭生活中遇到的各类问题。从某种意义上讲，家政学与民生息息相关，是直接为改善人们生活服务的。

（三）整合性

作为家政学的研究对象，家庭生活是一个内容丰富、包罗万象的复杂系统，这就决定了家政学学科具有整合性。面对家庭生活可能遇到的各种各样的问题，必须综合运用自然科学、人文社会科学、应用科学、管理科学、生活哲学等各门类研究的成果，以使家庭生活条理化、科学化。纵观我国高校现行的 14 个学科门类（哲学、经济学、法学、教育学、文学、历史学、理学、工学、农学、医学、军事学、管理学、艺术学、交叉学科），几乎每一个学科都能为家政学提供资源。有家政学者指出：家政学具有哲学的高度、历史的厚度、生活的深度、数学的精度、管理的力度、文学的温度、艺术的浓度。正是通过知识整合、兼容并蓄、博采众长，家政学才得以升华为生活的艺术。

（四）实用性

家政学不是唯理论的学科，其更强调实际应用，是从生活理念、生活态度、生活常识、生活技能、生活艺术等角度，探讨人们在家庭生活中对物质和精神文化需求的全面、综合的满意程度，统一人们对家庭生活的认识和看法，指导人们科学正确地对待家庭矛盾、处理生活琐事、提高生活质量，让人们生活得更加幸福和美满。

（五）传承性

家政学不是当代新创的科学，而是一脉相承、代代相传的科学，具有深厚的历史底蕴，批判地继承了数千年来人类文明发展的优秀成果，集合了一代又一代人对家庭生活的思索和感悟，尽管在不同的历史时代有不同的关注重点和表现形式，但是从整体上看，修身齐家、增进福祉、追求幸福的核心理念始终贯穿于家政学的发展之中，体现了文化的传承性。

（六）国际性

家政学作为一种生活之道、幸福学问，并不专属于哪一个国家、哪一个民族，而是满足于全人类的生活需求，服务于世界人民的家庭建设。尽管各个国家、各个民族都有自己历史、地理、文化，因而孕育了丰富多样、特色各异的家政思想和理论，但是其中包含着许多国际通用的思想观点和知识技艺，相互之间可以进行有效的互动、对话甚至融合。

第二节　我国家政学的起源与发展

现行高校学科体系将各类学问分为 14 个学科门类，学科门类下又设置了 112 个一级学科，每个一级学科下又设置有若干个二级学科，目前大学中很多本科专业是基于二级学科设立的。目前，在教育部颁布的《普通高等学校本科专业目录（2020 年版）》中，家政学属于法学学科门类中的社会学类一级学科下的家政学二级学科，专业代码为 030305T，属社会学类专业，授予法学学士学位。

尽管在教育部的专业目录中得到了确认，但人们对于家政学的归属依然有不同的理解。将家政学归在社会学类学科中，很好地解释了家政学的社会关系属性，即它是协调人与人、人与家庭之间关系的学科。但对于家政学的技术属性和自然科学属性，却很难体现。因此，也有专家认为家政学应当属于交叉学科门类。目前国内已有学校将家政学研究生教育设置在交叉学科中，以强调该专业是一门研究家庭成员与家庭、社会关系互动机制、家庭生活规律的交叉科学。

一、家政学的起源

如果按照现代的学科分类，家政学最早源自农学。

（一）嫘祖养蚕

《史记·五帝本纪》载："黄帝居轩辕之丘，而娶于西陵之女，是为嫘祖。嫘祖为黄帝正妃，生两子，其后皆有天下……"

《嫘祖圣地》碑文称："嫘祖……首创种桑养蚕之法，抽丝编绢之术，谏净黄帝，旨定农桑，法制衣裳，兴嫁娶，尚礼仪，架宫室，奠国基，统一中原。弼政之功，殁世不忘，是以尊为先蚕。"

在民间故事中，嫘祖少时常去山上摘野果给家人充饥，一次偶然的机会发现了好吃的桑果。有一天夜里嫘祖做了一个梦，梦见一位仙女告诉她桑果旁边的小虫子是上天送给人间的礼物，它们吐出的丝可以织绸，是做衣服的好材料，仙女还教了嫘祖缫丝、养蚕、织绸的方法。嫘祖醒来后如法炮制，制成了人间第一件丝绸衣服。后来，嫘祖将这套方法传给了家乡父老，并逐渐传遍中华大地。

（二）传说启示

家政学将嫘祖养蚕作为学科的起源，有着特别的启示。

1. 家政学是根植家庭的学科

根植于家庭，是家政学与生俱来的特点。《史记》中所说的黄帝时期，正是古中国从原始社会逐步向奴隶社会过渡的时代，社会生产方式也从以打猎和采摘为生逐步过渡到以养殖和种植为主。嫘祖养蚕开启了家庭生产的先河，而在未来的几千年中国历史中，农耕文明下的生产首先是家庭行为，家庭和家族延续的基础是家庭生产。

2. 家政学是应用性学科

家政学从其诞生起就有着强烈的应用性特点——发现自然界中客观存在的生物，改变其存在方式，发挥其有利于人类生活的特点。这样的应用性行为，在人类未来的生活中不断扩大，程度不断加深，逐步构建出整个农耕文明的生活方式。

3. 家政学关心人类的福祉

家政学的历史起源，目的就是让人类获得更好的生活状态，尽管这样的生活还是很粗陋和原始的，但也是向前迈进了一大步。在嫘祖养蚕之前，原始人类的服装以兽皮和植物叶片等为主，纺织品的使用，大幅提高了服装的保暖性和舒适度，提高了人类生活的幸福指数。

二、封建社会中的家政教育

中国长达 2 000 多年的封建社会，孕育了深厚的家政学思想，"修身齐家""家国同构"成为封建社会家政思想的核心内容。

（一）早期家政思想

早在春秋战国时期，曾子就提出了"正心、修身、齐家、治国、平天下"的思想，即心思端正后才能修养品性，修养品性后才能管理好家庭和家族，管理好家庭和家族后才能治理好国家，治理好国家后天下才能太平。

孟子曰："人有恒言，皆曰'天下国家'。天下之本在国，国之本在家，家之本在身。"也就是说，"家庭"是社会组织的"细胞"，家庭文化是中华传统文化不可分割的有机组成部分，透过家庭之"道"，不仅能透视一个家庭之兴衰，还能体察一个社会之变迁。每个人都以敬畏的态度做好自己，建设和谐美满的家庭，如此国家才能秩序井然，天下才能太平。

秦统一中国后，秦始皇下令实行"书同文"，统一了中华文字，此后大量的家政思想和观点得以规范记录和整理，形成包括《孝经》《列女传》《女诫》在内的一系列经典之作。

《女诫》是东汉班昭撰写的关于女子德行规范的读物，是中国历史上较早地阐述以男尊女卑为原则，以"三从四德"为核心的女子道德规范的书籍，其影响深远，为旧时女训之范本。

《女诫》与明成祖徐皇后的《内训》，唐代才女宋若莘的《女论语》，明代王相母刘氏《女范捷录》合称为"女四书"。

（二）女子家政思想

1.《内训》

家国同构，传统社会中家庭的稳定性直接影响到了一个国家的稳定，而女子在其中的作用是极其重要的，为了能够束缚住女子的行为和思想，女训在古时尤为兴盛，明代是中国封建时代女训发展史的一个重要阶段。

首先是洪武初年马皇后作《女诫》，开了此类训导妇女书籍的风气之先。

在成祖朝，仁孝皇后徐氏于永乐二年冬撰成《内训》一书。《内训》共计20章，分别包括妇女德性、修身、慎言、谨行、勤励、节俭、警戒、积善、迁善、崇圣训、景贤范、事父母、事君、事舅姑、奉祭祀、母仪、睦亲、慈幼、逮下、待外戚等方面的内容，其主旨无非是使妇女恪守礼教，以从妇道。

此后，明兴献皇后蒋氏也著有一本《女训》。此《女训》共计12篇，涉及闺训、修德、受命、夫妇、孝舅姑、敬夫、爱妾、慈幼、妊子、教子、慎静、节俭等方面的内容。

2.《女论语》

《女论语》又名《宋若昭女论语》，是中国封建社会的女子教育课本。是唐代宋若莘模仿《论语》采用问答式形式编著，并由其妹宋若昭订正注释。

全书共12章，即立身章、学作章、学礼章、早起章、事父母章、事舅姑章、事夫章、训男女章、管家章、待客章、和柔章、守节章，每一章都详细规定了女子的言行举止和持家处世事理，且划分为三部分内容：作为女子应该做什么；作为女子不应该做什么；如果违背了规范，会有什么后果和惩罚。

《女论语》作为一部规范具体的女训著述，其训诫形式和体例非常清晰，相比之前的《女诫》更加具体和完备，其指导性和可操作性也更强。

3.《女范捷录》

《女范捷录》是明代儒学者王相之母刘氏所作。全书有统论、后德、母仪、孝行、贞烈、忠义、慈爱、秉礼、智慧、勤俭、才德共11篇。

《女范捷录》宣扬"男正乎外、女正乎内""父天母地、天施地生""忠臣不事两国、烈女不更二夫"等封建思想。虽然书中不乏"三纲五常""三从四德"一类的封建说教，但也较其他女教书有更多的积极成分和思想。

（三）成熟期家政思想

明清两代，封建社会日趋成熟，中国家政教育出现了兴旺的局面，如清乾隆时期编修的《四库全书》也收录了大量的家政书籍。这个时期诞生了一批家政思想的经典著作。

1.《朱子家训》

《朱子家训》又名《朱于治家格言》，是以家庭道德为主的启蒙教材。该书以"修身""齐家"为宗旨，通篇意在劝人要勤俭持家、安分守己，将中国几千年形成的道德教育思想，以名言警句的形式表达出来，全书仅数百字，文字通俗易懂，内容言简意赅，是当时家喻户晓的经典家训。

2.《曾国藩家书》

《曾国藩家书》是晚清名臣曾国藩的书信集。该书信集辑录了曾国藩在长达30年的军政生涯中的千余封书信，所涉及的内容极为广泛，是曾国藩一生主要活动和其治政、治家、治学之道的生动反映。《曾国藩家书》行文从容、形式自由，在平淡家常中体现真知良言，具有极强的说服力和感召力。

（四）家政的内涵

除了事实上的家政思想，在中国古代文献中也曾直接出现"家政"一词，但其内涵与今日所说之家政有巨大差异。如宋代陈亮《凌夫人何氏墓志铭》中的"家政出于舅姑，而辅其内事惟谨，房户细碎，无不整办"；明代王铎《太子少保兵部尚书节寰袁公神道碑》中的"顾夫人摄家政甚肃，一一皆当公意"；清代李渔《怜香伴·逢怒》中的"如今舍表妹自愿做小，要求令爱主持家政"；等等。

简言之，在中国封建历史中的家政，其内涵包括以下方面。

第一，体现了"术"与"道"的结合。家政学在诞生时更多体现为一种提高生活质量的技术，这特点一直延续了千年，内涵中依然有"让生活更美好"的元素。同时，家政学又有"道"的元素，那就是处世之道、治家之道、治国之道。源于家国同构的思想，在家庭中做好了家政，也就能获得治理国家的经验和智慧。

第二，体现了社会管理与文化传承的结合。在封建社会，传递体现统治阶级意志的社会普遍价值观的责任在很大程度上是由家政承担的。通过朗朗上口的诗歌、口口相传的家训，让家庭中的每个年轻人，无论男女，都能获得社会认同的思想和价值观，是统治阶级教化民众的一种方式。

第三，体现了家庭教育和国家教育的结合。唐宋之后的中国古代王朝招纳人才主要是通过科举考试，科举考试的主要依据是四书五经，其中有些内容在孩童时代就通过家政教育传递，使得孩子在进入正规教育之前，潜移默化地完成了基础性内容的学习。

第四，体现了家庭教育更侧重女性教育。封建社会的正规教育一般情况下是不包含女性的，继而有"女子无才便是德"的文化要求，但这并非指女性完全游离于社会规则之外。相反，家政中家庭教育的内容更加偏重于女性，使得在没有正规教育的情况下，依然可以完成对于女性的社会规范普及。

第三节　近代西方家政学及香港地区家政学

家政学成为一门独立的具有现代学术特点的学科是近代发生的事情，近代家政学主要是伴随着近代科学技术在家庭环境中的应用而产生，并从中成熟、独立起来的。

一、近代西方家政学

1840年，第一本家政学研究专著在美国出版，此后，这类围绕如何进行家庭建设、家庭管理，如何支持家庭经济繁荣展开的著作不断出现，这也标志着近代家政学的产生。到1890年，美国的大专院校和高中里广泛开设了家政学课程。1909年，又成立了美国家政学会。到了20世纪30年代，美国家政学界又搜集了大量资料，以充实家政生活教育，并研究家庭所需物品与服务的改进。家政课程的重点从操持家务逐步转到经营家庭消费上，家政学的内容也由"如何去做"转变为"为什么那样做"，此外，家政学不仅研究个人和家庭生活的问题，还研究家庭问题所涉及的国家和国际方面的问题。

以美国为起点，家政学的研究和教学很快在北欧各国、日本、苏联等地普遍开展起来。这些国家的高等院校中设有家政系，职业教育课程中则设有职业家政和消费家政，有的国家甚至还在中学开设了家政课程。

1980年版美国《新时代百科全书》对家政学的理解是"这一知识

所关注的，主要是通过种种努力来改善家庭生活：一是对个人进行家庭生活教育，二是对家庭所需的物品和服务的改进，三是研究个人生活、家庭生活中不断变化的需要和满足这些需要的方法，四是促进社会、国家、国际状况的发展以利于改进家庭生活"。

家政学理论知识渗透在社会生活的方方面面。现代家政的内容特别广泛，包括社会学、艺术学、美学、伦理学等学科分支。随着人们工作方式和生活方式发生的深刻变化，人们对家政服务的需求逐步增加。家政学科领域的研究突破有利于指导家政朝着正确的方向发展，引导家政服务质量不断提高，深化家政行业体制，而家政的发展又进一步促进家政学的广泛化、专职化、技术化。

二、香港地区的家政学

香港地区的高校在家政学的学术领域，与国际上保持了比较密切的互动和交流，其家政学的发展特点有以下表现。

（一）突出家政学的科技化和生活化导向

2007年起，香港地区的家政学学科统一更名为科技与生活，主要研究家庭生活、食品科学与科技、服装与纺织等领域的问题，以协调个人、家庭、社会的关系，改善学生生活素养，促进家庭及个人健康福祉为目标，着力培养学生的生活技能和素养。

（二）突出家政学的专业化和师范性导向

香港地区高校中真正设置家政学学科专业的只有香港大学、香港教育学院、香港浸会大学等少数高校，其开设一方面是为了适应社会发展需要培养高端家政专业化人才，另一方面是为了适应基础教育课程改革需要培养合格的家政课程师资力量。

（三）突出家政学的国际化和本土化导向

香港地区高校在家政学学术领域的发展思路、课程体系和人才培养模式等多个方面都借鉴了欧美和日本的经验，并积极参与国际家政学联合会和亚洲家政学会的活动。同时香港地区高校在家政学的学科发展中也比较突出本土化的导向，强调家政学要为提升香港民众的健康福祉服务，要适应香港家庭生活的特点和要求，要融合香港本土的家庭文化和风土人情。

第四节　中国家政学学科发展趋势

家政学探讨家庭生活发展的规律，需要有其概念范畴体系和理论体系。基本理论是以家庭生活资源及对资源的利用为逻辑起点，弄清家庭发展的基本要素和基本规律，是属于理论家政学领域的研究，是家政学研究的基础。

在基本理论研究的基础上，家政学作为一门新的学科，应该面向未来，探索建立具有中国特色的家政学学科。这既是时代发展的需要，也是民生福祉之所盼。

一、家政学的应用研究

（一）家政学应用研究的含义

家政学的应用研究是对家庭日常生活诸方面的系统研究。研究各种处理家庭事务的实用知识、管理方法与操作技巧，研究党政机关、人民团体、各行各业、各个学科为改善不同类型家庭生活所做的指导、支持和服务工作。家政学的应用研究要满足我国现代家庭生活的实际需要，回答人们在家庭生活中提出的问题。家政学的应用研究属于技术家政学范畴，使家政学研究直指现实生活。家政学的应用研究包括家庭生活设计（家庭生活的规划）、家庭生活技艺、家庭生活测量与评价、家庭生活美学、家庭干预与治疗。

家政学的应用研究应以基本理论研究作为指导，同时，应用研究的深入和发展又可促进基础理论研究的进步。

（二）家政学应用的社会需求

1. 家政服务企业复合型人才需求

家政学教育体系培养的并不是单一专业的人才，而是社会需求的复合型人才。家政学为服务企业培养细分服务市场专业人才、新技术应用型人才、跨界综合性人才、经理人培训的师资等，充分满足了企业单位的用人需求。随着社会的不断进步和发展，家政人才需求仍有较大缺口，急需学校培养各种家政人才参与社会建设。

2. 养老服务行业多元化人才需求

养老服务行业同样对于家政人才有迫切的需求，养老行业不仅需要专业的护工和社工，对于家政人才的渴望也是强烈的，尤其是在居家养老服务方面。因为，养老行业的核心产业需求，如养老设施、养老机构、养老地产、老年护理服务业、老年服饰、老年健康食品、老年医疗等，均需要家政人员进行规范管理与运营。家政人才不仅可以有针对性地对养老相关产业需求（养老用品、老年护理人员培训、劳务派遣等，来自老年人深层需求的娱乐、学习、旅游等）进行满足，也可以满足其衍生产业需求（开发老年储蓄型投资理财产品、长期护理保险产品等）。

3. 家政教育的多层次人才需求

家政教育需要培养多层次人才，以适应社会的发展。其中有些课程应从娃娃抓起，即中小学劳动教育体系下的家政、烹饪、手工、园艺、非物质文化遗产等相关课程。但这还是远远不够的，社会培训和职业教育培训师资需求同样重要。围绕家政教育的多元教育，学院派学生需要经历市场化改造，以适应未来变幻莫测的客户需求，所以资质证明不仅是对客户的保证，也是为了适应市场的不断变化。最后，高等教育师资培养和家政学理论研究需求也是必要的，可通过开展家政学应用研究对家政业发展趋势做出最精准的判断，引导家政人才未来的工作走向，并挖掘更科学合理的服务模式和运营理念，激发家政行业的活力，调整产业结构，指导未来家政教育的发展方向。

要在构建家政教育体系的同时，让家政教育渗透到家庭教育中；开展社区教育与培训，进行家政技术普及和普惠；开展以家政学职业教育为主导的应用型教育；建立以家政学高等教育为主体的研究型教育。

二、家政学的研究方法

科学研究是追求知识或解决问题的一种活动，是通过经验观察和逻辑推理，系统地探索人类未知的世界，积累真理性知识的过程。从事科学研究活动所用的手段便是科学研究方法。

具体来说，家政学研究可以采用以下几种研究方法。

（一）文献研究法

在社会科学领域，文献研究是通过收集和分析现存的，以文字、数字、符号、画面等信息形式出现的文献资料，来探讨和分析各种社会行为、社会关系及其他社会现象的研究方式。对家政服务业进行文献研究就要查阅近年有关家政服务业的国内外文献，尤其是国内外最新的研究成果，以便尽可能全面地收集相关资料，深入地了解这一领域的相关问题，进而通过对于文献的收集和整合，借鉴有关的观点，分析发现的问题，寻求解决思路。

（二）观察法

观察法是科学研究最基本的方法之一，它是通过感官或借助一定的仪器设备，在自然条件下有目的、有计划地观察研究对象的某一项或几项内容，以收集研究资料的方法。观察法的种类包括直接观察与间接观察、自然观察与实验观察、参与观察与非参与观察、结构化观察与非结构化观察、系统观察、取样观察和评定观察等。科学研究中的观察具有如下特点。

1. 科学观察是有目的、有计划的感知活动

科学观察有别于日常生活中自发的观察。科学观察的目的性，表现在对观察所要解决的问题，所要获取的资料，有预先明确的规定与界定。科学观察的计划性，表现在对观察活动的时间、顺序、过程、对象、仪器、记录方法与手段都有预先的安排和准备，并照此进行。

2. 科学观察通常是在"自然发生"的条件下进行

也就是说，研究者对所观察现象发生的情景不加控制，不加干扰，以确保观察对象的"自然性""真实性"。

3. 观察总是要借助于一定的"工具"

观察的工具可以是研究者的感觉器官，也可以是各种可延伸研究者感官功能或克服研究者感官局限的仪器设备，这些仪器设备包括显微镜、望远镜、探测器以及各种录音录像设备等。

（三）访谈法

访谈法是根据研究目的和问题，由访谈者控制谈话过程，通过与被访谈者的交谈，来有效收集研究所需信息和资料的方法。访谈法的类型包括结构性访谈与非结构性访谈，个体访谈与集体访谈，直接访谈与间接访谈等。

作为科学方法的访谈有着严格的方法学要求。

1. 访谈法有明确的研究目的

访谈法是为了从被访者那里收集信息，以达成某一研究目的，解决特定的研究问题。总之，访谈法的目的性和针对性都很强，所有的访谈设计与安排都是为实现研究目的服务的。

2. 访谈法注重对方法效度的考量

这也是所有科学方法的共同特征。一种方法之所以被称为科学方法，一个重要的原因是，它通过某种合理的设计，来回答对于其效度的质疑，从而使研究结果经得起检验和推敲。作为一种科学研究方法，访谈法需要在设计和实施的每一个环节都进行严格的考量。

3. 访谈的实施过程是由访谈者控制的

为了达成研究目的，确保访谈资料的可靠性和有效性，研究者或者访谈者要负责控制谈话过程以及其他访谈安排。例如，访谈者可以调控谈话的节奏和进程，确保谈话不跑题，从而有效地收集对研究"有用"的信息。

在家政学研究中，针对我国家政服务业发展过程中出现的问题，尤其是引起争议、社会反响较大的问题，可采取实地调研访谈的研究方法。在实地调研的过程中，通过与国家机关的相关管理人员，各省、地、市的家服办负责人，家政（庭）服务行业协会"百强"家政服务企业管理者，家政服务从业人员，以及业内的资深专家和学者进行充分交流和探讨，能对家政服务企业在发展中所面临的问题进行进一步认识，为后续的研究分析提供翔实的第一手材料。

（四）调查法

调查法是借助调查工具，包括问卷和量表，以严格设计的问题，通过被研究者作答或自我报告获得资料的方法。调查法在家政学中的运用，一般是通过从群体中抽取样本进行调查，以发现影响家庭生活的因素。调查的目的一方面是为了获得基本人口学数据和所调查问题（如家庭幸福感）的基本情况，另一方面是要获得变量之间的关系。例如，研究某市家庭父母对子女的教养方式，可以从全市 200 万户家庭以 0.25％的抽样率选取 5 000 户为样本，由调查员携带调查表登门访问，或邮寄问卷给样本家庭填答，直接从样本家庭搜集资料，然后根据假设从所得资料分析各种社会阶层的家庭（社会学层面的自变量）与教养子女的态度（心理层面的因变量）的关系。

（五）实验法

实验法是通过对实验条件的操纵和控制来考察自变量和因变量之间的因果关系的一种方法。实验法最初是自然科学使用的主要方法，19世纪以来，社会科学开始借鉴自然科学的方法来研究社会现象和个体现象。实验法相对前述研究方法对研究过程的要求比较严格，在结果推论时逻辑也更为严谨，以此保证变量之间的因果关系的可靠性。实验研究包括实验室实验和现场实验，真实验、准实验与前实验等。实验研究遵循以下程序。

1. 操纵自变量

自变量是主要的实验条件，通过改变或创设实验条件，有系统地对被试施加影响，可以观测、比较不同实验条件下因变量的系统变化或差异。例如，要研究室内温度是否影响人际信任水平，可以系统地改变温度，即设置不同的温度条件，然后观察在温度不同时人们表现出的人际信任水平是否有相应的差异。如果因变量表现出差异或变化，则推定可能是自变量所致。

2. 控制干扰变量

要确保自变量对因变量关系的纯净，必须控制实验中的无关变量或干扰变量。实验过程中，可能有各种导致实验结果变异的来源，如环境中额外刺激实验过程带来的干扰因素，只有控制住这些因素，才能让自变量和因变量之间的关系更有说服力。例如，研究室内温度对人际信任水平的影响时，如果改变温度是通过开关大功率电灯来实现的，结果虽然可能发现温暖时人们表现出更高的信任水平，但这个结果没有说服力，因为开灯不仅提供了热量，还导致了照明条件的改变，这样就可以怀疑人际信任水平的提高不是因为室内温度，而是因为照明条件改变引发的。

3. 使个体变量保持恒定

在实验研究中，很多变量的影响是无法消除的，这些变量主要是个体自身因素（如被试的性别、年龄、心情），也包括一些与个体因素有交互作用的实验环境方面的因素，只要被试存在，这些因素的影响就存在，这时只要确保个体之间或处于不同实验条件下的各组之间这些因素的影响对等或恒定，就可以确保自变量的变化是因变量变化的原因。例如，在研究信任时，有的人"天性"就是容易相信别人，有的人则不然，但如果每种实验条件下的样本量足够大而且被试是按照随机程度入组的，我们就可以推定两组被试基础的信任水平是对等的。

4. 观测因变量的变化

实验研究要在自变量得到了有效操纵而且无关的、干扰性的变量被有效控制的情况下，观察和测量因变量的变化。只有观察到因变量系统、稳定的变化，才能推定是自变量使然。如在人际信任的研究中，可以通过真实的信任博弈实验考察被试愿意拿出多少钱投资给陌生人，投出的钱数就代表了信任水平。如果研究中确实观察到温度不同时投资数额有变化，就可能说明二者的因果关系。由于家庭生活的自然性和不可操纵性，现场实验可能更加适合在家政学研究中使用。此处的现场实验也称为自然实验，它是指在被试日常生活的自然情况下，增加或改变某些条件来考察家庭成员行为变化的方法。

（六）比较研究法

比较法是人类确定事物异同关系，从而认识客观事物的一种重要思维过程和方法。通过根据一定的标准把彼此有某种联系的事物加以对照，并确定其相同之处和不同之处，便可以对事物作出初步的分类。在对事物的内外各种因素和各个方面进行了深入分析和比较以后，就可以揭示事物之间的内在联系，认识事物的本质。例如，可以按国别选取美国、日本、英国、法国、菲律宾等进行比较研究，比较研究这些国家的家政服务业在世界家政服务业发展过程中具有一定代表性和自身发展的特点。

（七）案例分析法

案例分析法又称为个案分析法，指的是将实际运作中可借鉴的具有一定经验价值的案例进行提取，并运用一定的分析技术对案例进行分析，进而得出普遍性结论的一种研究方法。在案例研究的过程中，对多个案例进行深入、系统的分析与比较能使案例研究的结果更为全面和更具说服力，能提升案例研究的有效性。

通过对家政服务业典型案例分析研究，能进一步了解目前家政学的发展现状以及内部创新活动开展的具体操作原则、方法和流程，进而通过归纳和总结，突出当前学科层面创新开展的重点内容、主要途径和面临的重要问题等，为后续的政策建议和措施落地提供基础。

三、中国特色的家政学发展趋势

（一）家政学的主流化

随着我国人口老龄化、家庭小型化、生活小康化和服务社会化的发展，人们对家庭生活质量的要求不断提高，家政学学科的独特价值会充分体现，并得到社会各界的高度重视，在高等教育体系中确立并巩固自己的地位，在参与、服务、助推我国家政行业大发展的过程中实现自身的转型和提升，从学术的边缘走向中心，最终成为一个富有生命力的主流学科。

（二）家政学的系统化

家庭生活实践的发展是家政学学科发展的源泉和动力，在家庭生活实践的推动下，家政学学科将会向系统化的方向发展，研究范围将会进一步拓展，内容体系将会进一步完善，研究方法将不断推陈出新。研究者们将会综合运用相关学科的理论和方法，不断挖掘家庭生活的内在规律，对家政学进行整体建构和优化设计，从而构建出完整的家政学学科理论体系和方法体系。

（三）家政学的本土化

本土化是我国家政学学科发展的重要方向和必由路径。可以预期，未来的家政学研究者们将会以强烈的文化自觉来创新家政学学科的研究范式，对接我国现实家庭生活实践发展的需要，把外国的家政学理论和我国传统家政文化进行有机结合，从而创建符合时代需要和彰显中国特色的家政学学科。

（四）家政学的国际化

在家政学的国际科学共同体中，中国作为一个家政文化历史悠久的文明之邦，理应扮演重要角色，做出卓越贡献。尤其是在建设文化强国的新时代，家政学承载着传播中华文化的特殊使命，这一文化使命将会推动我国家政学学科主动走向国际舞台，全面展示我国传统家政文化的特色和魅力。同时，在全球文化融合的大背景下，我国的家政学研究者将会自觉融入家政学国际科学共同体，与国外家政学者开展学术对话和交流，学习借鉴并合理吸收别国的优秀成果和先进经验，从而推动我国家政学从学科自觉走向学科自信，再到学科自强。

（五）体现时代价值

家政学界有句名言：只要你是一个正常人，还想像一个正常人一样生活，就应该学家政学，懂家政学，用家政学。这段话在一定程度上反映了家政学的时代价值。

1. 增进国民健康

家政学所涵盖的内容，如住地的环境卫生、饮食的营养均衡、衣着的舒适保温、生活的起居规律、工作及休闲的安排、美的陶冶与爱的滋润，均直接或间接有助于国民健康。

2. 稳固婚姻关系

婚姻关系建立在家庭基础之上。透过家庭教育，在婚前，教导青年注意礼仪，以及与家人和朋友相处的道理，进而探讨择偶和组成家庭；婚后，教育已婚男女互敬、互爱、互谅、互助的夫妻相处之道。

3. 培育下一代

通过正确的亲子教育，避免父母对子女的溺爱、偏爱、期望过高或漠不关心等种种问题。文化背景、教育程度、经济状况及生活水准均会影响父母教育子女的原则与方法。

4. 培养家政人才

文化越进步社会分工越精细，现代家政范围非常广泛，所以必须设置专门的学科专业来推行家政教育。

5. 增强消费者的常识

农业社会自给自足，工商社会互助互利。家政学使大家了解如何正确选购、使用及保养产品。

第二章 家庭的起源及发展

引言

家庭是人类社会最普遍的基础性社会组织，是人类日常生活最重要的组成部分。人们在家庭中出生，在家庭中长大，又组建了新的家庭，孕育了新的生命，如此反复。而不同的家庭又是各有特点、各具特色，不仅影响着每个人的成长，造就了不同人的性格，促进了人与人之间差异的形成，同时也对社会的发展发挥了重要的影响力。

家庭是爱的源泉，是扬帆起航后归憩的港湾，是爱的最初栖息地。在这个温馨的空间里，亲情、友情和爱情汇聚成一股暖流，滋润着每个家庭成员的心田。家庭是我们情感生活的起航点，也是心灵和身体的休养地所在。

家政学是研究家庭生活，研究人如何在家庭中更好发展的学科，因此有必要全面了解家庭及其特点。

本章学习目标

1. 掌握家庭的概念、功能及当代家庭的特征和问题。
2. 熟悉家庭的发展及家庭的分类。
3. 了解人类文化发展和家庭的关系。

第一节　家庭的概念

关于家庭的概念，有着很多种不同的说法，古今中外很多学者对于家庭的概念进行了各种解释。

一、古代中国

古籍上时常出现"家庭"一词，但其含义却不尽相同，具体而言有以下几种。

（一）居住的地方

中国历史上很早就出现了对于家庭的解释。例如在东汉许慎所著《说文解字》一书中认为"家，居也。从宀"。清代段玉裁对此的注解是"本义乃豕之居也，引申假借以为人之居"。认为家的本意是猪居住的地方，而因为猪在远古就被人类圈养，所以引申为居住，即家就是人居住的地方。

（二）房屋里

《后汉书·郑均传》中记载"均好义笃实，养寡嫂孤儿，恩礼敦至。常称疾家庭，不应州郡辟召"。即郑均忠厚老实，赡养守寡的嫂嫂和侄子，恩情和礼数非常周到，经常称病在家，不理会州郡官府的召唤。

（三）社会单位

有些书中记载的家庭，其含义是以婚姻和血统关系为基础的社会单位，成员包括父母、子女和其他共同生活的亲属。如唐代刘知幾所著《史通·辨职》记载"班固之成书也，出自家庭；陈寿之草志也，创于私室"，还有明代邵璨所著《香囊记·义释》记载"家荡散……离家庭"。

（四）院落，庭院

《宋史·章得象传》记载"得象母方娠，梦登山，遇神人授以玉象；及生，父奂复梦家庭积笏如山"。清代东轩主人所著《述异记·虾蟆蛊》记载"奉之者家庭洒扫清洁，止奉蛊神"。都是将家庭定义为院落或者庭院。

二、西方

在古罗马的记载中，Famulus（家庭）的意思是一个家庭奴隶，而 Familia 则是指属于一个人的全体奴隶。古罗马人用 Familia 一词表示一种以父权支配妻子、子女和一定数量奴隶的社会机体。马克思和恩格斯认为："每日都在重新生产自己生命的人们开始生产另外一些人，即增殖。这就是夫妻之间的关系，父母和子女之间的关系，也就是家庭。"

奥地利心理学家弗洛伊德认为：婚姻是肉体的机能，家庭是肉体生活同社会机体生活之间的联系环节。弗洛伊德将家庭和社会功能结合起来，但是其对于婚姻和家庭的解释一如既往地秉承着他的"泛性论"，从性生活的角度来解释。

美国社会学家伯吉斯在《家庭》一书中提出：家庭是被婚姻、血缘或收养的纽带联合起来的人的群体，各人以其作为父母、夫妻或兄弟姐妹的社会身份相互作用和交往，创造一个共同的文化。该观点不仅将家庭和社会关系结合起来，还进一步将家庭的作用提升到文化层面。

美国人类学家默多克在《家庭结构》一书中指出：家庭就是以共同居住为基础，以在经济上互助和生育子女为特征的社会集团，它具有为社会所承认的性关系，至少有 2 名成年男女及亲子或养子。

三、近现代中国

《中国大百科全书·社会学卷》对家庭的定义为：家庭是由婚姻、血缘或收养关系所组成的社会生活的基本单位。

社会学家孙本文先生认为：通常所谓家庭，是指夫妇子女等亲属所结合之团体而言。故家庭成立的条件有三：第一，亲属的结合；第二，包括两代或两代以上的亲属；第三，有比较永久的共同生活。从传统家庭的角度来看，孙先生对家庭的定义是非常确切的，中国传统文化中对于家庭的理解肯定包括一对夫妻和一对以上的已婚子女同居，而以现代的眼光审视，孙先生的定义也不能涵盖所有。

学者谢秀芬认为：家庭的成立乃是基于婚姻、血缘和收养三种关系所构成，在相同的屋檐下共同生活，彼此互动，是意识、情感交流与互助的整合体。谢秀芬的定义强调了家庭成立的基础、生活地点、互动关系、情感等因素，是相对比较完整的家庭定义，但是其对于家庭基础的三种关系分析也未必能涵盖当代社会的所有情况。

四、家庭的概念

在充分尊重社会现实的前提下，家庭应当包括以下四个要点。

（一）家庭以婚姻关系为基础

从历史和现实的角度来看，家庭是婚姻的结果，婚姻是家庭的起点和基础。在大多数情况下，没有男女两性结合的婚姻关系，就不可能有子孙后代人类的延续，也不可能形成父母、子女的关系。所以，有无婚姻关系是判断有无家庭的重要依据。此外，在目前的社会现实里，这里所说的婚姻关系范畴也包含了一部分的事实婚姻关系。

（二）以子女、情感、世俗观念等关系为纽带

以婚姻或者事实婚姻为基础的家庭成立后，必然有一根纽带维系着家庭的存续，否则家庭就会解体。一般而言，维系家庭的纽带包括情感、子女和世俗观念三种。

男女婚姻成立后，通常会生儿育女，即使生育发生困难时，也会想法收养、过继下一代。家庭中下一代的到来意味着这个家庭更加稳定，抗风险能力更强。也有的夫妇一生无儿无女，但是家庭关系非常稳定，这主要是因为夫妻双方保持良好的情感关系。当然也有夫妇不仅没有孩子，而且经常性争吵，似乎关系并不和睦，但是家庭却始终稳而不破，对这类家庭而言，世俗观念的影响是维系其存在的纽带。

（三）家庭以较长时间的共同生活为存在条件

判断家庭的组成还应当以其成员是否有共同的生活活动为标准。成年子女与父母虽然有血缘关系，但却独立门户，组建了自己的家庭，这样他们与父母就不再属于同一家庭。

（四）一定程度上的经济共有和共享

家庭的特征还在于经济上的共有和共享。大学集体宿舍里的舍友及部队中住在同一个营房的战友，尽管他们也是生活在同一空间内，

有着一定的情感，但却不构成家庭，因为这些人在经济上是以个体为单位，没有真正的共有和共享。

　　总之，家庭是社会中最小的细胞，也是最基础的抗风险组织。当个人遇到风险或者大事故时，首先是家庭成员不遗余力地提供支持，帮助其渡过难关。

第二节　家庭的历史发展

家庭是不是从人类产生之初就存在的呢？显然不是，任何事物的产生和发展都需要经历一个过程，家庭也是如此。在谈家庭的历史前需要先简要地了解一下人类文化的各个阶段。

一、人类文化的发展

恩格斯在《家庭、私有制和国家的起源》一书的开始就引用摩尔根的研究，认为人类文化的发展主要经历了三个时代——蒙昧时代、野蛮时代、文明时代。

（一）蒙昧时代

在蒙昧时代的早期，人类生活在热带或者亚热带的树林中，还没有现代意义上的"家"，就连他们居住的地方也不是现代意义的"房子"，而是居住在树上，这样可以躲避大多数猛兽的袭击。他们的食物来源主要是野果、植物的根茎等自然生长的植物。也许是过了几千年，到了蒙昧时代的中期，人类的祖先开始采用鱼类作为食物，并且开始使用火，这是人类发展史上的一大进步，使得人们能够向更加寒冷的北方迁徙。人类也可以从树上下来了，因为几乎所有的动物都不敢接近火。到了蒙昧时代的高级阶段，人类发明了弓箭，猎物便成了通常的食物，打猎也成了常规的劳动之一，而从很多考古的成果可以明显看到，此时已有定居村落的萌芽。

（二）野蛮时代

之后人类进入了野蛮时期，相比于蒙昧时代，这是历史的进步。在野蛮时代的初期，人类学会了陶器的制作和使用，同时人类又学会了另外两项至关重要的技能：动物驯养和植物种植。这是历史的一大进步，人类可以逐渐摆脱完全依赖打猎和采集的生活，可以相对固定地居住在一个区域，通过劳动获得稳定的食物来源。于是到了野蛮时代的中级阶段，人类住在用木头或者泥土制造的房子里，并且用栅栏将村落围起来抵御猛兽或者其他部落的袭击，人类甚至还学会了挖掘人工水渠灌溉自己的田地，进一步提高了农作物的产量。在野蛮时代的高级阶段，人类学会了铁矿冶炼，这使得人类的生产力大大提高。

（三）文明时代

文明时代有三个特点。

第一，建立在人剥削人的基础上，并以生产资料的私有制为其共同的基础。

第二，存在和发展着不同程度的商品货币经济。商品货币经济存在一只"看不见的手"调节着自身的规律，这种规律不以人们的主观意志为转移，甚至成为一种客观的规律。

第三，国家的统治。相对于蒙昧时代和野蛮时代，原来曾经是社会公仆的社会组织已变成了阶级压迫和阶级统治的工具，一切权力建立在制度的基础上。

综上，可以对人类的历史发展进行一个总结：在蒙昧时代，人类是以获取天然产物为主，人工产品仅起辅助作用；野蛮时代人类学会了畜牧和农耕，使用铁器等技术增加农业的产量；文明时代是人类学会对天然产物进一步加工的时期，是真正的工业和艺术的时期。

二、人类家庭的发展

从蒙昧时代到今天，人类家庭经历了杂交而居、血婚、伙婚、偶婚、专偶这五种形态的传递演变。

（一）杂交而居

在蒙昧时代早期，人类的两性关系也同样处于蒙昧之中，从严格意义上而言这一时期只有性关系而没有家庭。事实上，是有学者否认杂交而居是一种家庭形式，他们认为血婚制家庭才是家庭发展的第一阶段。但是，两性关系是家庭的开端，也是家庭的基础，所以我们还是要从杂交而居谈起。当人类还不能称之为"人"的时候，过着类似于动物的生活，没有语言，没有思想，有的是野性，是类似动物的生殖行为。也许人类最初的生活是如同狮子一样的个体生活，当偶尔发现大家联合起来可以猎取更多的野兽（这意味着更多的食物），也可以抵御更大野兽的攻击后，他们联合了起来。联合起来的原始人类有着动物本能的性冲动，由于还没有人类的思想，他们从来没有想到要规范自己的行为，所以杂乱混交是此阶段人类两性关系的真实写照。

（二）血婚制家庭

何谓血婚制家庭？摩尔根在《古代社会》中这样给它下了定义：凡是若干兄弟和若干姊妹相互集体通婚的，他们的家庭就是血婚制。那两者的主要区别在什么地方。在蒙昧时代的中期，人类的两性关系开始出现了简单的禁忌：不准父母与子女发生两性关系，血婚制家庭按照辈分划定婚姻集团的范围，同辈的人构成夫妻圈子。这种家庭相对于"男性属于所有女性，女性属于所有男性"的杂交而居，的确是很大的历史进步。这种进步是和当时社会生产形式的发展相适应的。

进入蒙昧时代的中后期，社会分工的出现有可能将所有的人按照年龄进行分工，成年男女狩猎、捕鱼，老年人从事辅助工作。这样，年龄相仿的男女成为共同劳动的集体，年龄差距大的逐渐分开，接触机会减少，当然发生两性关系的机会也大大降低。

（三）伙婚制家庭

伙婚制家庭出现在血婚制家庭的后期，是指一些嫡亲的和旁系的姊妹集体地与不是自己兄弟的男子婚配，同伙的丈夫之间不一定是亲属，同伙的妻子之间也不一定是亲属，但是不准兄弟姐妹之间发生婚姻关系。摩尔根在《古代社会》中指出，凡是几个姊妹和她们相互的丈夫集体通婚，或者几个兄弟和他们的相互妻子通婚的地方，他们的家族就是伙婚制。在排除了父母与子女通婚的血婚制之后，排除了兄弟姊妹之间通婚关系的伙婚制是人类历史上的又一进步。产生伙婚制家庭的原因主要是自然选择规律，因为禁止血亲婚配有利于促进人类自身素质的提高。也有一种观点认为伙婚制家庭的出现与生产力水平密不可分，在蒙昧时代的高级阶段，由于弓箭的发明，狩猎是经常性的劳动，此时必须进行生产分工，实行原始水平下的共产经济，这种低水平的经济又不足以支撑所有的人口，因此必须有一部分人被分出部落之外，而兄弟与姊妹的分开是最好的选择。

（四）偶婚制家庭

偶婚制家庭是由一对配偶结婚而成的，但不仅限于和固定的配偶同居，婚姻关系仅在双方愿意的情况下才保持下去。偶婚制家庭是一种不牢固的个体婚，是群婚向一夫一妻制的个体婚过渡的婚姻家庭形式。其特点是，一个男性与一个女性过着不稳定的婚姻生活。随着人类社会进入野蛮时代后，关于婚姻的禁忌越来越多，最初是一个男子在众多妻子中有一个主妻，一个妻子在众多丈夫中有一个主夫，这种形式逐渐过渡到一个男子和一个女子的共同生活，偶婚制随之产生。家庭的演化离不开生产力的发展，蒙昧时代的中晚期，原始农业和畜牧业逐渐过渡到锄耕农业和家畜饲养，人们已经能够依靠自身的力量聚居在相对固定的地方依靠农业生产存活下去。生产力的发展进一步导致了剩余产品的出现，在部落之间、氏族之间甚至个体之间开始发生交换现象，这时候群居生活和群居婚姻不再适合当时的生产力特点，婚姻关系也随之发生了重要变化。同时由于氏族内部婚姻禁忌不断完善，氏族内部禁止结婚，不仅排除了同胞间的婚姻，也排除了同一氏族内的通婚，这促使人们不得不在其他氏族内通过婚约、购买甚至抢夺的方式寻求妻子，这样女子就显得相对稀少，男子在获得女性后就不愿意同别人共享，从而进一步缩小了婚姻集团的范围。

（五）专偶制家庭

专偶制家庭的基础是一男一女的婚姻，并排斥与外人同居，它是偶婚制随着生产力的进一步发展而发展后的必然产物。随着蒙昧时代血婚制家庭、伙婚制家庭、偶婚制家庭的三大演变后，人类的家庭形式越来越趋于稳定化。恩格斯在其《家庭、私有制和国家的起源》一书中认为在偶婚制晚期，人类社会进入野蛮时代，社会各方面相比以前都有了极大的进步，物品大大丰富起来，人们的私有欲望也随之膨胀起来，越来越渴望独占更多的财富，同时排斥其他人侵占自己的财富，人们希望将自己的财富延续到自己的后代，由子女作为自己财富的合法继承人。这就需要确认由婚姻的配偶所生的真正后裔，需要实行单偶制的婚姻制度。正是由于私有财产的出现和对子女继承的需要，产生了个体婚姻家庭。个体婚姻家庭是一夫一妻制家庭，它有着比以往家庭更坚固和更稳定的婚姻关系，能够确保财产沿着父系传递和延续。

第三节　家庭的类型

家庭的类型很多，按照不同的标准会区分出不同的类型。

一、按家庭结构分类

按照家庭中的代际要素和亲属关系的结构特征对家庭进行分类是最常用的家庭分类方法，按此标准可将家庭分为夫妻家庭、核心家庭、主干家庭、联合家庭等。

（一）夫妻家庭

指只有夫妻两人的家庭。这种情况比较多，如小夫妻刚刚结婚孩子还没有出生这段时间的家庭，夫妻自愿为丁克的家庭，夫妻由于生理原因不能够生育子女的家庭，子女成人独立居住后只余下父母二人的家庭。夫妻家庭以夫妻二人的情感生活为中心，对情感的要求较高。夫妻家庭变化的可能性也是很大的，有些家庭孩子出生后成为核心家庭；有些家庭由于情感不合又没有子女作为家庭的纽带，往往会走向破裂；有些老年人家庭，随着一方的离世，而变成鳏夫独居或寡妇独居家庭（有些学者认为这不属于家庭的范畴）。

（二）核心家庭

即由父母和未成年子女组成的家庭。核心家庭的结构比夫妻家庭复杂一些，家庭事务也更多一些，核心家庭已经成为现代城市家庭的主要形式。美国社会学家帕森斯强调过核心家庭的重要性，他认为随着社会的现代化进程，核心家庭在各种结构形式家庭中的比例呈现上升趋势，中国及世界其他地方的发展完全印证了他的判断。核心家庭的特点是规模小、人数少、交往密切。核心家庭以与夫妻双方父母家庭的纵向联系为主，两者关系相当密切，彼此之间相互关心，经济上、情感上、生活上相互依托，逢年过节核心家庭的成员往往在父母家度过。

（三）主干家庭

即由两代或者两代以上夫妻组成，每代最多不超过一对夫妻且中间无断代的家庭。现在较多的是夫妻婚后同男方或者女方的父母一起居住。由于中国三十年来实行的计划生育政策，再加上现代社会节奏加快，使得当今社会上主干家庭的数量较多。主干家庭相对于核心家庭关系就复杂得多，出现了上下两代人的两对夫妻，两个中心，如果处理不好很容易产生诸如婆媳关系等较难处理的问题。但主干家庭的存在也客观上为中国社会解决了很多现实性的困难，如老人在家庭中可以起到照顾孙辈的角色，同时主干家庭又为老龄化社会承担了家庭照顾的角色。

（四）联合家庭

联合家庭就是由父母和多对已婚子女组成的家庭，其家庭成员还可能有已婚子女的后代，或者其他未婚和未成年的成员。联合家庭属于大家庭，其突出特点是一代甚至几代人中有多对已婚夫妻的存在。联合家庭中，家庭关系更加复杂，既有两代人之间的矛盾，又有同代人之间的冲突。联合家庭在现今已经非常少了，大城市中由于生活节奏加快以及住房条件的现实，出现联合家庭的概率更低。

（五）其他形式家庭

扩大家庭，即由一个核心家庭加入非直系的未婚亲属组成的家庭，例如夫妻一方的未婚兄弟姐妹来到这个家庭共同生活。

隔代家庭，即由祖父母与孙代组成的家庭。现代社会农村，大量劳动力进城务工，将孩子托付给自己的父母养育，形成的就是隔代家庭。隔代家庭产生了很大的社会问题，大多数是不利于孩子心理的健康成长的。

另外还有由父母中的一方与子女组成的单亲家庭，只有一个人生活的单身家庭等。

二、按其他标准分类

家庭的分类方式也很多，按照不同的标准可以得出不同的分类结果及特征。除了以家庭结构为分类标准外，还可罗列以下分类标准。

（一）按居住形式分类

此种分类是以男女双方结婚后选择的居住方式为标准分类，可分为从夫居、从妻居、另择新居、分居四种形式。

1. 从夫居

从夫居就是结婚后夫妻双方与男方的父母一同居住。这是中国最为传统的居住模式，也是主干家庭的主要形式。女性自从成为妻子以后，就必须尽快适应一个新的家庭，习惯与一群已有固定互动模式的人群交往，形成新的互动模式，这必然产生新的关系。新的关系有些以比较正面的形象展现，也有一些想要取得良性互动就稍微困难一点。

从夫居有其积极的一面，可最大程度利用家的人力资源，实现幼有所育、老有所养，体现中华民族良好的家庭风貌。但也有不利的方面，就是不同年龄的家庭成员，由于习惯、兴趣的差异而不得不尽量克制自己，为了大家庭的和睦而放弃一些自我空间。总体上，目前中国从夫居的家庭数量在不断减少。

2. 从妻居

从妻居是指夫妻双方在结婚后跟随女方的父母一同居住。这种居住模式在中国传统文化中不被接受，被称为"入赘""倒插门""招女婿"，大多数男性及其父母不愿意接受这样的居住模式。而进入女方家庭的男性，由于本身存在一定的自卑心理，因此在家庭生活中会尽量克制自己的想法和情绪，甚至从内心深处赞同妻子及其家庭做出的决定，因此家庭互动表面上比较良性。

随着时代的发展，当下的社会观念已经发生很大变化，居住在何处不再有社会地位的价值判断，而纯粹成为一个理性和工具性选择。越来越多的新婚夫妇选择和女方父母生活在一起。由于男性在情感上的相对粗线条，其与女方家长的互动难度要远小于婆媳之间的互动。

3. 另择新居

另择新居是指夫妻结婚后不和双方父母共同居住，而是另外选择新家独立生活，有时候也称为"独居家庭"。中国传统社会中选择另择新居的相对较少，但当下社会更多的家庭会选择另择新居，因为其优点显而易见。首先就是生活更加随性，因为没有双方父母，不用过于约束自己的个性；其次是没有复杂的亲属关系，互动模式简单；还有可以将更多的精力投入工作中。但另择新居也有不利一面，最大的困难就是孩子的照顾问题，有些在外打拼的家庭不得不将孩子送回老家交给父母抚育；同时，缺少了父母的调和，有时候夫妻矛盾也会凸显，在双方都不肯退让的情况下，最终有可能发展到家庭解体的地步；还有就是年老父母的照顾问题，有些在异地工作的家庭被迫将老人送到养老院生活。

随着社会节奏和流动性不断提高，另择新居家庭的数量也不断增加。

4. 分居家庭

分居家庭是指结婚后由于种种原因（如工作、感情、照顾子女等），夫妻双方分开居住的情况。目前，人口流动加速但社会保障问题没有得到全面解决，分居家庭的数量非常庞大。

总体来说，夫妻分居对家庭的影响弊大于利。首先夫妻感情随着互动的减少而趋于冷淡，不少家庭也因此出现了"婚外恋""第三者插足"等情况；其次，缺失父母中的一方，孩子的教育也受到影响，并且不完整的家庭使得孩子缺少母爱或者父爱；另外，分居家庭也意味着对于家庭经济的更大负担。因此如果不是迫不得已，很少会有主动寻求夫妻分居的家庭。

（二）按家庭所在社区分类

按照家庭所在社区位置，可以将家庭分为城市家庭、农村家庭、城乡混合家庭。

1. 农村家庭

农村家庭指由农村人口组建的并且生活在农村的家庭。中国曾是农业社会，农村家庭曾是绝大多数。总体上农村家庭呈现以下特点：第一，血缘属性较为突出，无论是居住地还是社交圈，农村家庭的血缘属性比较突出，社会支持系统以亲属关系为多；第二，传统观念较强，尽管已有很大改善，但从夫居、男尊女卑的意识还一定程度存在；第三，流动性相对较低，很多农村家庭一直生活在所在村，其生活来源可能并非以农业为主，但生活地区却一直没有离开农村；第四，农业生产是其重要生活来源（也许并非是主要的收入来源），其生活资料中有一部分来自家庭的农业生产；第五，家庭结构较大，很多家庭与父母一同居住。

2. 城市家庭

城市家庭是指由城市人口组建的并且生活在城市中的家庭。2021年末我国常住人口城镇化率为64.72%，这意味着当前中国大部分家庭是城市家庭。城市家庭呈现出以下特点：第一，家庭小型化，由于城市个性化生活以及高房价的影响，大部分男女在结婚后往往选择独立居住，不和双方父母在一起；第二，家族意识较为薄弱，由于城市生活节奏较快，很少能有家族生活在一起，再加上精神压力较大，很多家庭的家族意识相对于农村家庭较为薄弱；第三，经济状况较强，总体上城市家庭的收入要高于农村家庭，家庭的物质条件和购买力比较强，可以获得更好的生活水平；第四，离婚率较高，因为经济实力、生活节奏、家族影响等多方面原因，城市家庭的离婚率要明显高于农村家庭。

3. 城乡混合家庭

城乡混合家庭是指夫妻双方兼具城市人口和农村人口，生活地点也呈现多样化的家庭。就目前的社会现状看，主要是农村青年进城后与城市人口结合，或者农村人口在城市生活后结为夫妻的家庭。

相对于单纯的城市、农村家庭。城乡混合家庭的情况比较复杂，很难用一种或者一类特点进行概括。城乡混合家庭可理解为同时存在城乡不同的互动模式，可能在各种环境中游刃有余；也可能双方或其中一方不能适应城市或者农村的生活方式，表现出抗拒的情绪；甚至也有的家庭成员完全不能接受对方的家庭成员和生活方式，最终导致家庭破裂。

（三）按婚姻状况分类

按婚姻状况可以把家庭分为初婚家庭、再婚家庭、离异家庭。

1. 初婚家庭

初婚家庭是指家庭中的夫妻双方都是初婚者。初婚家庭并非仅指年轻人家庭，凡是双方都没有婚史的，无论年龄多大，对于夫妻而言都属于初婚家庭。

和再婚家庭相比，初婚家庭一般夫妻关系比较和谐，家庭生活比较容易磨合，家庭的问题也处理得相对较好。在度过结婚后几年的磨合期后，家庭成员对于彼此关系、家庭矛盾、子女教育等问题已经达成了共识，婚姻关系处于稳定期。但稳定期并不意味着没有矛盾，只是双方知道如何在此环境中避免冲突，因此也有些家庭会在孩子进入大学或者长大离开家庭后，夫妻不再隐忍这种矛盾，宣告解体。

2. 再婚家庭

严格意义上的再婚家庭是指家庭中夫妻双方都是再婚者。另外还有一种家庭中有一方是初婚，一方是再婚，因为这种家庭通常也会出现再婚家庭中的类似问题，所以通常一并归入再婚家庭进行研究。

随着我国社会离婚率的提高，再婚家庭的数量也不断增加。再婚家庭的家庭关系比较复杂。一方面，再婚者有过一次失败婚姻的教训，会进行婚姻关系的反思，做出一定的改变，努力多看对方的长处，"不看"对方的缺点，使得婚姻关系尽量向着理想的方向发展；另一方面，再婚者又难免将"现任"和"前任"进行比较，甚至在比较过程中发现某些地方"现任"还不如"前任"，进而引发对"现任"的不满；还有，如果再婚者有子女，如何与另一方的子女相处也是一个颇有难度的问题，特别是双方都有子女的再婚家庭，略有偏颇可能就会导致家庭矛盾。

3. 离异家庭

离异家庭是指婚姻状况已经终结，一方独自或者带着孩子生活的家庭。由于离婚率的提高，离异家庭的数量也不断增加。严格来说，离异家庭是一种不稳定的家庭，离异者随时可以组建新的再婚家庭而结束离异状态，所以大部分学者不将其作为一种独立的家庭形态进行研究。

（四）按家庭完整度分类

按照家庭成员是否完成，可以简单地将家庭分为完整家庭和残缺家庭。

1. 完整家庭

完整家庭是建立在核心家庭基础上的一种家庭形态，是指丈夫、妻子、子女三种人均在其中生活的家庭。

完整家庭有着夫妻之爱、亲子之情，有着天伦之乐，是中国传统文化中理想的家庭。

2. 残缺家庭

残缺家庭是指丈夫、妻子、子女三种人中缺少其中的一方。一般不将子女长大成人，独立组建家庭后的原家庭称为残缺家庭。残缺家庭一般表现为丧偶、离异、丧子、无子等，存在着重重问题。

第四节　家庭的功能

家庭这种社会的基本组织之所以能够长久地存在和发展，就因为它能够满足社会的需要，在整个社会结构和系统中有着特殊的功能。那么，什么是家庭的功能呢？它具有哪些方面的内容呢？

一、家庭功能的含义

家庭功能又称家庭职能，它是指家庭在人类生活和社会发展方面所起的作用。例如，家庭作为生育单位和生产单位，在人类的繁衍、种族的绵延中起着决定作用，在社会物质生产中发挥过重要作用。家庭在人类繁衍和社会生产上所起的这两方面作用，就被称之为生育功能和生产功能。

家庭的功能是多方面的，它能满足人和社会的多种需求。美国社会学家布利兹坦曾经详细论述过家庭所起的多种作用。他说："所有的家庭组织，无论是以何种形式出现，它们的重要意义在于：家庭，对绝大多数成员来讲，是包罗万象，提供各类便利的社会组织；家庭，无论大小，是成员社交与私人生活的稳定的中心。家庭成员常常聚会，这是其他群体成员所不及的。个体最为关切的福利与财物的分配，信息的交流，只有在家庭中才有可能。人们总是以家庭为出发点，随即向其他组织靠拢。家庭组织为成员的这一步骤准备了一切。"苏联社会学家则认为："家庭的基本使命归根结底是满足一定的需求，家庭既要满足社会的、群体的需求，又要满足个人的需求。家庭作为社会的细胞，它要满足社会的各种需求，包括人口再生产，同时又要满足家庭这个群体本身和其中每个成员的需求。家庭的功能，就是由此决定的。"

家庭功能对于人类社会生活来说非常重要。但是，家庭的功能又并非一成不变的。在不同的社会形态下，在同一社会形态的不同发展阶段上，以及同一发展阶段的不同民族与地域中，甚至在不同的家庭类型中，家庭功能的性质、特征、数量以及表现形式等，都不完全一样，甚至很不相同。在人类早期的群婚制家庭中，家庭的功能十分广泛，与社会功能之间几乎没有什么明显的界限。随着社会的发展，家庭逐渐从群婚制家庭演变成为一夫一妻制家庭。此时，家庭功能与社会功能才有了明确的分工，家庭的功能便愈来愈"专业化"了。奴隶社会和封建社会均以小生产经济为基本特征，因而家庭既是社会基本的经济单位，又是实现人口再生产和教育的单位。资本主义社会以大工业生产代替了小生产，相当数量的家庭已不再是组织生产的单位，家庭的生产功能已明显淡化，但家庭仍是组织消费的单位，承担着消费功能。我国已进入社会主义社会，家庭的功能当然也有着其特点。

对于家庭功能的划分，在社会学界尚有许多争议。有人认为，从家庭与社会的关系出发，应将家庭的功能分为社会方面的功能和家庭成员间的特殊功能两大类；也有人认为应从家庭功能的具体内容出发，将其分为精神的功能和物质的功能两大类；还有人认为应从家庭的需求范围来确定，将其分为基本的功能、主要的功能和派生的功能。社会学家孙本文认为家庭的重要功能至少有三个方面，即生物的、社会的、经济的。其中，生物的功能有两个方面，一方面是绵延种族，一方面是保育子女，也就是"性欲的满足，生育的传种，小孩的保护，及老人的照料"。社会的功能也有两个方面，一方面是养成个人群性（人的社会化），一方面是传递社会遗产。经济功能则包括生产、分配、消费及解决个人衣、食、住等内容。总之，家庭的功能不是单一的，而是多方面的。

二、家庭功能的主要内容

虽然家庭功能依社会形态及其不同发展阶段而异，但家庭作为人们社会生活的基本群体，既然能存在于各种形态的社会之中，存在于各个民族与地域之中，那么，它就必然有一些基本的和相同的功能。而且毫无疑义，这些功能能满足人们最基本的需要。一般来讲，家庭功能的主要内容有：生育功能、生产功能、消费功能、性生活功能、抚养和赡养的功能、社会化功能、休息和娱乐的功能、感情交流的功能等。

（一）生育功能

生育是家庭的基本功能。自人类有了家庭之后，家庭便一直是人们生育子女、繁衍后代的社会基本单位。人类自身要生存，要延续，社会要发展，就必须繁衍后代，生育新生命，世代相继。社会人口再生产和物资资料的生产同样是人类社会发展中必不可少的基础，制约着历史发展的一般进程。家庭的生育功能满足了人类社会生存、延续与发展的基本的、首要的要求。迄今为止，家庭是社会所认可的、法律所核准的为社会养育劳动后备力量的唯一生育单位。事实上，没有一个社会鼓励或赞成家庭之外的生育。某些人寻找这一功能替代物的企图与尝试，不具有普遍意义。

在人类社会的漫长历史中，家庭繁衍后代的功能是自发起作用的。起初，人们既无法控制人口生育的数量，更无法控制人口生育的质量。家庭群婚制的解体，婚姻禁例以及后来出现的婚姻法律的确立，都是自然选择及社会发展的结果。到了现代社会，社会经济迅速发展，科学技术高度发达，人类后代的繁衍问题才真正成为科学问题。家庭的生育功能和以往相比，发生了许多新的变化。人们不仅逐渐有能力控制人口增长的数量，也有能力控制人口增长的质量，使家庭的生育功能有计划地、更好地为社会的延续与发展起作用。

（二）生产功能

家庭的生产功能，是指家庭作为一个生产单位在社会中发挥的作用。家庭是否作为一个生产单位及家庭生产功能的强弱，是由社会的劳动生产率和生产的社会化程度来决定的。在群婚制家庭中，家庭中所有成员共同生产，共同消费。此时，生产功能既可以说是社会功能，也可以说是家庭功能。在自给自足的自然经济时代，个体家庭成为社会的经济单位。它既是生产劳动的组织单位，又是劳动产品的分配和交换单位，还是人们生活的消费单位。这时，家庭的生产功能十分明确，也最为显著。到了资本主义社会，由于生产的社会化，家庭的这种生产功能便大为减弱，就相当一部分具体家庭来说，生产功能已不复存在。不过，就目前来说，无论是工业化程度较高的社会还是经济不发达的社会，家庭的生产功能都未完全消失，尤其是在经济不发达的国家和地区，这种功能仍占有相当重要的位置。

（三）消费功能

迄今为止，家庭既是一个生产单位，又是一个消费单位。无论何种家庭形态，也无论哪个家庭，首先都必须满足家庭成员的各项生活需求，因此，家庭的消费功能是普遍具有的。当然，家庭消费的性质，家庭成员在生活上的需求及其满足程度，是以家庭的性质为转移的。原始共产主义家庭实行的是平均消费，其消费水平、质量、满足程度等都十分低下，这是与原始社会生产资料公有制相吻合的。在阶级社会里，家庭分为剥削阶级家庭和被剥削阶级家庭。前者的消费具有掠夺性，以穷奢极欲、挥霍社会财富为特征；后者的消费，具有自食其力性质。在社会主义社会，实行按劳分配，家庭收入存在差异，因而家庭消费水平、质量也会存在差异。其实，即使是同一层次同一类型中的不同家庭，其消费水平、消费结构以及消费方式也会存在很大的差异。这说明，不同的家庭形态，不同的家庭，其消费状况是不同的。但无论这种差异多大，仅就家庭作为一个消费单位来说，在任何性质的社会中都是一致的，家庭承担了社会中生活资料的绝大部分消费任务。

家庭的消费水平受家庭的人口和收入的影响，而家庭的支出方式、项目和比重决定了家庭的消费方式。以家庭为单位核算收入和支出，是社会消费的一个基本特点，它与个人的消费相比，无论消费的品种还是消费的数量都有很大的不同。如果没有家庭的消费，社会的消费结构将会发生重大变化。家庭的消费对于社会的生产起着促进作用，反过来，社会生产又引导着家庭消费。正因为如此，我们应该认真搞好家庭调查，了解家庭消费的情况和发展趋势，这对于安排生产、分配和交换，对于社会的发展都有重要意义。

（四）性生活功能

性行为是人的一种生理本能。但人与动物不同，人的性行为在文明社会要受到社会的法律、道德、舆论的约束和保障。人们只有结为夫妻，建立家庭，才能有性生活。当然，家庭从来也没有能够限制人们在家庭之外的性行为，但对于大多数家庭来说，它毕竟为成年男女提供了法律和习俗许可的性生活场所。家庭之外的性行为，一般都要遭到特定社会的法律、道德、舆论谴责。人的性行为，必然会与生育有关。然而，人的性行为能带来生理上的愉悦（这与生育并无直接联系），而人之所以发生性行为，很多时候仅仅是为了获得这种愉悦。因此，性生活功能，一方面与人的生育密切相连，另一方面又是有别于生育功能的。为生育计，为人们的高尚考虑，社会力求将性行为限制在家庭的范围之内。这样，通过家庭既保护又限制男女性生活的欲求，有利于男女双方与后代的身心健康的发展，有利于夫妻感情的巩固和发展，有利于社会的稳定与繁荣。

（五）抚养和赡养功能

抚养功能是家庭的基本功能之一。人之所以在幼儿期需要得到家庭的抚养，是因为人有较长的依赖生活期。其他的动物依赖生活期则很短，只要几天至多几个月即可结束。而人则不同，从他呱呱坠地到他长大成人，需要一段相当长的时间，因而不得不依赖父母或家庭其他养育者的关怀和照顾。正是这种生活上的依赖性决定了家庭具有较强的抚养功能。家庭的这种抚养功能不单是出于生命个体的需要，也是出于人类社会生存、延续与发展的需要。

所谓赡养，是指子女对父母生活上的供养和照顾，表现为下一代人对上一代人的责任和义务。按照生命的自然规律，有生必有死，有少必有老，无人可以例外。人总是会衰老的，总有一天会丧失劳动能力，这就决定了老人需要下一代人的赡养。这种赡养包括经济上的供给、生活上的照护和精神上的慰藉三项基本内容。长期以来，赡养功能是由家庭来承担的。但是在近现代社会，老年人的赡养问题已有一部分转由社会来承担。尽管如此，家庭的赡养功能仍旧显得重要。因为，即便社会能将老年人的赡养问题承担下来，也难以满足老年人的精神生活需要。更何况很多地方由于社会价值观导向或者社会福利事业的相对落后，老年人的赡养还不可能全由社会承担，因此，更应强调发挥家庭的赡养功能。

（六）教育功能

家庭的教育功能是指家庭对未成年子女进行社会生活技能的训练，

进行社会规范、道德品质的教育，使其学到步入社会、独立生活所需要的知识、技能、规范，取得做人的资格。这也就是社会学所说的完成人的社会化过程。当然，这种教育并不仅由家庭提供，其他方面如同辈、学校等，同样承担着教育的功能，但是，家庭的教育功能无疑是最重要的，其影响也是最深远的，因为家庭是人的第一所学校，而且是一所人永远不能从中毕业的学校。家庭教育涉及的内容极其广泛，诸如道德品质、处世哲学、思想情感、行为规范、生活技能、文化知识、角色认同、人际交往等，都被包含在内。在家庭中，家长是子女人生的第一任教师，也是以血缘或亲缘关系为纽带、相互归属、相互依恋的教师，家长通过言传身教，有意无意地教育着儿童，而家庭是社会的细胞，社会中的种族、民族、阶级、宗教、文化、社区环境等方面的特征，在家庭中都会有所表现，因而家庭中的这种教育，对人的影响也就极其深远。也正因为如此，家庭的教育功能历来受到社会的重视。

（七）休息和娱乐的功能

家庭既是人们生产、生活的基本单位，又是人们休息、娱乐、恢复体力、调节生活的重要场所。家庭的休息、娱乐功能对家庭成员非常重要。对儿童来说，听故事、玩游戏是从家庭开始的。对成年人来说，在外面辛苦一天，需要得到休息和娱乐，而家庭可以满足人们的这一需要。它能为人们增添乐趣，丰富生活内容，调节身心，恢复体力。一个和睦温暖的家庭，其成员能在家中健康娱乐，充分休息，能得到精神的安慰和寄托，进而能以振奋的精神、健全的体魄、昂扬的情绪努力为社会工作。因此，社会应重视家庭这一功能的发挥。当然，家庭休息、娱乐功能的发挥程度是受社会生产力、社会生产方式和生活方式所制约的。在生产力十分低下的社会，人们不得不花大部分时间从事繁重的体力劳动，无暇娱乐与休息。到了现代社会，由于社会经济的发展，生产力的提高，人们不仅有了休息和娱乐的时间，而且有了比较先进的娱乐手段和条件。

（八）感情交流的功能

情感交流，是人的心理需求之一。虽然其他社会群体也能满足人的这一心理需求，但家庭成员之间的真挚情谊却能给人留下终生难忘的印象。家庭成员之间的相互依托、情感交流是任何其他群体都难以代替的，所谓"天伦之乐"只能在家庭中实现，无法由社会代替。因此，家庭的感情交流功能，对于个人来说是不可缺少的。搞好家庭成员间的感情交流，充分发挥这一功能，有利于家庭的和睦与幸福，有利于下一代的成长，有利于家庭的稳定，当然，也就有利于社会的稳定与进步。

上面的论述涉及了家庭功能的八个方面，在不同的历史时期和不同的社会制度下，家庭功能的侧重点有所不同，到了现代社会，有的家庭功能开始或已经淡化，有的甚至大部分被转移给了社会，但就整体而言，以上各种功能仍保留在家庭之中。

第五节　现代家庭的特征及问题

一、现代家庭主要特征

改革开放以来，我国市场经济逐步完善，社会开放程度不断提高。新的思想、新的生活方式不断出现。为了控制总人口，以提倡独生子女为表现的计划生育政策在三十多年间被强势推行。这给我国几乎所有家庭带来了巨大影响，导致人们的爱情观、婚姻观、家庭观、生育观都发生了根本性的变化。

（一）家庭结构小型化

自 20 世纪 70 年代末 80 年代初开始，我国实施以计划生育为主的人口优生优育政策，在很短的时间内大大降低了全国的生育率。有资料显示，我国的生育率在 20 世纪 50 年代是 5.88，到了 1997 年，城镇地区已经下降为 1.2 左右，农村地区下降为 1.7。已经低于维持人口规模的 2.2。再加上这一时期我国的经济水平每年以超过 10％的速度增加，人们对于生育的观念也随之发生了很大变化。多子多福、重男轻女的传统观念向着少生优生、男女平等的观念转变。

家庭子女的减少意味着青年家庭、成年家庭的核心化和老年家庭的空巢化。1993 年，研究人员对于北京、上海、成都、南京、广州、兰州、哈尔滨这七个城市的 5 476 名已婚妇女进行了一次大规模的调查。这次调查表明，核心家庭占 54.34%，夫妻家庭占 12.07%，两者合计占到总数的 66.41%。1998 年，研究者又抽样对上海、成都、宜宾等五个地方的 2 500 名 20～65 岁已婚男女进行调查。结果显示，核心家庭占 59.48，夫妻家庭占 8.16%，两者合计 67.64%，主干家庭占 30.64%。由此说明，在中国的城市中，核心家庭、夫妻家庭、主干家庭已经占主导地位，联合家庭已经无足轻重。农村中，从 1953 年、1964 年、1982 年三次人口普查和 1987 年的人口抽查数据显示，农村家庭平均人口规模分别是 4.66 人、4.35 人、4.57 人、4.38 人，也是呈现逐步缩小的趋势。与城市相同，农村的家庭结构也在缩小，联合家庭已经成为少数。与城市不同的是，农村中的夫妻家庭比例较低。

（二）家庭重心的下移

在封闭的、以农业为主的传统社会中，家庭的主要结构形式为联合家庭，家庭的重心在上，年长者、辈分高者是家庭的核心，居于主导地位。但随着生产力的发展，传统社会逐渐向开放的、工业为主的现代社会转变，家庭的规模不断缩小，结构更加简单。家庭的重心也由传统的纵向为主，年长者为重，逐渐转变为以夫妻关系为代表的横向为主，儿童为重。在传统社会中，由于生产力的落后，知识的储备需要较长时间，技能以面对面的小规模传授为主，人们获得知识和技能需要较长时间和较为复杂的过程，这限制了年轻人成长的速度，而年长者却凭借经验和资历，在家庭中居于核心地位。现代社会信息传播途径和速度有了飞跃发展，年轻人可以通过各种途径，在短时间内获得以往需要几十年才能获得的知识和技能。再加上现代社会更需要旺盛的精力和创新能力，这恰恰是年长者所欠缺的。特别是在进入信息化社会的当下，年长者经验和资历的重要性严重滞后于思维力和创新力，导致在社会上年长者的优势地位不断被取代。而家庭是社会的缩影，年长者在家庭中的地位也在不断地下降。再加上独生子女的影响，使得父母不得不将所有的希望、精力全部集中在唯一的子女身上，整个家庭的重心发生了下移。

家庭重心的下移对于社会发展有着积极的一面，那就是进一步打破了封建家长制，推进了家庭关系民主化、平等化，也进一步打破了权威定势，对于提高社会的活力和创新力有极大的帮助。但重心下移也带来了许多问题，造成了老年人成为社会的弱势群体，尤其是高龄、失能、鳏寡孤独老人的权益容易受到侵害。相对遗弃子女而言，社会上更多的会听到老无所依的事件。而对于老年人精神关怀的缺失在当今社会则更加普遍，很多老人可能拥有稳定的收入和体面的物质生活，但是在精神方面却长期缺乏儿女、孙辈的关怀，这已成为严重的社会问题。解决这类问题，单靠家庭的力量是远远不够的，更需要在社会结构、社区功能上统筹解决，而且从国外的情况看，这种现象可能会在较长时间和较广范围内长期存在。

（三）婚姻自由度提高

中国传统婚姻往往是出自"父母之命，媒妁之言"，夫妻双方很可能在结婚前连面都没有见过，更别提了解对方性格了。中国在经历了新文化运动之后，民众对于婚姻自由的认识有了一定的基础；1949年之后，广泛强调的人人平等又使得专制婚姻失去了空间；改革开放后，不仅婚姻自由成为国民的普遍认识，并且人们的婚姻动机、择偶标准等也有了新的变化。

是否结婚，原来似乎不是一个问题，中国传统文化中"男大当婚，女大当嫁"的传统传承了几千年。但是现在却在一定程度上面临着挑战。越来越多的人选择不结婚或者晚结婚。这中间有些是出自主观愿望的，但也有很多是出自无奈。现实中巨大的工作压力使得年轻男女没有心情思考婚姻，飞快的工作节奏使得年轻男女没有精力谈情说爱，巨大的结婚成本使得年轻男女不敢轻易谈婚论嫁，众多原因使得"单身贵族"数量不断增加，但其背后凸显的是婚姻的重要性在降低。

和谁结婚，也就是所谓的择偶标准，随着时代的发展而不断变化。20世纪80年代以前相对更注重"出身"；改革开放后，高学历者又一度受到欢迎；而随着社会经济化程度的不断加深，仅有学历却不能获得较好生活条件的人也比比皆是，于是很多人又将对于高学历的追求转向对于财富的追求，对于"经济理性"的重视也使得择偶标准充满了功利主义色彩；现在，随着社会经济、文化发展到一定程度，年轻人的择偶标准又出现了多元化的倾向，恐怕很难再用一种或者几种标准来概括，而是道德标准、经济标准、文化标准共存。

（四）离婚率提高

在传统社会，婚姻不是个人的事情，而是两个家族的事情。婚姻的目的是维护两个家族的利益并延续其中一个家族的血脉，至于婚姻当事人的情感则是次要考虑的。因此，当婚姻当事人由于自身的原因希望解除婚姻的时候，遭受的可能是来自两个家族的共同反对，其压力是空前的。传统文化中对于离婚设定了严苛的条件，女性基本上是没有离婚权力的，男性也只有在发生"七出"等情况下才可以提出"休妻"。尽管新文化运动后，女性在婚姻上获得了更大的自由，但是将婚姻家族化的传统却一直持续到中华人民共和国成立之后，导致在改革开放前中国是世界上离婚率最低的国家之一。

1980年，我国对《婚姻法》进行了重新修订，再次强调了婚姻自由包括结婚自由和离婚自由两个方面，一些公众对高稳定、低质量的"维持式"婚姻提出质疑。社会上对离婚持包容态度人越来越多。人们开始更加重视婚姻质量，对婚姻的过错分析也更加理性，逐渐开始接受"离婚并非一方有过错，不合适的婚姻只能让双方更痛苦"的概念。中国的离婚率由此不断提高。据统计，1980年我国的离婚率是0.7‰，1990年是1.4‰，1995年是1.8‰，2010年突破2‰，到2013年已经达到 2.6‰。从我国离婚者的构成来看，30 岁左右的年轻人比例较大。从性别角度来看，女性为原告的离婚案件占多数，城市妇女离婚比例高于农村妇女，文化程度和职业层次越高的妇女离婚的比例越高；从离婚的原因看，性格不合、不善于调和夫妻关系、子女教育、经济矛盾、性生活不和谐、第三者插足是离婚的主要原因。离婚率的提高，一方面说明社会的自由度提高了，使得人们可以享受更高的生活质量，但另一方面，离异家庭往往在子女教育、老年人赡养等方面会受到很大的不良影响。

（五）分居、移居家庭数量增加

改革开放后，农村的劳动生产率得到提高，但可供种植的土地并没有和劳动生产率同步增加，这就使得农村必然会出现大量富余劳动力。同时，大规模的城市建设和工业生产又需要大量廉价劳动力，两者"一拍即合"，于是自 20 世纪 80 年代开始，中国大地上出现了一个特殊的群体：农民工（最早称为民工）。农民工在户籍制度上讲还是农民，持有农业户口，但是他们平时生活在城市，从事着与农业毫不相关的职业，每年往往只有在农历新年的时候才回到自己的家乡与亲人团聚，这样的工作模式形成了大量的分居家庭，造成了农村中大量存在的留守妇女和留守儿童。2000 年以前的农民工以男性为主，以体力劳动为主，但进入 2000 年之后，农民工群体发生了较大的变化，开始有越来越多的农村家庭移居到城市，形成了大量的移居家庭。

毋庸置疑，大量的分居家庭、移居家庭为中国的城市建设做出了无法估量的贡献，同时也为提高农村生活水平、促进农村经济发展发挥了积极作用，间接地促进了中国城市化的进程。同样毫无疑问的是，分居、移居家庭对于家庭本身也产生了很大的影响。分居家庭首先影响了夫妻关系，由于长期两地分居，双方的生理需求长期无法得到正常渠道的满足，于是在城市中大量出现"临时夫妻"的现象，留守在农村的妻子也常常发生"红杏出墙"的情况；其次是影响了家庭教育，由于父亲角色的缺失，使得孩子在成长过程中正常人格的养成受到了一定的影响；再次赡养老人也成为大问题，很多家庭父母只能交由留守在农村的妻子照看，老年人的生活质量处于较低水平。移居家庭尽管全家在一起生活，但是相比城市居民，移居家庭还是有很多问题。这其中第一是二代农民工社会认同的问题，农民工的子女很多出生在城市或者生长在城市，已经不具有农民的生存技能和思维方式，但是城市却并未从户籍、就业、社保等制度上给予完全的接受；第二是求学途径的问题，大部分二代农民工需要在城市接受教育，但目前一些城市显然没有做好充分的准备；第三是移居家庭的父辈或者祖辈往往还留在农村，这也间接造成了农村留守老人的养老问题。

（六）女性的家庭地位逐步提高

自 20 世纪下半叶开始，女性已经在越来越多的领域中发挥更加重要的角色，所有的职业中都可以看到杰出女性的身影，就算是在政治、军事、航天等传统上男性占绝对主导地位的领域，也有越来越多的女性加入其中。同样，在家庭里女性的地位也在不断提高。

中国传统上强调女性应该遵守"三从四德"，平民百姓则认为女性在家庭中应当扮演贤妻良母、相夫教子的角色，不应当走出家庭参与社会活动，这是其自身价值的体现。到了现代社会，我国女性已经走出家庭，实现就业。社会经济地位的提高，使得女性在婚姻家庭生活中的地位也相应大为提高。中国颁布的三部婚姻法，都对女性的家庭权益格外保护，实行男女平等的婚姻制度，为提高女性的家庭地位提供了法律保障。我国实行的计划生育政策，客观上也有利于在婚姻家庭生活中实现男女平等关系。最近一项对上海家庭的调查研究表明：随着父权家庭向平权家庭、男子继承制向两性平等继承制的转化，原有的男子单系的亲属网络也发生了根本的变化。亲属网络已经实现了向双系并重的过渡，甚至有向女性亲属偏重的趋向。我们经常可以在媒体信息中看到，小两口为了过年去谁的父母家而发生争执，结果往往是女性获得胜利，至少也是平均主义。

二、中国的婚姻家庭问题

从改革开放至今，中国社会经历了深刻的变化，影响到社会生活的各个领域。婚姻家庭领域也发生着历史上最深刻的变化，出现了很多新现象、新问题。特别是进入 20 世纪 90 年代以后，婚姻家庭问题不断增多，未婚同居、未婚先孕、婚外恋、包二奶、家庭暴力等现象层出不穷。当前我国社会所面临的问题，除了前述变化所带来的问题之外，还包括以下方面：

（一）婚姻对非婚性行为的约束力在减弱，婚前、婚外性活动日益活跃

在社会转型过程中，人们的性观念、性道德已经发生了很大的变化。越来越多的人对待性秉持开放的态度。从婚前性行为来看，未婚人口初次性行为的年龄不断降低，性行为的次数和性伴侣的个数不断增加。

婚外性行为大致可以分为性与情感分离以及性与情感并行的两种类型。前者主要表现为卖淫嫖娼中发生的性交易，后者指婚外恋情。

（二）婚姻生活质量不高

国际上用来衡量婚姻生活质量的指标主要包括幸福感、对婚姻的满意度、婚姻关系的弹性（及夫妻调解婚姻矛盾和冲突的能力）、夫妻互动的难易程度（及夫妻之间的沟通和整合状况）以及婚内性交流的欢愉程度。据调查，我国婚姻质量的这些标准值并不理想，婚姻质量

有待提高。特别是在不发达农村地区，不如意的婚姻多表现在婚姻自由度比较低，婚姻观相对落后。

（三）离婚率逐年上升，婚姻的平均寿命缩短

20世纪80年代以来，我国离婚率迅速上升。离婚率的上升会引发其他一系列的问题。根据有关调查，离婚者主要面对的障碍包括以下几个方面：第一，离婚后面临抚养年幼子女的问题，或者对子女的探视受到阻碍；第二，离婚后通常引起住房方面的困难；第三，再婚者难以找到合适的配偶；第四，离婚往往导致女性的经济状况恶化，离婚妇女的生活水平普遍比离婚前要低得多。

（四）特殊"婚姻"引起的家庭问题

改革开放以来，几种西方流行的有违传统婚姻模式的"替代"模式也开始在我国出现。一是独身不婚，其中包括自愿独身或者由于各种原因非自愿独身的；二是同居；三是重婚，或者没有履行结婚手续而长期生活的，其中包括包二奶等变相重婚。

（五）独生子女教育问题

独生子女的家庭教育问题一直是社会各方所普遍关注的重要议题。2000年前后，全国独生子女人数超过5800万。我国普通城市家庭往往是双职工家庭，迫于生活压力，父母往往把大部分的时间和精力放在工作上，与子女单独相处的时间较少，无暇顾及子女的教育问题。而在农村家庭中，有的父母因为家庭贫困或忙于生计，只能把主要精力用于解决孩子的温饱问题，有的家庭甚至连子女的基本义务教育都无法支持。此外，还有些家庭是由于家庭结构的某种缺陷而无法充分发挥家庭的教育功能。如在单亲家庭中，单亲父母对子女的教育就存在很大的限制。随着离婚率的持续上升，社会上不完整家庭所占比例随

之上升，由此带来的子女教育问题也越发凸显出来。与上述两方面家庭教育问题相关的是，如果家庭教育不足，就可能引发各种青少年反社会行为，很多青少年之所以在社会化过程中出现偏离，本身就是家庭教育失败或者缺乏的结果。为此，协助父母在家庭教育上采取一些预防或者补救措施，为那些有困难的孩子和家庭提供专业的帮助和支持，使他们重新走上健康成长之路，是社会的一项重要责任。

第三章 家庭观与家庭伦理

引言

近几十年来，我国经济飞速发展，社会急剧转型，传统社会伦理面临严峻考验。

家庭是社会的细胞，是社会行使其各方面职能的一个基本单位。家庭为一个人的生存提供基本环境，并为人的社会化创造条件。每个人都出生和成长在一定的家庭中，家庭是引导个人走上社会的桥梁，是个人与社会的中介，所以家庭的和谐稳定关系着社会的和谐与发展，正所谓"家和万事兴""家齐天下平""家道正，天下定"。家庭关系的和谐与稳定需要婚姻家庭领域中的道德调适，对家庭伦理道德的理解与运用关系着家庭，乃至整个社会的稳定与和谐。尤其在家庭处于急剧变化的当今，更迫切需要家庭伦理学在理论上的指导，以适应家庭变革的需要，避免社会转型期人们在婚姻家庭领域的伦理失范行为，增强人们在婚姻家庭关系调整中的自觉和自律。

本章学习目标

1. 掌握：家庭伦理的含义及特点、当代我国家庭伦理规范的基本内容。

2. 熟悉：现代家庭伦理的基本精神、加强现代家庭伦理道德建设的必要性。

3. 了解：家庭健康管理、家庭照护的内涵和家庭伦理的作用。

第一节 家庭伦理的基本概述

一、伦理与家庭伦理的含义

（一）道德与伦理的概念及其区别

理解"道德"与"伦理"的概念是把握家庭伦理内涵的前提和基础。在中国古代思想史上，道德与伦理是两个既相联系又有区别的范畴。道德就字义而言，"道"的本义为当行之路，这种本义使"道"演绎引申出了法则、规律之类的含义。"道"的伦理学含义就是指人们在社会关系中应遵守并履行的行为规则、规范。如《论语·里仁》中的"朝闻道，夕死可矣"。"德"则表示对"道"的认识、践履而后有所得。如《四书章句集注》中的"德者，得也，得其道于心而不失之谓也"。也就是指人的品质、情操、人格等。"道德"连用始于《荀子》，其文曰"故学至乎礼而止矣。夫是之谓道德之极"。道德连用意指人们在社会生活中所形成的调整人和人之间关系的道德原则和规范、道德品质和境界。简而言之，道德是通过主体内心感悟而自觉奉行的行为规范。"道德"即是"得道"，从而使道德成了一个表述人们外得于物、内凝于己的内在的德性与品质的范畴。

就伦理而言，历史上"伦"与"理"本来也是两个独立的范畴。"伦"具有类别、关系等含义。"理"则有条理、秩序、理则等方面的含义。在人类社会生活范畴内，伦是人伦，表示人与人之间的关系。

理则是指维系人与人之间各种关系的外在规范和秩序。"伦理"即人伦道德之理，指人与人相处的各种道德准则。如君臣、父子、兄弟、夫妇、朋友为五（人）伦，忠、孝、悌、忍、信等为处理人伦的规则。可见，伦理是约束人们行为的外在准则，与作为人们内在德性的道德并不能完全等同。"伦理"是既亲亲又尊尊的客观人际"关系"，"道德"是由"伦理"关系所规定的角色个体的义务，并通过修养内化为德性。在封建时代，"伦理"是建立在封建宗法等级制度上的人际关系及其秩序，它是宗法等级关系的表现，而"道德"是这个伦理体系中角色个体的内在德性和内在精神。"道德"是以"伦理"的存在为前提和基础的，有"伦理"才有"道德"可言。

可见，道德通常指个体内心的道德准则和行为规范，侧重于个体内心的自我规范，是一种自我约束力量。道德与个体的内心情感和信仰紧密相关，具有较强的主观性和个性化。伦理则是社会中个体与个体、个体与群体之间关系的行为规范和价值观，关注的是社会共同价值观的建构和实践，是一种社会约束力量。两者密不可分，相辅相成，共同构成了人类行为规范的基础。

尽管有人主张严格区分伦理和道德，但这种区分只能是相对的。由于伦理和道德的密切关系，人们常常在同一意义上加以运用。在很多情况下，"道德"与"伦理"这两个概念，可以视为同义异词，它们相近相通。我国自汉以后，就常将伦理与道德视为同义。本书未将伦理与道德进行严格区分，书中所讲的家庭伦理，是在与家庭道德同义的基础上使用的。

（二）家庭伦理的含义

家庭伦理，又叫家庭道德或家庭伦理道德，它是指在一定历史条件下，以社会舆论、传统习惯、内心信念、约定俗成或者法律法规为约束力和推动力而形成的，旨在调整家庭成员之间以及家庭成员与外界人际关系的价值观念和行为规范的总和。家庭道德所调节的家庭关系包括夫妻关系、父母子女关系、兄弟姊妹关系、叔嫂妯娌关系、婆媳翁婿关系，以及包括外祖、外孙在内的祖孙关系等。其中夫妻关系、父母子女关系是现代家庭关系中两个最基本的方面。

家庭伦理是为满足共同的家庭生活需要而形成的，它是一种不以人的主观意志为转移的客观存在。与其他道德规范一样，家庭道德并非由国家制定并强制执行，而是通过长辈的教育传授，依靠人们的内心信念、传统习俗、社会舆论等力量来实现的。人们以善恶、好坏、公正与偏私、诚实与虚伪、崇高与低劣等道德标准来评价人们的行为，从而调整人们在婚姻家庭中的相互关系，以维护家庭的和谐与稳定。一个家庭要形成稳定的家庭道德秩序，创造良好的家风，必须要依靠有效的家庭道德调控机制。这种调控机制主要体现在两个方面，一是强有力的社会舆论监督，二是每个家庭成员的道德自律。

二、家庭伦理的特点

分析家庭伦理的特点，有助于加深我们对家庭伦理的内涵及其运行和发展规律的理解。家庭伦理的特点大致可以归纳为以下几个方面。

（一）家庭伦理是一个历史范畴

家庭伦理是一个历史范畴，是伴随着家庭的产生而产生的，它不是从来就有的，也不是抽象和一成不变的。不同时代、不同社会有着不同的家庭伦理观念。恩格斯在《反杜林论》中说："善恶观念从一个民族到另一个民族，从一个时代到另一个时代变更得这样厉害，以致它们常常是互相直接矛盾的。"在人类发展史上，婚姻形式经历了多种形式，每一种婚姻形式对家庭伦理道德的要求都不一样，即便是同一婚姻形式下的不同社会历史阶段，家庭伦理观也会不一样。

（二）家庭伦理有其阶级性

恩格斯在《反杜林论》中断定："一切以往的道德论归根到底都是当时的社会经济状况的产物。而社会直到现在还是在阶级对立中运动的，所以道德始终是阶级的道德，它或者为统治阶级的统治和利益辩护，或者当被压迫阶级变得足够强大时，代表被压迫者对这个统治的反抗和他们的未来利益。"在阶级社会，不存在超然于阶级对立之外的伦理道德，一定社会中占统治地位的道德，只能是在社会经济关系中占统治地位的阶级利益的表现。

阶级社会中一切道德理论体系都具有鲜明的阶级性。家庭伦理道德既是整个社会道德体系的重要组成部分，又是一定社会道德的具体表现。在阶级社会中，在政治上、经济上居于统治地位的阶级的道德，制约着该社会的家庭伦理道德，决定了家庭伦理道德的性质。奴隶社会、封建社会和资本主义社会的家庭道德，肯定剥削和压迫的合理性，都是为私有制作辩护的。从本质上说，是奉行利己主义的道德。而以生产资料公有制为社会经济基础的社会主义社会，消灭了剥削和剥削阶级，家庭成员之间实现了真正的平等，社会主义的家庭伦理道德体现的是无产阶级的集体主义道德。

（三）家庭伦理有继承性

任何伦理道德都是在批判与继承已有的道德标准基础上发展并不断完善的，家庭伦理道德亦是如此。新旧家庭伦理道德间具有不以人的意志为转移的历史联系。恩格斯指出，在过去、现在和将来的封建主义道德、资产阶级道德和无产阶级道德中，"有一些对这三者来说都是共同的东西"，而且"这三种道德论代表同一历史发展的三个不同阶段，所以有共同的历史背景，正因为这样，就必然具有许多共同之处。不仅如此，对同样的或差不多同样的经济发展阶段来说，道德论必然是或多或少地互相一致的"。

家庭伦理道德的继承性特点，要求我们在建构现代家庭伦理时不可抛弃既有的传统，而应立足于传统家庭伦理基础之上。传统家庭伦理道德作为封建的意识形态，显然是要为维护封建等级秩序服务的。但是作为一种伦理文化体系，其中又必然积淀着人类文明发展的成果，蕴含着具有普适性的一般人伦关系的意蕴。因此，现代家庭伦理的建构既要体现民族性、历史性，又要体现时代性。

（四）家庭伦理决定于一定的社会生产方式

历史唯物主义告诉我们，经济基础决定上层建筑，社会存在决定社会意识。家庭伦理道德作为上层建筑的一部分，其内容、性质、特征和发展变化必然是由其所处的一定历史时期的社会生产方式所决定的。家庭伦理反映了一定的社会生产方式对人类家庭生活行为的要求，在不同的社会生产方式下，家庭伦理有不同的内容。

（五）家庭伦理具有相对独立性

马克思的历史唯物主义认为，经济基础决定上层建筑，家庭伦理道德作为上层建筑的一部分，其发展必然受制于一定历史时期的社会生产方式。但同时，家庭伦理道德作为一种意识形态，它一经产生，也有其相对的独立性。上层建筑的诸多形态在社会历史演进中交互作用，由于历史继承的原因，文化上层建筑与其经济基础日益疏远，因而保有了发展过程的相对独立性。家庭伦理道德的相对独立性主要表现在两个方面。一方面，家庭伦理道德与经济基础的发展变化具有不完全同步性。这主要有两种情况。一是家庭伦理道德的变化落后于社会存在的变化，即当新旧经济制度交替时，一些落后的家庭伦理道德观念仍然存在，阻碍社会进步。二是在旧的社会关系的发展过程中，也会逐步形成某些新的社会关系因素，并在人们头脑中形成某些新的道德观念。比如，当新的经济制度尚未完全代替旧的经济制度时，有些新的家庭伦理道德标准已经出现，推动了社会的发展进步。另一方面，家庭伦理道德的发展同社会经济发展水平的不平衡，也是家庭伦理道德相对独立性的一个重要表现。

三、家庭伦理的作用

"身修而后家齐，家齐而后国治"就是说提高个人修养，家家户户就能管理得好，家家户户管理得好国家就能得到治理。"家齐"的关键是家庭成员是否遵守家庭伦理要求。家庭伦理是协调家庭成员之间及家庭与亲族成员之间关系的规范和准则。家庭伦理不仅关系到每个家庭的幸福美满，而且在国家建设和社会的安定团结方面也起着非常重要的作用。

（一）家庭伦理是维系家庭和谐、幸福的重要精神支柱

家是生命的摇篮，是人类爱的发源地，是休养生息的圣地，是享受天伦之乐的殿堂。"家庭的最大职能是让人沐浴在爱的阳光下。"未来学家托夫勒在《未来的冲击》中指出，"家庭是同世界搏斗，被打得遍体鳞伤的人的栖息地，是日益动荡不定的环境中的一个稳定点"。但家庭这一功能的实现是有前提条件的，即家庭要和谐幸福。只有在一个宽松和谐、幼孝长慈、夫妻恩爱的环境中，家庭才能真正成为个体心理的稳压器、精神的避风港、奋斗的加油站。

家庭的和谐、幸福除了与家庭的物质生活水平有关，更重要的是与家庭的伦理道德状况有关。一个幸福家庭必须同时具备三个条件：一是有适当的物质财富，二是有健康的身体，三是有良好的德性。其中，德性是最重要的条件。所谓德性就是指家庭成员间的道德品行，即家庭伦理。如果仅有优越的物质生活和健康的身体，但却精神生活

贫乏、亲人间缺乏亲情与关爱，人们只会感到痛苦和不幸。可以说，家庭是满足个体情感需要的重要场所，而家庭伦理道德是家庭实现其情感满足功能的源泉性保障，这是其他社会伦理不可替代的。只有重视家庭伦理道德建设，确保家庭的伦理道德状况良好，家庭成员间和睦相处、相亲相爱，家庭才有可能和谐，个人幸福才能得到保障。

（二）家庭伦理是社会安定团结、健康发展的重要保障

家庭是社会的细胞，细胞健康了，社会有机体才会健康。习近平总书记在第一届全国文明家庭表彰大会上强调"家庭是社会的细胞，家庭和睦则社会安定，家庭幸福则社会祥和，家庭文明则社会文明。"家庭主要凭借伦理道德来维系和协调家庭成员间的关系。每一个家庭成员的伦理道德状况如何，绝不是一家一户的内部事务，它直接影响社会风气的好坏，关系着社会的稳定和健康发展。

我国历代政治家和思想家都极为重视家庭伦理的作用，强调"修身""齐家"与"治国""平天下"的关系，所谓"教先从家始""家之不行，国难得安""正家而天下定矣"等古训讲的就是这个道理。

社会的稳定和发展有赖于家庭的稳定和文明。家庭伦理建设搞好了，就能启动家庭成员的内动力，推动社会的发展。同时，家庭成员的道德意识和文明行为，对于社会公德和职业道德的形成有着直接的影响和促进作用。文明幸福的家庭不仅是社会的"解压阀"，而且是社会文明发展的基本标志之一。

（三）家庭伦理是公民个体社会化的基础

新生儿离开母腹，只是一个生物学意义上的人。只有通过获得一定的人际和社会角色，享有和履行一系列的权利和义务，逐步形成人类的心理结构和行为模式，才能实现从自然人向社会人的转变，成为真正意义上的人，这就是个体的社会化过程。家庭是个体社会化的第

一课堂和重要场所，家庭生活中的家庭伦理教育是个体社会化的重要途径。美国社会学家古德在《家庭》一书中曾指出：社会化的内容是由几种学习内容组成的，第一种是吃喝拉撒；第二种是需要一些复杂的知识和能力；第三种是家庭成员相互间应尽的义务，如大孩子如何保护弟弟妹妹，尊敬父母，帮助干家务事等。社会化的第三种内容既难教，也难学，而这也往往是父母和子女间发生冲突的一个根源。从这个意义上说，家庭对个体社会化的关键作用是使个体习得一定的伦理角色并做到安伦尽分。

家庭作为伦理生活的实训生活区，是个体社会化、角色化、伦理训练的重要基地和场所。个人在家庭生活中从家庭成员特别是父母身上，学会了如何处理基本的家庭伦理关系，知道如何对待父母和兄弟姊妹，如何与人和睦相处，培养起孝悌忠信、礼义廉耻的品德，长大走上社会之后，就较易习得与领导、同事、朋友乃至与陌生人和谐交往的能力。

（四）家庭伦理是社会道德的重要组成部分

家庭伦理道德是社会道德的重要组成部分。人既是社会关系环境中的一员，又是特定家庭关系环境中的一员，这种"大关系"与"小关系"的双重角色决定了社会伦理与家庭伦理之间有着密切的关系。黑格尔曾在《法哲学原理》中指出婚姻实际上是伦理关系，是具有法的意义与伦理性的爱。家庭道德正是从婚姻家庭这个特定领域来调整人与人之间，邻里之间的各种利益关系的道德力量。因此，家庭道德是社会道德不可分割的重要组成部分。家庭成员所特有的道德规范和价值观念，不仅规范着家庭关系的存在和发展，而且在一定程度上影响着人们对家庭外部一切事物的态度。

社会道德是家庭道德的扩展与延伸，没有良好的家庭道德作基础，则社会公德、职业道德等都将要落空。家庭伦理道德是社会公德在家庭领域的具体表现，同时，又以其特有的内容对社会公德产生影响。它不但制约着社会公德的发展水平及稳定程度，而且对职业道德、个人品德结构的形成产生莫大的影响。如果不能很好地解决家庭伦理道德问题，社会公德的建设就会缺少重要的基础，职业道德就会缺乏来自家庭的动力，而个人品德的培养与发展也就缺乏必要的养分。

四、加强现代家庭伦理道德建设的必要性

自古以来，中国人就非常重视家庭与家庭伦理道德的重要作用，将家庭伦理建设视为社会稳定、天下太平的重要基础和前提。"中华民族自古以来就重视家庭、重视亲情。家和万事兴、天伦之乐、尊老爱幼、贤妻良母、相夫教子、勤俭持家等，都体现了中国人的这种观念。"

早在先秦时期，儒家就指出，家是国家的基础，家庭和谐与伦理道德状况直接关系到国家的统治秩序和社会的稳定发展。《孟子·离娄上》载："天下之本在国，国之本在家，家之本在身。"《大学》中讲："一家仁，一国兴仁；一家让，一国兴让。"儒家将家庭伦理道德同国家的兴衰联系在一起，把修身、齐家与治国、平天下相提并论，将"修身"与"齐家"，即修炼个人的品德情操和经营管理好一个家庭，看作是治理好国家的基本前提。《礼记·大学》中说："古之欲明明德于天下者，先治其国；欲治其国者，先齐其家；……家齐而后国治，国治而后天下平。"这就是大家耳熟能详的儒家"修身、齐家、治国、平天下"的伦理思想。在儒家看来，"修身""齐家"居人伦之首，是形成全部社会关系和社会秩序的基础和起点，可见家庭伦理之重要性。

当代中国正处于社会的全面转型之中。社会转型过程中，现代家庭越来越多地受到多种价值取向及其行为方式的夹击与冲撞。传统家庭伦理道德与现代家庭伦理道德发生碰撞和冲突后，人们原有的价值

观念、道德观念发生改变，原有的道德约束力有所减弱，新的价值观念和道德观念逐渐形成，但新道德的约束力尚未被人们普遍接受和发生效用，不少人找不到自己的位置，误判自己的人生意义和价值；不少家庭角色错位，传统的孝道观念被严重颠覆，子孙成为家庭"核心"，爸爸妈妈、爷爷奶奶异化为子孙的"臣民"；在一些人那里，养老侍疾、敬亲尊长、敬老爱老之心已被物欲、利益等湮灭，夫妻、父母等家庭关系金钱化、商业化，感恩、责任、行孝等意识变得异常淡漠……

家庭领域存在的种种伦理失范现象，危害个人和家庭的幸福，影响社会的和谐与稳定。面对社会转型期家庭伦理出现的各种问题、矛盾和冲突，必须进行理性的思考，加强现代家庭伦理道德建设，建构现代新型的家庭伦理，确立一系列切实可行的家庭道德规范，以有效地协调家庭成员关系、缓和家庭矛盾、解决家庭问题，确保家庭幸福和社会稳定。

第二节　现代家庭伦理的基本精神

　　家庭伦理精神是特定背景下家庭所形成的一种具有普遍价值导向意义的伦理意识、道德气质和价值信念。家庭伦理精神是家庭伦理的核心，它决定着家庭伦理规范的内容。家庭伦理精神能动地反映家庭伦理道德的核心价值，是家庭伦理道德的高度概括和提炼，家庭伦理道德则是家庭伦理精神的具体化。我国现代家庭伦理道德是现代性与民族性辩证统一和内在融合的结果。现代性至少具有三个基本特征：一是对于理性及人的主体性地位的确认，二是对于自由价值的倡导，三是对于世俗生活的肯定。现代性要求现代家庭伦理精神充分体现"人本、自由、平等、民主"等现代性价值。民族性则要求现代家庭伦理精神继承和弘扬中华民族的传统家庭美德，认真研究和吸取传统家庭伦理观念中的合理内核。我国现代家庭伦理的基本精神应体现以下几条原则。

一、爱情与义务统一原则

　　爱的核心是责任，爱的本质是给予。当爱情关系发展到婚姻关系以后，责任和义务的内容就进一步增强。婚姻的本质不仅在于满足人的生物属性，而且还在于婚姻主体之间所具有的社会属性，即"在社会生产关系基础之上结成的人与人之间的社会关系"。在婚姻家庭关系中，如果两性一味追求自身情感的满足，忽略个人应当承担的家庭义务和社会责任，这是不符合婚姻道德规范的行为，同时也是导致夫妻感情破裂及家庭关系不和谐的重要因素。

一个人是否自觉履行婚姻义务，充分反映出一个人的道德品质和情操。爱情是义务的基础，义务是爱情的保障。现代社会中爱情在婚姻家庭中地位的提高，并没有改变婚姻家庭的伦理性。有哲人指出，"爱情，是在一定社会经济文化背景下，两性间以共同的社会理想为基础，以平等的互爱和自愿承担相应的义务为前提，以渴望结成终身伴侣为目的，按照一定的道德标准结成的具有排他性和持久性的一种特殊关系"。还有哲人认为"婚姻以性爱为基础，排斥其他因素，它既不是一种纯粹性的关系，也不是一种契约关系。婚姻的实质是一种伦理关系"。换句话说，婚姻是基于爱情并由法律固定下来的道德关系。可见，爱情和婚姻的实质都是一种伦理关系，恋爱及婚姻关系确立的同时，义务和责任关系也随之确立。真正的爱情与人的道德责任紧密联系在一起，责任感是衡量爱情深度与强度的重要标尺。

夫妻双方只有把爱情与义务统一起来，才能既避免那种没有爱情基础的、压抑人性的不道德婚姻，又防范那种借口人格平等、个性解放、爱情至上而导致的"情人潮""婚外恋"等道德失范现象，使夫妻关系具备可靠的伦理保障。

二、自由与责任统一原则

在传统社会，婚姻关系的缔结不取决于当事人本身的意愿，而取决于"父母之命，媒妁之言"。传统社会的婚姻是"合二姓之好"，是家族行为。在传统婚姻家庭关系中，个人的意志须服从于家族利益，个人的自由权利被剥夺，个人的自主意识和独立人格受到压制。现代社会中，个人是自由的人，是有自主意识和独立人格的人。我国社会主义婚姻制度不仅保护人们的恋爱自由、结婚自由，还保护人们的离婚自由、生育自由等权利。但这些自由并不是毫无拘束的随心所欲。比如，恋爱自由绝不是任意的感情冲动，不是仅仅满足自己暂时的情感或性爱的需要，而是以两性结合为目的，希望对方成为自己终身伴侣，并为对方的幸福负责。离婚自由也不意味着可以轻率和随意离婚，不能仅考虑夫妻双方的个人意志，按自己的喜好任性地提出离婚。相反，他们应当考虑婚姻的伦理责任，考虑清楚婚姻关系的解除给整个家庭所带来的影响。

自由与责任是紧密联系在一起的，世间没有无责任的自由，也没有无自由的责任。每个人都有按照自己意愿行事的自由，但这种自由是以不伤害别人为前提的，是有界限的。"每个人的自由发展是一切人的自由发展的条件"，只有依靠社会和他人，个人才能获得自由发展的条件和手段。脱离社会、群体和他人的自由，是抽象、空洞、不现实的自由。自由与社会、他人的不可分离性，意味着自由与责任具有同一性。任何时候自由都不能超越社会的制约，否则将会给社会带来危害。正如一位社会学家所指出的，"（推崇绝对的个人自由而）反对遵从道德法规的态度使人陷入根本的'我向主义'，结果疏远了与社会的联系以及与他人的分享……这是对这个社会存在的最深刻的挑战"。这种对于群体价值的轻视、对家庭责任的淡漠，是造成婚姻家庭解体的重要原因。此外，当今世界很多国家弥漫着的逃避责任的自我中心主义和享乐主义，也破坏了婚姻家庭关系，危害了个人幸福，影响了社会的和谐与稳定。

三、平等原则

平等是衡量现代家庭文明程度的标志，也是衡量现代家庭代际关系是否健康的尺度。社会主义制度的确立，摧毁了封建家长制，家庭成员之间实现了平等，个体开始拥有了独立人格和自由。我国现代家庭成员之间的平等关系主要体现在夫妻人格地位上的平等、权利义务上的平等，以及平等地对待子女等方面。

（一）夫妻平等

男女平等是社会主义婚姻伦理道德的核心所在。实现男女平等，是我国婚姻家庭制度的本质，也是社会主义婚姻家庭道德的具体体现。马克思主义认为，家庭伦理最重要的一点就是实现两性的自由平等。在婚姻家庭关系中，两性平等意味着夫妻双方在人格、权利和义务上都是平等的。

中华人民共和国成立后，我国从根本上废除了男女尊卑、夫为妻纲的封建婚姻家庭制度，实行婚姻自由、一夫一妻、男女平等的婚姻制度，夫妻双方在婚姻关系和家庭生活中享有平等权利，也平等履行赡养老人、抚育子女等义务和责任。《中华人民共和国民法典》（以下简称《民法典》）第1055条所规定的"夫妻在婚姻家庭中地位平等"，系指夫妻双方在人身方面和财产方面的权利与义务一律平等，夫妻在生活中平等行使权利，平等履行义务，共同承担家庭和社会责任。

（二）父母子女平等

父母与子女之间的关系（下称"亲子关系"）是家庭关系的重要组成部分，亲子关系的平等，是社会主义现代家庭的本质要求，也是亲子关系和谐的重要前提。亲子关系的平等是指亲子双方人格的独立和相互尊重。父母和子女在家庭所处的自然地位是不同的，一般来说，父母是家长，未成年子女是父母亲监护的对象，但在人格上却是平等的，没有尊卑之别。

传统亲子伦理建立在单极的权力结构中，在很大程度上剥夺了子女的独立人格，取消了子女自由选择和实现自我生命价值的正当权利和主体能力。现代亲子伦理建立在个体独立、自由和平等的基础上，摒弃了通过"愚孝"使子女依附于父母的思想，子女摆脱了过去对父母的人身依附，他们的独立意识和自我人格得到尊重，父母与孩子之间彼此相互尊重、相互理解，亲子关系愈来愈呈现平等和民主化趋势。

四、民主原则

民主是社会主义核心价值观的一个重要内容，也是现代家庭伦理精神的核心基调。民主就是"在一个社会共同体或群体内部，人们就公共事务平等地进行商议、选择和决策的方式"。民主是社会主义的生命，也是创造人民美好幸福生活的政治保障。家庭民主是社会主义民主在家庭领域的具体应用和体现。家庭成员处理家庭事务和重大问题时应遵循民主原则，尊重彼此的意见和权利，民主协商解决家庭问题。家庭民主的价值在于维护个体在家庭中的独立性以及平等祥和的家庭气氛。现代家庭民主直指传统社会中的家长制、性别歧视和人格依附等顽疾，其任务是克服家长制、大男子/大女子主义、家庭暴力/虐待等问题。家庭民主具体表现在：家庭成员人格独立、男女平等、家庭成员相互尊重；家庭公共财产公开，家务事有商量共分担；对孩子有爱心但不溺爱，对老人孝顺但不盲从；等等。

第三节　当代中国家庭伦理规范的基本内容

　　家庭是一个人生命的发源地，也是一生幸福的源泉，人伦亲情是人世间最美的感情。改革开放以来，随着社会经济生活、社会结构和观念的变化，中国家庭在家庭结构、家庭关系、家庭观念等各方面都发生了显著的变化。在家庭成员平等、自由的交往中，家庭伦理不断得到更新和进步。社会的开放、多元，文化的交流、碰撞促进了人们伦理观念的更新、文明意识的提升，同时也带来了某些消极的影响，引发了越来越多的家庭问题。针对当前我国社会转型期出现的家庭动荡和家庭伦理失范的现象，构建适应时代要求的新型家庭伦理规范，使每个家庭成员自觉地以新型家庭伦理规范来约束自身，是实现家庭幸福、达到社会稳定的必由之路。夫妻道德、代际伦理、邻里关系是构成家庭伦理的主要方面，因此，构建家庭伦理规范应着重从这几个方面着手。

一、夫妻道德

　　夫妻关系是构成家庭人伦关系的根本，古今亦然。正如《史记》所言："夫妇之际，人道之大伦也。"夫妻关系决定了其衍生出的其他人伦关系，它维系着整个家庭甚至整个社会的伦理秩序。在一个家庭中，夫妻关系的状况如何，彼此的亲和程度如何，直接关系家庭的稳固与幸福。只有夫妻关系和谐，才会有代际之亲，正所谓"夫妇正则父子亲"。现代社会多以核心家庭为主，处理好夫妻关系显得更为重要。现代家庭中夫妻关系应遵循的道德规范主要包括以下几点。

（一）平等互爱

现代社会的夫妻伦理关系与传统社会相比，有一个根本的区别，即是否强调爱情在建立和维系夫妻关系上的重要性。传统社会的婚姻是按照"父母之命，媒妁之言"缔结的，现代社会则完全不同。中华人民共和国成立后，废除了封建婚姻制度，建立了一夫一妻、男女平等、婚姻自由的现代婚姻制度，爱情成为建立和维系夫妻关系的至关重要的因素。现代社会中，夫妻伦理规范的核心在于夫妻双方的平等互爱。这里的互爱又包含两层含义：一是男女平等的爱，在追求爱情时，男女应处于平等地位；二是男女之间相互的爱，单相思并不能称之为爱情，只有有回应的爱才能够称之为爱情。

恩格斯曾说："如果说只有以爱情为基础的婚姻才是合乎道德的，那么也只有继续保持爱情的婚姻才会合乎道德。"这句话包括两点要义：第一，符合道德要求的夫妻关系，是以爱情为基石的；第二，爱情不仅是婚姻的道德基础，更是维系巩固婚姻家庭关系的重要纽带。婚后爱情的存续与否直接影响到婚姻家庭生活的质量。

然而，相爱容易，相守难。两个人由爱结婚组建家庭后，如何在柴油米盐的平淡生活中，使爱情得以存续、发展和升华？这需要做到以下几点。第一，保养爱情。婚后生活会从浪漫主义过渡到现实主义，夫妻在日常生活中应相互关心，互相爱护，在物质和精神两个层面彼此关爱。第二，创造情境，更新爱情。夫妻双方都要不断充实拓宽自己的精神世界，创造新的生活乐趣，丰富充实家庭生活内容，使夫妻之间的爱情永不枯竭。第三，保持独立人格，与爱人要亲密有间，保持一定的距离，避免产生爱情疲劳。真正的爱，是建立在尊重他人自我心理边界的基础上的，要给对方信任和自由，不能让爱变成一种让人窒息的束缚。第四，提升彼此的道德修养。爱情是男女之间产生的一种健康而道德的特殊感情，爱情需要吸吮道德的营养才能持久和富有生命力。道德是爱情的安全绳，若要使爱情在婚后的平淡生活中得以持续，更需要道德力量的约束和保护。

（二）相互尊重

每个人之所以称为个人，正是因为每个人在世界上都是唯一的、个别的存在，任何个人都是首先作为单个心理、生理的个体生命的独立存在，都有维持自己生存和发展的需要，任何个人和群体都不能无视这种存在和需要。现代婚姻中，夫妻是两个独立的行为个体，具有各自独立的人格，各有不同的心理特质、行为习惯、价值取向和思维方式，这就要求夫妻要相互尊重。

夫妻相互尊重包括以下几个要义：首先，尊重对方的人格、自主性和个性，尊重对方的独立思想和自由意志，不把自己的意志强加于对方，不按自己的意愿来改造对方；其次，尊重对方的职业和经济收入，不因职业和收入而区别对待；第三，尊重对方的正当兴趣和爱好，不干涉和压制对方的兴趣和爱好，更不能用自己的兴趣爱好来改造对方；第四，相互帮助，相互成就，不把对方当作满足自己需要的工具，欣赏对方的优点，包容对方的不足，在学习、生活、事业上互助、互勉，在相互帮助中提升彼此，成就彼此；第五，相互信任，在思想上、情感上、行为上不可捕风捉影和胡乱猜疑——这往往导致夫妻争吵甚至家庭破裂。

（三）相互忠实

夫妻相互忠实既是社会主义一夫一妻制的基本道德要求，也是婚姻生活的法律规范。我国《民法典》第 1043 条规定："家庭应当树立优良家风，弘扬家庭美德，重视家庭文明建设。夫妻应当互相忠实，互相尊重，互相关爱。"

夫妻忠实义务有广义和狭义之分。广义的夫妻忠实义务，是指夫妻双方为维护婚姻关系，应当遵守的法律规定以及由社会公序良俗约定的道德规范。其内容主要包括：第一，身体忠实的义务，即夫妻双方应当不违背社会伦理道德，不与他人发生性关系；第二，精神上忠实的义务，即夫妻双方不发生精神出轨；第三，财产忠实义务，夫妻一方不可单独处分夫妻双方的共有财产，更不得损害另一方的个人财产。狭义的夫妻忠实义务是从伦理意义上来理解的，它特指夫妻在感情生活及性生活等方面相互负有的专一性和排他性义务。

从伦理的角度看，夫妻彼此忠实是由爱情和婚姻的专一性和排他性决定的。爱情是人类两性间特有的一种高级情感，具有专一性和排他性。爱情和婚姻的专一性和排他性决定了在婚姻家庭关系中，只能存在夫妻双方两个婚姻主体，不允许有第三者的插足，夫妻双方都不应当见异思迁。在现代家庭中，夫妻双方具有平等的权利和地位，保持贞操、讲求忠诚是对夫妻双方的共同要求。夫妻双方都应当树立健康的婚恋观，相互忠实。

由于受西方"性自由""性解放"等思想的影响，我国婚姻家庭关系中出现了婚外恋、重婚、"包二奶"等道德失范现象，这种突破婚姻限制随心所欲寻找性爱的行为，无视了人的社会性，把人与人的交往降低到动物水平。马克思说："吃、喝、性行为等等，固然也是真正的人的机能，但是，如果这些机能脱离了人的其他活动，并使它们成了唯一的终极目的，那么这种抽象中，它们就是动物的机能。"这些行为败坏了社会风气，影响了家庭和谐和社会稳定。我国现代婚姻家庭伦理强调夫妻互负忠诚的道德义务，并以法律的形式予以明确和保障，既是对婚姻道德观混乱的必要纠偏，也是对我国婚姻家庭伦理的价值定位。

（四）共同抚养子女和赡养父母

爱情不仅是情侣间的私人感情，还包含家庭与社会责任。男女双方一旦确定恋爱关系，就要对彼此负责；而当恋爱双方决定缔结婚姻关系组成一个新家庭时，就要主动共同承担家庭义务和社会责任。现代生活中，不考虑家庭义务的爱情和婚姻是脱离现实的，更是无法长久稳定维持下去的。

婚姻关系一旦缔结，就产生了对对方、对双方老人和子女的法律责任和道德义务。家庭本质上是一种伦理关系的具现，它不是一般的社会团体，而是彼此之间具有特殊责任和义务的社会团体。夫妻双方共同承担起抚育子女、赡养父母的责任，齐心协力地经营家庭，家庭才会和谐美满。那种将爱情与责任、婚姻与义务对立起来，不抚育子女、不赡养父母的行为是为社会主义婚姻道德所不齿的，也是违法的。

二、亲子道德

亲子关系是仅次于夫妻关系的重要家庭关系。亲子关系是"以血缘和共同生活为基础的父母与子女之间相互作用所构成的、亲子双维行为体系的自然关系和社会关系的统一体"。亲子伦理是在亲子关系基础上产生的一种调节、规范亲代与子代关系的道德约束机制，包含了家庭内部纵向的全部伦理道德内容，即亲代—子代伦理和子代—亲代伦理两个方面。亲子伦理具有自然性与社会性双重特征。一方面，亲子关系以血缘关系为基础，因此，亲子伦理具有血缘性所决定的天然亲亲之爱的特性，这是亲子伦理的自然性。另一方面，亲子伦理具有社会性。亲子关系在现实生活中体现为一种社会关系，而其性质是由当时的社会生产关系决定的。因此，不同社会、不同时代所倡导的亲子伦理的具体内容是不同的。传统社会的亲子伦理以"父权至上、父为子纲"为基本原则，强调长者优先，视幼者为长者的附属，家长对子女有着至高的控制权。古代郭巨"埋儿奉母"的故事充分暴露了封建社会"父叫子死子不得不死"的专制和不平等。社会主义社会的亲子伦理则彻底废除了"父为子纲"的原则，代之人格平等的原则，是一种强调以爱和敬为核心，父母子女双方互尽义务的新型伦理。我国现代家庭的亲子伦理要求如下。

（一）抚养教育子女

抚育子女不仅是人类繁衍后代的天性使然，也是父母必须承担的法律义务和道德责任。我国《民法典》第26条明文规定："父母对未成年子女负有抚养、教育和保护的义务。"抚养义务是指在子女未成年之前，作为父母应为子女身体上的发育成长尽可能提供物质生活条件，使他们吃得饱，穿得暖，能够健康成长。父母对未成年子女的抚养责任是无条件的，任何时候都不能免除。

同时，父母对子女还负有教育的义务。与学校教育和社会教育不同，家庭教育是指父母或其他监护人为促进未成年人全面健康成长，对其实施的道德品质、身体素质、生活技能、文化修养、行为习惯等方面的培育、引导和影响。家庭教育对于青少年的健康成长与成才有着特别重要的作用。2022年1月1日施行的《中华人民共和国家庭教育促进法》第14条明确规定："父母或者其他监护人应当树立家庭是第一个课堂、家长是第一任老师的责任意识，承担对未成年人实施家庭教育的主体责任，用正确思想、方法和行为教育未成年人养成良好思想、品行和习惯"。

家庭教育不仅要求父母对孩子进行知识储备上的引导，更重要的是修正孩子外在的行为规范，传授其做人的准则，教育其如何待人处事，把孩子培养成为有道德的人。中国传统的家庭教育强调"德教为本"原则，将伦理道德教育放在首位。我国传统的家庭教育都是以德育为核心的。如《论语》要求"弟子入则孝，出则弟，谨而言，泛爱众而亲仁，行有余力则以学文"。《中庸》则认为"君子尊德性而道问学"，也就是说"尊德性"第一，"道问学"第二。《温氏母训》明示"远邪佞，是富家教子第一义；远耻辱，是贫家教子第一义；至于科第文章，总是儿郎自家本事"。当今，我国仍把"德育"视为家庭教育的首要任务。《中华人民共和国家庭教育促进法》第3条规定："家庭教育以立德树人为根本任务。"家庭教育促进法还要求父母应以正确方法教育未成年人养成良好思想、品行和习惯，帮助孩子从小树立正确的世界观、人生观和价值观，使他们能以健全的人格和良好的意志品质去解决复杂的现实问题，这是我国家庭教育的首要任务。总之，德育的具体内容会随着社会历史的变化而有所不同，但德教为本原则不会变化。

教育子女是一种技艺，也是一门科学。高尔基曾说："爱孩子，这是母鸡也会做的事，但要善于教育他们，这就是国家的一桩大事了，这需要有才能和渊博的生活知识。"家庭教育有其内在的规律，每位父母都应当努力掌握科学的教育形式与方法，做到"善教"。首先，子女教育要从小抓起。《颜氏家训》中说："当及婴稚，识人颜色，知人喜怒，便加教诲，使为则为，使止则止。"这就是说，要在"婴稚"时就抓紧教育。不然，等到孩子的坏习性已经养成才急起来，这时已经不奏效了。其次，慈中有严，不宠溺子女。爱而不教容易纵容子女使其形成恶劣的品质。因此，在关爱孩子的同时还应该严格要求子女，培养孩子积极的上进心，强烈的求知欲，善良、勤劳的品德，吃苦耐劳的精神和健康的人格，以及自立、自强、自尊、自爱的优良品质。最后，应以言传与身教相结合，注重以身作则，以实际行动为子女做出表率。正如《说文解字》中所说："教，上所施，下所效也。"《老子》也云："不言之教，无为之益，天下希及之。""不言之教"就是以自身的行为进行的潜移默化的教育。身教虽柔，但能感化最难教育的人。自古以来，善为家教的人都懂得这样一个道理：家庭道德教育不在长篇说教，有效的还是长辈示范，身教重于言教。颜之推把成人道德榜样所发挥的影响称为"风化"，认为"夫风化者，自上而行于下者也，自先而施于后者也。"《孔丛子·居卫》中则云："有此父斯有此子，人道之常也。"孩子总是最先从父母那里获得效仿的榜样。一个人在其一生中，受父母的影响往往是最直接、最持久的，父母的一言一行皆在潜移默化中影响着孩子的成长。孩子在成长的过程中不断地观察、模仿父母的言行，从他们那里习得为人处世的道理，内化父母的价值观念和行为方式。因此，父母的身教是家庭教育最重要的方法。

（二）尊重子女人格

中国传统社会是封建意识占主导地位的家长制社会，传统亲子伦理是建立在父尊子卑，父主子从的人格不平等关系上的。这种封建亲子伦理观否定了子女的独立人格，剥夺了子女自由选择和实现自我价值的正当权利。

当代中国的新型家庭亲子伦理建立在父子人格平等基础上，充分体现了对自由、民主和平等的价值追求。它彻底抛弃了传统亲子伦理中狭隘和落后的一面，解除了其对子女人格的捆绑和束缚，要求父母用平等和民主的心态对待子女，克服家长制作风，尊重子女的人格，尊重子女的权利和自由。父母和子女在生活上互助互爱，在价值观念、兴趣爱好、生活方式等方面互相理解、相互尊重，尽可能多地求同存异。尤其是在关系子女自身发展等重大问题的处理上，父母要通过平等对话等民主协商的沟通方式，了解子女的想法与意愿，对他们的选择提出建设性意见，引导他们作出正确的选择，决不能把孩子看作自己的私有财产，越俎代庖。

尊重个体差异是培养独立人格的基本要求。我国《家庭教育促进法》第 17 条提出要"尊重差异，根据年龄和个性特点进行科学引导"。每个孩子都是有情感的具有独立意志和独立人格的人，尊重子女人格就要"以人为本",尊重个体差异。首先,父母要允许孩子可以根据自己的兴趣和需求从事各种活动,这样才能深入了解自己孩子的个性,更好地发掘孩子本身独特的优势。其次,父母要信任孩子,做他们坚实的后盾。只有这样,孩子才敢于做自己,而不是为了迎合父母心中"好孩子"的标准,压抑自己的个性。最后,父母应放弃过度控制、过度溺爱、过度包办等教育方式,施行一种权威型的民主教养方式,适时参与及引导教育孩子,做到严而有慈、情理相融、奖罚分明。这样,孩子才能过一种能够由自己选择、却又不偏离成长轨道的生活,实现精神上的自立自强,凸显"以人为本"的现代伦理精神。

(三)赡养父母

子女的健康成长离不开父母的抚养和教育,而父母在年迈体弱多病时也需要子女的照料和关心。赡养父母是人伦常情,为人子女者,应知恩图报。我国传统孝道最根本的要求就是养亲,即赡养父母,保证父母物质需要的供奉。《礼记·祭义》中记载曾子认为"孝有三:大孝尊亲,其次弗辱,其下能养"。即孝有三层含义:首先是"养亲",即赡养自己的父母;其次是"不辱亲",即不做败坏父母声名的事;再次是"尊亲",即尊重父母,使父母有尊严。总之,父母年迈之后,子女尽力为父母提供衣、食、住、行等最基本的保障,这是"孝"的最基本要求。

赡养父母不仅是当今社会每个公民应该具备的根本道德修养,也是每个公民应尽的法律责任和义务。我国宪法规定成年子女有赡养扶助父母的义务,禁止虐待老人。《民法典》第 26 条规定:"成年子女对父母有负有赡养、扶助和保护的义务。"赡养父母不仅是道德要求,也是法律义务。赡养老人包含物质赡养和精神赡养两个方面的内容。一方面,要在老人的物质生活方面提供保障,另一方面,子女更要注意在心理和精神上关心和体贴父母。随着我国广大城乡物质生活水平的不断提高，人的温饱已经不是问题，越来越多的老年人更需要精神和心理上的关心和帮助。这就需要子女多与父母沟通和谈心。即便由于工作条件、环境的关系，子女不与父母住在一起，也要"常回家看看"，陪父母吃吃饭、聊聊天，时常与父母进行感情上的沟通和交流，让父母感受到子女对自己的关心和体贴。

（四）尊敬父母

赡养父母（养亲）只是传统孝道对子女的最基本的要求，孝的更深层次要求是要尊敬父母（尊亲、敬亲）。孔子曾说："今之孝者，是谓能养。至于犬马，皆能有养；不敬，何以别乎?"也就是说"养亲"是一种反哺式的本能回报，"敬亲"才是人之区别于动物的理性方面。孟子则认为"孝子之至，莫大乎尊亲"。即尊敬父母的更高境界是尊重父母，使其有尊严。

孝不但要求子女对父母尽赡养义务，保证父母衣食无忧，更重要的是要求子女对父母有敬爱之心。不论哪个时代、哪个阶级的人，都不会对子女应敬爱父母一事提出疑义。2019 年中共中央国务院印发的《新时代公民道德建设实施纲要》将"尊老爱幼"作为家庭美德建设的主要内容之一，这表明我国从古至今一直将"敬亲"作为家庭伦理道德建设的重要内容之一。现代伦理意义上的敬老并不是不分是非善恶对老人的绝对服从、一味顺从，而是要有礼有节。尊敬老人，必须从内心尊敬老人，这包括尊重他们的人格，尊重他们的劳动，尊重他们的意见，尊重他们的感情，对老人礼貌，虚心向老人学习，关心老人的身心健康等。

当前，加强子女养老尊老的家庭美德教育在我国显得尤为迫切和重要。近十几年来，我国人口老龄化加速发展，2010 年～2020 年，60 岁及以上人口比重上升了 5.44 个百分点，65 岁及以上人口上升了 4.63 个百分点（截至 2020 年 11 月，我国 60 岁及以上人口为 26 402 万人，65 岁及以上人口为 19 064 万人），这其中需要照料的失能、半失能的老人数量剧增。面对"未富先老"的冲击，我国的经济发展水平还不足以完全解决老年人的生活需要，这就决定了家庭养老仍然是养老保障的主要形式，这就需要大力弘扬孝道文化，传承孝道美德，提高子女养老敬老的主动性和自觉性。

三、离婚道德

离婚是夫妻双方出于种种原因不愿继续共同生活，按照法律规定程序解除现存婚姻关系的一种社会行为。结婚和离婚是一个事物的两个方面，都是由婚姻的本质决定的。在人类历史上，不同时代、不同社会的人们对离婚有不同的认识和规定，反映出不同的离婚道德观。作为婚姻道德重要组成部分的离婚道德，归根结底是取决于当时的经济制度和政治制度。我国现行制度主张婚姻自由，结婚应该以感情为基础，离婚也必须以感情破裂且无法恢复为依据，感情是否破裂，既是判断离婚的法律依据，又是离婚的基本道德标准。当感情破裂，离婚成为必然的时候，离婚当事人应该正确行使离婚自由的权力，自觉遵守离婚道德，主动承担离婚责任，努力将离婚的负面影响降到最小。以下是我国社会主义离婚道德规范的主要内容。

（一）离婚自由，自愿自主

婚姻自由是指男女双方有依法缔结或解除婚姻关系而不受对方强迫或他人干涉的自由。婚姻自由不仅是我国婚姻家庭法的基本原则，也是我国现代婚姻家庭伦理规范之一。在社会主义社会，离婚自由是婚姻自由的一个方面，结婚自由与离婚自由的相互结合就构成了婚姻自由的完整内容。只有实行结婚自由，建立以爱情为基础的美满幸福婚姻才有可能。然而，婚姻以爱情为基础，不仅是指夫妻关系的建立要以爱情为基础，而且包括婚姻关系的维持也要以爱情为基础。如果夫妻双方的感情完全消失，又无恢复的可能，那就意味着他们的婚姻已名存实亡，这时解除婚姻关系，无论对双方或对社会都是一件幸事。这正如恩格斯在《家庭、私有制和国家的起源》中所指出的："如果感情确实已经消失或者已经被新的热烈的爱情所排挤，那就会使离婚无论对于双方和对于社会都成为幸事。"

（二）严肃谨慎，切勿轻率

离婚自由不仅是法律赋予个人的权利，也是我国婚姻伦理规范之一。但保障离婚自由，不等同于鼓励随意任性的离婚行为。我国《民法典》关于离婚的行政程序和诉讼程序的规定表明，社会主义中国对待离婚问题，一方面规定了离婚自由，保障公民离婚的权利；另一方面规定了实现离婚自由要严肃认真地运用法律程序，以便合情、合理、合法地处理离婚问题。《民法典》第 1077 条关于"离婚冷静期"的规定，要求离婚当事人在离婚冷静期内暂时搁置离婚纠纷，冷静思考离婚问题，考虑清楚后再行决定是否离婚。这一规定也是为了防止和减少"冲动离婚"和"草率离婚"的现象。

离婚只是对不幸婚姻的一种救济，但绝不是对婚姻解体的一种鼓励。夫妻双方在考虑离婚问题时，不能仅仅考虑夫妻双方的个人意志，随意、任性地提出离婚。相反，他们应当认识婚姻的伦理意义，需要对已发生或新产生的关系负责，清楚地考虑到婚姻关系的解除给整个家庭所带来的影响。"婚姻不能听从已婚者的任性，相反地，已婚者的任性应该服从婚姻本质。"此外，离婚自由更不应该成为人们见异思迁、移情别恋的借口。

（三）彼此尊重，相互体谅

离婚是因为夫妻感情彻底破裂，无法再共同生活，因此选择通过法律途径解除婚姻关系。但是，离婚时夫妻双方应具有相互尊重对方的意愿和人格，以及相互体谅、相互祝福的道德责任感，文明离婚。双方都应设身处地为对方着想，站在对方的立场上考虑问题。切不可因离婚造成夫妻反目成仇，损害对方的人格和尊严，也不应该抱着"你让我痛苦，我也不让你好过"的心态相互折磨，更不应该相互报复造成不稳定的社会因素。

（四）共同对孩子的健康成长负责

夫妻是因为相爱才结婚组成家庭的，如果感情彻底破裂且无恢复可能，离婚对夫妻双方来讲都是一件幸事。但无论如何，离婚对孩子而言，都是一种极大的伤害。如何将离婚对孩子的伤害降到最低限度，确保孩子今后的健康成长，这是每一对准备离婚的父母都必须认真考虑的道德责任问题。一般来讲，夫妻离婚时要尽量做到以下几点。

第一，尽量选择协议离婚，以最有利于孩子的健康成长为原则来确定孩子的抚养权，切不可为了抚养权而展开争夺战。有的父母在离婚过程中，丝毫不考虑子女感受，对子女不是相互争夺抚养权就是相互推卸抚养责任，给孩子的心灵造成了难以承受的伤害，这对孩子的健康成长是非常不利的。

第二，不可推卸责任，拒绝抚养孩子。离婚并不会解除父母和子女的关系，离婚后的夫妻双方仍有抚养和教育子女的道德责任和法律义务。离婚后，父母应主动担负起孩子的生活、教育等方面的费用，确保孩子生活、学习的正常进行。我国《民法典》第 1084 条规定："父母与子女间的关系，不因父母离婚而消除……离婚后，父母对于子女仍有抚养、教育、保护的权利和义务。"《民法典》第 1085 条规定："离婚后，子女由一方直接抚养的，另一方应负担部分或者全部抚养费。"这两条法律明确规定离婚后父母均有负担子女生活费和教育费的经济责任，力求在婚姻关系解除时最大限度地保护未成年人的基本权益。

　　第三，不限制父亲或母亲探望孩子，不剥夺孩子的父爱或母爱。父母是孩子最亲的人，也是最值得信任的人，孩子的健康成长离不开父母的关爱和呵护。夫妻任何一方都不能剥夺孩子享受父爱或母爱的权利。离婚当事人双方应避免将婚姻积怨发泄在子女身上，尊重他方对子女的探望权。我国《民法典》第1086条规定："离婚后，不直接抚养子女的父或者母，有探望子女的权利，另一方有协助的义务。"法律设置探望权的意义在于，保证夫妻离异后非直接抚养的一方能够定期与子女团聚，这有利于弥合家庭解体给父母与子女之间造成的感情伤害，有利于未成年子女的身心健康。

　　总之，只有婚姻当事人深刻认识到爱情和义务、自由和责任之间的内在联系，才能慎重对待离婚，避免轻率离婚；当夫妻感情确实破裂、离婚成为必然时，也应该本着为对方、为家庭负责的原则，宽容对方、尊重对方，文明离婚，主动自觉地承担离婚后的道德责任和法律义务，减少离婚给家庭和社会造成的负面影响。

四、邻里道德

　　邻里关系古而有之，它是人类定居生活的产物，是以居住地域的连接和靠近为条件，并在日常生活的共同范围和联系的基础上形成的，主要依靠道德信念和道德手段调节的，家庭与家庭之间、居民与居民之间的相互关系。邻里之人生活在同一空间中，相互之间虽无血缘关系，但有朝夕相处的地缘关系，这种因地缘因素形成的邻里关系在社会现实中有不可替代的作用，也就是所谓的"远亲不如近邻"。

　　与其他社会关系相比，邻里关系有其明显的特点，首先，它是不同于政治关系的公共生活方面的关系。邻里关系一般只是发生在日常生活琐事之中，它是产生于诸如公共生活资料使用，公共环境保护，日常生活相互帮助、照顾等范围之内的关系。其次，它不是经济共同体，邻里关系并不与生产资料的占有、生活资料的分配直接相关。邻里本身不是一个经济消费单位，而是不同的经济消费单位之间因空间相邻而产生的交往联系。第三，邻里处于一定的区域行政组织管辖之下，但邻里本身不是一个组织。在邻里中，每个人都以居民身份出现，而不是以其职业身份出现。由于他们都不以组织单位成员的身份活动，因而距离所在组织监督、管理和约束较远，大家都以同样的居民身份接受国家法律的约束。基于邻里关系的这些特点，调节邻里关系的主要途径和手段应该是邻里道德。

在我国传统家庭伦理文化中，对邻里关系的重视程度历来都很高。孔子曾言"里仁为美"。意思是说，居住在有仁德的地方才好。我国传统的邻里伦理规范是乡邻和睦、相容相让、相互扶持，即孟子所说的"乡田同井，出入相友，守望相助，疾病相扶持，则百姓和睦"。

当今，邻里团结是我们处理邻里关系时遵循的道德原则，它是新时代家庭美德的基本规范之一。邻里团结体现中华民族讲友谊、重情感、安居乐业的人文情怀和传统美德。邻里团结的基本要求是：一要互相尊重，尊重邻居的生活方式和生活习惯，切忌搬弄是非；二要互相帮助，要破除"各人自扫门前雪，休管他人瓦上霜"的观念，帮急帮难，主动地为邻居做好事；三要互相谦让，一旦因生活琐事发生了矛盾，双方都要讲品格、讲谦让；四要互相谅解，对邻居要少一点抱怨，多一点谅解，少一点指责，多一点宽容。按照邻里道德的要求来规范自己的行动，有利于社会网络关系的编织，邻里间的相互交往与信任，有利于增强居民生活的安全感和幸福感。左邻右舍之间相互关心、相互尊敬、相互帮助，是家庭幸福的必备因素之一，也是良好风尚的道德体现。

第四章 家庭休闲文化与活动

引言

　　现代生活的显著特点之一是工作、学习和日常生活都趋向快节奏。人们在紧张的工作、学习之余，往往希望在家庭生活中，与家人一起开展一些文体活动或其他娱乐活动来进行休闲放松，从而创造良好的家庭氛围，获得身心健康。

　　不同家庭的成员组成不同，生活背景、文化、认知与经济条件等各有特点，其采取家庭休闲方式也有所不同：有的偏向选择户外活动，有的偏向选择室内较为安静的活动，有的喜欢呼朋引伴开展一些人际交往活动，也有的喜欢选择文化艺术活动，等等。在日常生活中，您和家人对于家庭休闲活动的意见统一吗？主要选择的是哪种方式？它给您的家庭生活带来了怎样的影响呢？

本章学习目标

　　1. 掌握：家庭休闲文化和活动的主要功能，理想的家庭休闲文化。

　　2. 熟悉：现代家庭休闲文化活动的类型和开展方式。

　　3. 了解：家庭休闲文化和活动的发展和意义。

第一节 休闲文化与家庭休闲概述

人类对休闲的思考以及休闲活动由来已久，从"休闲"一词的字面就可以看出中国古人对于休闲的认知。人倚木成"休"，"闲"有安逸、悠闲与娴静之意。休闲二字表达了古人在其生存过程中的辩证认识，即人们通过在劳作之余的休憩、娱乐获得体能上的恢复和精神上的放松，并且受到教育。

现代科学技术的应用，深刻改变了人们的生活方式，生活内容、生活领域、生活节奏等都发生了翻天覆地的变革。一方面，人们在充分享受着社会进步和科技发展带来的巨大成就：机械和技术手段的创新，极大地提高了工作的效率和产量，缩短了工作时间和劳动强度；信息技术的日新月异使得人们接触到一个更为开放和丰富的世界，生活变得多姿多彩；新式交通工具的革新和使用，使人们的行动更加快捷和方便。另一方面，人们也为这些新技术、新发明的应用付出了沉重的代价：气候变暖和环境恶化，对人们居住的地球构成了严重的威胁；饮食结构、工作方式的改变使人类的运动能力锐减，肢体力度和灵活性逐渐衰弱，尤其是青少年中的肥胖、近视、运动不足、精神障碍等问题更是让人担忧。身处这样一个快节奏和竞争激烈的社会，还要面对无时不在的噪声污染、交通堵塞、食品安全等社会问题，使得人们精神焦虑、易怒、抑郁等频发，对社会和人生产生悲观和消极看法，严重影响了人们的生活质量和身心健康。在此背景下，各种休闲文化和活动方式应运而生，越来越成为人类生活中重要的一部分。

一、休闲文化的内涵

休闲是指在非劳动/工作时间内以各种"玩"的方式求得身心的调节与放松，以达到生理保健、体能恢复、身心愉悦等目的的一种业余生活。科学文明的休闲方式，可以有效促进能量的储蓄和释放，它包括对智能、体能的调节和对生理、心理机能的锻炼。

曾有古代哲人说："人唯独在休闲时才有幸福可言，恰当地利用闲暇是一生做自由人的基础。"现代则有学者认为"休闲是从文化环境和物质环境的外在压力中解脱出来的一种相对自由的生活，它使个体能够以自己所喜爱的、本能地感到有价值的方式，在内心之爱的驱动下行动，并为信仰提供一个基础"，以及"休闲是一种现实存在，是一种文化，一种文明程度的标尺，一个意义世界"。

休闲文化是一个多维度的概念，包含了娱乐、健康、社交、教育和文化传承等方面。在享受休闲文化的同时，人们应注意选择有益的活动，保持生活的平衡，以及尊重和传承文化传统。这样，休闲文化不仅能够丰富人们的生活，还可以促进个人成长和社会进步。

二、各国休闲文化及其发展

休闲文化作为人类生活的一部分，因国家和地区的差异而呈现多样性。各国都具有其独特的历史、传统和生活方式，这些因素共同塑造了各国独特的休闲文化。

（一）外国的休闲文化

日本是一个将传统和现代元素完美融合的国家。日本的休闲文化深受其传统和自然环境的影响。茶道和花道是传统的日本休闲活动，人们通过这些活动来培养品格和美感。同时，温泉浴是在日本非常受欢迎的休闲方式，人们常常在温泉中放松身心。

法国的休闲文化以优雅和享受为主题。法国人喜欢在咖啡馆度过时光，品尝美食和葡萄酒。此外，法国的文化生活丰富多彩，博物馆、画廊和剧院为人们提供了丰富的休闲选择。在巴黎，塞纳河畔的散步也是一种流行的休闲活动。

美国是一个多元文化的大熔炉，其休闲文化受到各种文化的影响。美国人喜欢参加各种体育活动，如篮球、橄榄球和棒球。此外，户外活动如徒步、露营和垂钓也非常受欢迎。美国的电影和音乐产业非常发达，人们经常去电影院和音乐会进行休闲娱乐。

印度是个拥有丰富历史文化的国家。印度的休闲文化深受其宗教和传统的影响。瑜伽和冥想是印度的重要休闲活动，有助于身心平衡。此外，印度的电影和音乐，特别是宝莱坞电影闻名于世，看电影是人们重要的休闲娱乐方式。

（二）我国的休闲文化

我国作为一个历史悠久的国家，拥有丰富多彩的休闲文化。在长达数千年的历史进程中，我国的休闲文化经历了从传统到现代的转变，并在此过程中不断发展和丰富。

在古代，茶艺是一种非常受欢迎的休闲活动。品茶不仅能够帮助人们放松身心，还是一种社交活动。此外，书法和绘画也是古代中国人的主要休闲活动之一，人们通过书写和绘制来表达情感和审美。还有诸如下围棋、打麻将等棋牌类游戏，这些游戏起源于古代，至今仍广受欢迎。

然而，随着时代的变迁，中国的休闲文化也在发生变化。改革开放以来，中国的经济发展迅速，人们的生活水平不断提高，休闲需求也在增加。在这样的背景下，各种新的休闲活动开始兴起。

例如，随着互联网和智能手机的普及，网上娱乐成为中国休闲文化的一个重要组成部分。人们在社交媒体、在线游戏和视频网站上消遣时间。此外，随着旅游业的发展，越来越多的中国人选择出游作为休闲方式。不仅国内旅游火爆，出境旅游也逐渐成为一种潮流。

体育也成为中国休闲文化的重要组成部分。越来越多的人参加健身、跑步和各种球类运动。徒步和自驾游也逐渐成为中国人的休闲选择。这不仅有益于身体健康，还有助于社交和减压。

值得一提的是，中国的休闲文化在发展的同时，也在弘扬传统文化。例如，茶艺和传统戏曲在现代社会依然受到许多人的喜爱。近年来，国家也大力推广传统文化，支持各种以传统文化为主题的休闲活动。

然而，伴随着现代休闲文化的发展，也出现了一些问题。例如，一些人过度沉迷于网络游戏和社交媒体，导致生活失去平衡。这要求个人和社会在享受休闲文化的同时，也要关注其潜在的负面影响。

总的来说，中国的休闲文化有悠久的历史和丰富的文化传统，在历史的长河中不断发展，丰富多彩。它既包含了深厚的传统元素，又拥抱了现代的创新。在享受休闲活动的同时，我们应珍视和传承传统文化，同时关注休闲文化发展中的问题，并寻求平衡和可持续的发展路径。

通过对不同国家休闲文化的考察，我们可以看到，休闲是一个国家文化、历史和生活方式的反映。虽然各国的休闲文化各具特色，但它们都是人们在日常生活中寻求放松和愉悦的方式。休闲文化的多样性不仅丰富了世界文化，还促进了不同文化之间的理解和交流。

三、家庭休闲的内涵

家庭休闲文化是指以家庭为中心，家庭成员利用闲暇时间从事各种休闲文化活动的形式。家庭休闲文化是家庭文化的呈现形态之一，是人们提高家庭生活质量和生活幸福感的重要途径，也是现代家庭的重要功能之一。家庭休闲文化有优劣之分。优良的家庭休闲文化有利于个人及家庭成员的身心健康和发展，不良的家庭休闲文化则害己、害人、害社会。

在忙碌的现代生活中，家庭休闲是连接家庭成员、增进感情和提升生活质量的重要方式。家庭休闲的内涵不仅仅是消遣时间，更是一种生活态度和家庭凝聚力的体现。法国社会学家杜马哲·迪尔提出的"休闲三部曲"理论认为家庭休闲文化包含三个要素：一是放松、克服疲劳，二是娱乐、超然忘我，三是个人发展、开阔视野。

基于此，理想的家庭休闲文化应该是健康的、文明的和科学的，其具有放松身心、蓄养体能，稳定情绪、调整心态，增进交往、融洽关系，发展爱好、提升自我等功能。时代在发展，赋予家庭休闲文化新的内涵，发展推动健康、文明、科学的家庭休闲文化是摆在世人面前的重要课题。

第二节 家庭休闲及其安排

家庭在人的一生中占有重要的地位。家庭休闲是否合理决定着家庭的生活质量。家庭每个成员都处于幸福的感觉之中，则意味着家庭氛围和谐，而其关键在于家庭成员在家庭共同时间的共处质量。在家庭共同生活中，休闲是生活品质的重要指标之一，适当的休闲能维持个人生活功能的运作，带来个人的成长、家庭幸福与社会进步。休闲艺术则能提升休闲的质量，成为促进家庭和谐的润滑剂和黏合剂。

一、家庭休闲的类型

家庭是每个人心灵的港湾，不论一个人是什么年龄、职业、性别，家庭永远是最温馨的特别存在。家庭休闲对一个人的身心健康意义重大。

（一）从价值学和伦理学的角度分类

家庭休闲具有多元化的特征，章海荣教授等在《休闲学概论》中从价值学和伦理学的角度，将休闲分为积极性休闲和消极性休闲。这种分类方法对于引导人们正确选择休闲方式，促进现代社会的健康发展具有十分重要的意义。家庭休闲也可以按此分类。

1. 积极性休闲

一切有利于人们身心恢复和发展的休闲均为积极性休闲。身心的恢复与发展对于每个人都是非常重要的。身心恢复手段有休息、娱乐、疗养等。这些休闲活动可以使人消除疲劳、恢复体力和精力、调节心理，可保持人的生理和心理处于一种健康的状态。这是一种基础性的休闲活动，是积极的休闲活动。身心发展手段有读书、旅游、运动、创造、研究、艺术活动等。这是在身心恢复的基础上的提升，是人的潜能的开发，是人的自我发展，是休闲对个人和社会的主要价值所在。

积极的创造性休闲活动对改变个人命运也起着十分重要的作用。爱因斯坦曾经说过："人的差异在于业余时间，业余时间生产着人才，也生产着懒汉、酒鬼、牌迷、赌徒。由此不仅使工作业绩有别，也区分出高低优劣的人生境界。"所以，积极的休闲是家庭休闲需要倡导的方式。

2. 消极性休闲

一切不利于身心恢复和发展的休闲活动均属消极性休闲，如无所事事、放纵自己、赌博、吸毒、参与色情活动等。无所事事是人的一种懒散、精神空虚、心理不健康的表现；放纵自己是沉湎于某种娱乐而有害自己的身心健康的表现；赌博、吸毒、参与色情活动等对社会造成不良影响甚至是自我伤害，不仅是不良行为，更是触犯了国家的法律法规，是受国家严厉打击的。家庭休闲应从家庭的健康发展考虑，杜绝这类休闲方式。

（二）按具体休闲形式分类

家庭休闲的具体形式有很多，可以据此将其分为以下五种类型。

1. 知识型休闲

主要是指利用休闲时间比较集中地学一点知识或技能的活动。知识型休闲改变生活节奏，具体种类有和家庭成员一起利用周末听演讲、阅读书报刊等。好的书报刊是极佳的"精神食品"，读之可以使人增长见识，调节"七情"。阅读是健脑壮身、养生防疾的良方，经常阅读可提高人的素养，安定人的情绪，净化人的心灵。这种家庭休闲方式是一种精神"补血"，可让人终身受益。

2. 文艺型休闲

也可称之为娱乐型休闲。看电影、观展、听音乐、唱歌、跳舞、吟诗、作画、书法、摄影等就属于此类，它可以使人抛开禁锢和忧虑，舒缓身心。此外，琴棋书画、钓鱼、养花、养鸟都是富有情趣的活动，也是一种文化操练。

3. 运动型休闲

运动型休闲是指在闲暇时间里参加各种目的是娱乐休闲的体育活动。人们通过各种休闲性体育活动，可放松身心、娱乐消遣和发展个性，满足自己在闲暇时间里对生命质量的追求，并改善身体健康水平。此类活动包括登山、游泳、练瑜伽、球类运动等。运动型休闲可丰富家庭的文化生活，改善促进家庭和谐，从而成为提升生活质量的重要手段。

除此以外，运动型休闲也是家庭对新型生活方式的期盼，对精神享乐和自我超越的关注。家庭成员可以通过对运动休闲项目的历史价值、活动体验、技术方法、开展形式以及礼仪欣赏等相关内容的体验，开拓视野、放松身心，提升生活品质。

4. 休憩型休闲

主要适用于压力大、需要放松但又不愿意运动的人群。这类休闲包括看电视、逛街、短期旅游、郊外踏青等。这种休闲方式与中国人的休闲观念比较吻合，追求身心和谐、人与社会的和谐、人与自然的和谐。家庭成员在周末或者节假日一起进行这类休闲活动，可在休闲环境中进行有效情感沟通交流，放松身心，甚至相互间获得情感支持和慰藉。

5. 社交型休闲

是一种以人际关系互动为主要表现的休闲活动。家庭休闲以社交方式进行，往往是家庭成员或整体与家庭之外的个人或群体（包括组织）的相互作用，是以家庭外部的个人或群体为对象的一种活动方式，在这种活动中，家庭成员可与亲戚、邻居、同学、朋友等进行互动。例如，与朋友一道喝茶、喝咖啡、聊天，参加某个俱乐部或社团活动、友好家庭聚餐等。通过这种方式可以进行情感交流、放松心情、拓展自己的社交圈。社交型休闲更注重放松自己，让自己更自然地展示出来，这样更容易得到他人的认可和信任，获得更多的社会支持。

二、家庭休闲的功能

《休闲宪章》指出，休闲除了可以使人的生活变得五彩斑斓，还可以对人日常生活中所消耗的体力和脑力予以补偿，偶然性地激发个人的能力，间接性地带动人的自我存在价值发展等。

家庭是发展人类个性的最重要的场所，是相互合作而发挥初级社会化、人格稳定化、经济合作等功能的单位。家庭休闲在家庭生活中的地位是不可或缺的。在忙碌的现代社会，家庭成员面临着工作、学习和社会压力，家庭休闲活动成为了缓解压力、增进感情和提升生活质量的关键环节之一。

（一）缓解压力

人的生活包括生理和心理两个层次，休闲生活就是用来满足人生理和心理需求的，进一步而言，也就是用来消除身心疲劳和促进身心健康的。最初人们认为休闲只作用于人在体力上的恢复，所以劳动者的休闲活动就被看成了是由于身体疲惫而选择的一种休息方式，后来，休闲的概念拓展到了身心两方面。休闲具有极大自由度和自愿性，相对不受外力的控制与压制，因此人在休闲活动中比较容易获得舒适感和成就感，从而大幅度缓解自身压力，获得身心的健康。

（二）增进感情

家庭休闲活动是增进家庭成员间感情的桥梁。现代社会的日常生活中，父母通常忙于工作，而孩子则忙于学习，家庭成员之间缺乏充分的交流和互动。通过参与集体休闲活动，可以增加家庭成员间的互动，加深彼此的了解和感情。以备餐为例，当一家人一起准备餐点时，不仅可以分享彼此的日常生活和经历，还可以通过共同完成一个任务，增强团队合作和责任感。对于孩子来说，这是一个学习生活技能和建立自信的好机会。家庭旅行也是一种非常受欢迎的休闲方式，当家庭成员一起探索新的地方和文化时，他们会有更多的机会沟通和共享经历。这不仅可以增强家庭的凝聚力，还可以拓宽视野，丰富生活经历。

（三）传承家庭文化和价值观

家庭休闲也是传承家庭文化和价值观的重要方式。通过参与传统的家庭活动，如庆祝节日、讲故事或制作家谱，家庭成员可以更深入地了解自己家庭的根源和历史。在春节，中国家庭通常会聚在一起进行包饺子、看春晚、放鞭炮、聚餐等活动，通过这些活动，家庭成员不仅享受着团聚的欢乐，还传承着深厚的文化传统。

此外，家庭休闲活动在培养儿童社交技巧和价值观方面起着至关重要的作用。通过参与家庭活动，儿童可以学习如何与他人合作解决问题以及分享和关心。例如，在家庭聚会时，孩子们可以通过与家人互动学习礼貌和尊重。

家庭休闲活动的内涵丰富多彩，它是一种增进家庭感情、缓解压力、提高生活质量并传承家庭文化的重要方式。值得注意的是，在进行家庭休闲活动时，应注意平衡和适度。过度投入某一项活动可能会对家庭成员造成压力，而缺乏多样性则可能使活动变得单调。选择多样性和适度的家庭休闲活动，有利于创造和谐、愉快的家庭氛围和生活环境。

三、家庭休闲的选择与安排

现代人的生活节奏快，工作压力大，家庭生活中的休闲时间变得尤为重要。适当的休闲可以为家庭成员提供放松和快乐的时光，增强彼此之间的感情，同时也有助于他们调节身心状态，提高工作和学习效率。休闲不是虚度光阴，而是人们在完成必要的生产生活以外，在文娱消遣、社会交往等方面所进行的活动。一个好的家庭休闲计划可以让整个家庭充满活力、快乐和幸福。

（一）家庭休闲的选择

家庭是一个温暖的小社区，共同参与休闲活动可以增进家庭成员之间的感情。但家庭休闲方式和内容形式的选择也受家庭成员的职业、收入和受教育程度的影响。

教育水平对个人休闲需求有很大的影响。随着受教育水平的提高，人们参加的休闲活动越来越多，教育是决定休闲时间分配的最主要因素。教育能够增进人们对于休闲活动的关心，并扩大活动的范围。收入水平对休闲活动的重要影响主要体现在如何选择休闲活动和对休闲活动的效果预期等方面。有研究表明，人们的收入越高，越积极向往休闲。大部分人对休闲持肯定的态度，这个态度与职业关系不大，但生产人员和管理人员关于休闲意义的认识存在显著差别，对于休闲能达成的效果的认知也存在显著差别。

家庭休闲活动要健康、文明、有意义。如何智慧地休闲、健康地休闲、高品位地休闲，是每个家庭都要面对的实际问题。在休闲中能否使自己的心灵不受或少受政治、经济、科技、物质力量的左右，抵达"自然、自在、自由、自得"的境界，是衡量其休闲质量的一个重要标准。

在科技高速发展的当今社会，家庭成员甚至可利用休闲时间搞好职业培训和终身教育，使家庭休闲朝多样化、文明化、知识化、科学化的方向发展，而切不可在休闲时间内沾染黄赌毒等不健康乃至非法的活动。

（二）家庭休闲的安排

在家庭生活中，安排好休闲活动，不仅对家庭生活质量有很重要的作用，同时也是一门生活艺术。

1. 了解家庭成员的兴趣

一个有效的家庭休闲计划必须考虑到家庭成员的兴趣爱好。了解家庭成员的兴趣爱好有利于制订一份更符合家庭需要的计划。要充分发挥和积极协调家庭成员的各种兴趣爱好。例如，如果家庭成员中多数人偏向户外活动，则可以安排一些徒步、露营、划船等户外活动。而如果家庭成员中多数人偏向室内活动，则可以安排一些室内文化娱乐活动，如参观博物馆、看电影等。家庭休闲计划需要在家庭成员完成各自的工作、学习和家务之后，因人制宜地给予方便和安排，以陶冶家人的情操，丰富他们的志趣，获得个体自由全面的发展。

2. 合理安排家庭成员的时间

家庭的每个人都有自己的事务需要处理。在安排休闲时间的时候，应充分考虑每个人的个人需求和时间安排。可以制定一个家庭日程表，将每个人的工作、学习和家务时间安排清楚，然后再在剩余时间中安排休闲活动。这样就能够确保每个人都有足够的时间来放松和娱乐。

要努力发掘、尽力增加休闲时间。发掘家庭休闲时间的方法很多。其一，将人精力、情绪的周期性高低变化规律与家庭休闲活动协调起来，可以事半功倍。如在一个周期内的高潮期完成要求精准性、创造性的工作，在低潮期干些琐碎的重复性工作。其二，学点时间运筹学，交叉重叠使用时间，提高办事效率；简化家务劳动，利用社会化服务体系缩短家务劳动时间，延长或增加用于个人享受和发展的休闲时间。其三，对闲暇时间进行总体规划，珍惜时间，改变浪费时间的不良习惯。每年每个季节，甚至每月每天全家需做些什么，达到什么目标，都必须有个安排和计划。要珍惜时间，大胆地革除时间观念不强、白白浪费时间的陋习（例如漫无边际地聊天闲逛，频繁迎来送往无意义应酬，长时间刷无意义的短视频等）。

休闲时间是家庭成员放松和恢复的机会，每个人都应该得到充分尊重和支持。有时候，家庭成员可能对休闲时间有不同的需求和愿望。在这种情况下，家庭成员之间要进行沟通和谅解，寻找到一种平衡的方法。理解并尊重每个人的个人休闲需求，家庭成员之间的关系将更加和谐。

总之，要善于利用休闲时间，以消除疲劳、养精蓄锐，迎接新的工作和学习。要合理安排好睡眠和体育、娱乐等的比例，处理好工作、学习与休闲的关系。

3. 制订休闲计划

确定了家庭成员的兴趣、时间表，就可以进一步制订家庭休闲计划。此时必须考虑家庭的财务状况。一些活动如旅行和度假等可能需要很多财力，而另一些活动如户外烧烤、观看电影和展览等则可以使用相对较少的财力。因此，制订家庭休闲计划时可适当地整合这些活动以节省开支。

有了活动预算之后，可以将所有的信息整合为一个休闲计划清单。清单内应包含所有活动的日期、参与的家庭成员和其他需要准备的东西，应确保清单中的每个细节都得到了正确的记录。

4. 实施家庭休闲，享受快乐时光

通过实施家庭休闲计划，家庭成员可以享受快乐的时光，缓解日常压力、增强身体体质、建立更为良好和紧密的家庭关系。在实施家庭休闲计划时，要尽量避免意外发生。家庭成员需要对计划的进展进行监测，并确保所有家庭成员都按照计划执行。如果遇到问题，家庭成员需要讨论并解决问题。

四、生命周期与休闲活动

在不同的生命阶段，不同休闲方式对家庭成员的影响也有所不同。从有益身心的角度出发，可以根据生命周期来进行家庭休闲安排。

在个人成长周期中，对于从婴幼儿到儿童（0～12岁）的孩子来说，玩耍是休闲生活的全部内容，其中，婴幼儿的玩耍还停留在神经系统的感觉能力阶段，而儿童则能进行发展身体的玩耍、象征性玩耍和具有社会性形态的有规则的玩耍。人对自己在儿童期所经历的玩耍、学习等事情往往很难忘怀，会成为其一生的回忆。对于孩子来说，他们应该去原野和山上，去乡间小道和树林，去河边和海滨。他们应该在老师、父母的引导下感受愉快的体验，成长为身心健康的孩子。这也是一个自然而然完成学习的过程。

12～18岁的青少年时期是一个人人格发育的关键时期。青少年休闲在很多方面受家庭的影响。自由自发的休闲和娱乐有利于青少年自我价值观的形成，能培养其健康的体魄、丰富的情感、有创意的自我形象。青少年时期是一个人全面发展的黄金时期。他们应该多旅行、多接触大自然、多接触不同的文化，这对于解答人的各种疑问，培养人的想象力和创意都是十分重要的。因此，应将青少年从应试教育中解放出来，从家庭、朋友、邻居、社会的压力中解放出来，让他们去实现自己的愿望，树立自我完整性。

人在成年早期（18～35岁）的休闲追求积极的活动，喜欢自我发现，追求成年人的娱乐，懂得愉快地度过余暇时间的方法和金钱的支出方法。之后的中年人往往有一定收入并认识到休闲对人生幸福的重要作用。中年人一般都有那种希望从单调的日常工作和无聊的生活环境中逃脱出来的冲动，他们会选择旅游、趣味活动、疗养等休闲活动，即注重解除压力、烦恼、痛苦、纠纷和有利于健康的休闲方式。

　　退休之后的老年人，几乎所有的时间都属于闲暇时间，因此，人在老年期的休闲活动显得尤其重要。健康和行动能力是决定老年期休闲的数量和质量的重要因素。老年人既有休闲的好机会，也可能为如何消磨时间而苦恼。老年期的休闲活动主要有读书、散步、趣味活动、健康管理等。积极的休闲有利于防止或延缓老化。在精神上、心理上产生积极的欲望，保证生活中的一贯行为，带来健康、乐趣和满足。

第三节　家庭旅游

改革开放以来，随着生产力的逐步提高，国人的生活水平得到了极大提高，人们用于休闲文化方面的消费比例也在不断提升，休闲方式更是"百花齐放"。在诸多家庭休闲方式中，旅游是最常见的方式之一。

旅游文化在中国源远流长。早在公元前 22 世纪，中国人就有了旅游的行为，当时的卓越人物大禹，在治理华夏水患的同时，客观上也游览了祖国的大好河山。在先秦时期，诸子百家的诸多人物为传播文明的火种而走遍了华夏大地，这其中著名的有骑青牛西去传道的老子，周游列国有教无类的孔子等。到了封建时代，汉张骞凿空西域，打通了丝绸之路；唐玄奘取经印度，留下了印度人考古也不得不参考的《大唐西域记》；明郑和七下西洋彰国威，徐霞客旅行卅年著游记……

现代社会的发展，使得旅游不再等同于古代文人的游山玩水或徐霞客式的旅行考察，它已经成为人类社会中一种不断发展的生活方式。世界旅游组织和联合国统计委员会推荐的旅游定义为："旅游是指为了休闲、商务或其他目的离开他们惯常的环境，到某些地方并停留在那里，但连续不超过一年的活动。旅游目的包括六大类：休闲、娱乐、度假，探亲访友，商务、专业访问，健康医疗，宗教、朝拜，其他。"

家庭旅游作为一种重要的休闲活动与生活方式，对于促进情感交流、提高家庭幸福感具有重要作用。随着家庭旅游市场规模的继续扩大，未来旅游业应不断丰富家庭旅游的内容和形式，为家庭旅游者提供量身定做的高品质和高性价比的旅游产品和服务，以提高家庭的生活质量。

一、家庭旅游的概念和特征

（一）家庭旅游的概念

家庭旅游是以家庭为单位进行的，以观光娱乐、休闲度假、情感交流为目的的旅游活动。它与传统团队游和散客游的区别在于旅游参与者是某个家庭的全部或部分成员。

国际上常见的家庭旅游定义是"家庭团体（至少一个儿童和一名成年人）远离家庭一天以上的休闲度假旅行活动"。

由于现代家庭结构的多元多样，家庭旅游呈现出多种形式，如夫妻二人游、亲子游、代际游等，当然也可以组织一个特殊的，涵盖老中青、少幼婴各年龄阶段人群的旅游团队。家庭旅游者对旅游产品的需求明显区别于非家庭旅游者。如夫妻二人游又分为新婚蜜月游及不同婚龄段的旅游（如结婚纪念日游、银婚游、金婚游等）。亲子游则可根据家庭中子女的年龄划分多个阶段，比如婴幼期、学龄前期、小学期、青少年期亲子游等。代际游的成员包括两代人或多代人（父母与子女、祖父母与孙子女、祖孙三代人等），体现中国传统"家和""孝道"理念。因此，家庭旅游需求复杂多样，旅游消费能力旺盛，是旅游业中相对独立、发展迅速的细分市场。近年来，国人家庭旅游意愿强烈，伴侣游、亲子游、爸妈游市场需求旺盛，中国已进入优质家庭旅游产品的"强需求"时期，家庭旅游已成为家庭休闲的重要内容。

（二）家庭旅游的特征

1. 安全舒适，灵活自由

家庭旅游者对旅游产品寄托了较高的情感期待，旅行的安全性和舒适度是家庭旅游者的首要需求。特别是如果家庭出游涉及婴幼儿和老年人等特殊人群，则需要考虑安全座椅配置、婴幼儿休息室、老年人医药保障等特殊安全要求方面。

家庭旅游在活动安排上适合"旅速游缓"，注重交通便捷和目的地可达性，尽量缩短乘坐交通工具的时间，到达目的地后则要放慢游览速度，给家人和孩子较多的自由活动时间。家庭旅游的行程计划灵活多变，自主性强，可以根据家人及旅行状况随时调整。

出行便利、安全舒适和气候适宜是促成家庭出游的主要因素。自驾游和自由行是家庭喜爱的旅游方式。家庭套票、家庭套间、家庭套餐，以及可以提供厨房的住宿设施等产品受到家庭旅游者的普遍欢迎。

2. 寓教于游，体验互动

旅游是一种新型学习活动，是一种特殊的教育手段。旅游资源是一种重要的教育资源。家长对儿童的健康、体能、安全、审美、认知和社会道德教育等都可以在旅游活动中实现。家庭旅游拓展了教育的途径、范围和深度，教育效果深刻而明显。儿童通过参与不同类型的旅游活动，可以潜移默化地接受爱国主义教育，感受祖国大好河山，体验农事活动和风土人情，学习地理历史知识，激发好奇心和求知欲，锻炼体能和智能，增强对陌生环境的适应能力，提高社交能力，在身心放松愉悦的过程中实现个体的自我完善和发展。

3. 出游时间较为集中

受全家人共同闲暇时间限制，家庭旅游者出游时间呈现集中态势，多见于周末、寒暑假、小长假和国庆节、春节等法定节假日和旅游旺季，停留时间以3～6天为主，一般不超过一周。选择在工作日出行和带薪年假期间出行的家庭总体比例较小。家庭旅游市场淡旺季明显，既对旅游市场管理形成挑战，也会影响旅游体验效果，因此需要从制度和政策等方面对家庭旅游进行引导，确保旅游者的体验质量。

4. 出行方式以自驾和公共交通工具为主

私家车的普及有利于家庭短途旅游的发展。多数家庭喜欢自驾出行，这方便照顾老人和儿童。其次是乘坐旅游专线车，或选择飞机、高铁等中高端交通工具。使用自行车、拼车和其他方式出行的家庭数量较少。旅游目的地的可进入性与交通状况是选择旅游地的关键影响因素之一。家庭旅游者应全面了解自驾游管理办法和相关政策，了解目的景区基础设施情况，保证自己能够顺利进入目的地。

家庭旅游者在住宿方面多数倾向于选择干净舒适的经济型酒店，部分家庭会选择星级酒店或者高端民宿。乡村民宿、休闲街区、特色小镇等全域旅游新产品也很受欢迎。

5. 出游动机以休闲放松为主

家庭旅游者的出游动机以休闲度假、放松身心、观赏风景、陪伴家人、增长见识、增进情感、探亲访友居多。其他动机还有教育子女、孝顺父母、旅游购物和健康医疗等。影响家庭旅游动机的因素有家庭收入、家庭结构和子女年龄等。根据旅游动机研究的"推拉理论"，家庭旅游"推"的因素主要有维护家庭健康、幸福和生活方式，一家人待在一起享受快乐，制造共同经历等。"拉"的主要因素有安全和安保，专门的家庭供给，良好的停车设施和孩子娱乐设施，教育性活动，方便儿童的饭店和方便婴儿车进入的各种幼托设施等。基于此，宾馆、邮轮和景区应增加针对家庭市场的设施、项目和活动，以应对家庭旅游市场的增长。

6. 出游距离以中近程为主

家庭旅游者的出游距离分为市内游、省内游、国内跨省游和出境游四种。其中多数家庭以省内游和国内跨省游为主。中近程距离是家庭旅游的首选，符合距离衰减规律。家庭旅游者在旅游地的停留时间受家庭成员的时间、花费、精力和文化差异的制约，远距离、长时间的家庭出境游市场仍处于培育期。

7. 旅游目的地偏好自然山水类

海滨度假地、乡村旅游地、森林山地、温泉度假地等山水风光类型的旅游目的地和休闲度假类旅游产品，以及当地特色饮食往往成为家庭旅游者的偏好。垂钓、漂流、登山等运动项目，以及烧烤、野炊、吃特色菜、采摘、节庆活动等是家庭旅游者喜爱参与的活动。

8. 家庭旅游消费集中在人均3000元以内为多

家庭旅游消费是指以家庭为单位，在旅游过程中为了满足家庭需要而消费的各种物质资料和精神资料的总和。旅游消费涉及餐饮、住宿、交通、游玩、购物、娱乐等六方面。影响家庭旅游消费行为的因素主要有家庭可支配收入、闲暇时间、职业类型、教育水平以及孩子的年龄等。住宿、餐饮、交通、门票等基础性消费目前仍是家庭旅游消费的最大支出，游览和娱乐活动等弹性消费比例有所增加，多数家庭的旅游人均消费在300~3000元以内，与出游距离和时间有关。家庭旅游消费呈现出矛盾特征，即在旅游过程中，家庭成员一方面会理性控制预算，另一方面也会表现出不理性的冲动性消费。

二、家庭旅游的功能

（一）改善家庭成员关系，增强家庭凝聚力

家庭旅游的特别之处在于"情"，它是表达家人情感，促进家庭和谐的有效方式。亲情互动是家庭旅游与常规旅游的最大区别。家庭旅游者关注"亲密社会关系"，通过旅游前的规划准备、旅游中与不同人群的互动体验、旅游后对旅游活动的反复回忆，实现家庭成员间的相互依赖和信任，形成坚实的家庭凝聚力。家庭旅游以血缘关系为纽带，旅途中家人是最密切的小团体，成员之间分工明确，互相照顾，共同参与旅游活动，创造家庭专属的旅游符号，建立家人与目的地之间的关联性记忆。旅途中家人在地标建筑前合影，为家人购买旅游纪念品，

家人共同参与趣味挑战性项目，一起尝试不同寻常的经历，品尝当地特色美食……将旅行空间变成有温度的情感空间，将旅行时光变成有载体的温暖家庭记忆。

（二）促进子女教育和成长

家庭旅游的一个重要出发点是儿童的教育和成长，重视寓教于游，从玩中学。子女可以从旅游景观中获得丰富的历史、地理、科学、艺术、民俗等综合知识，在旅游过程中能够充分调动视觉、听觉、味觉、嗅觉和触觉器官，全方位感受自然和社会人文之美。家庭旅游的教育功能是课本知识无法取代的，与父母同游的经历也会是孩子一生中珍贵的记忆。

（三）提升家庭成员幸福感，促进和谐社会发展

幸福是人类一切活动的终极追求。家庭旅游是构建幸福家庭的核心要素之一。旅游不仅使人们在生理和身体上获得放松，还能让人获得积极愉悦的主观心理感受。旅游活动的特殊性决定了一家人从萌生旅游想法到最终出行的各个阶段都要共同参与和商讨，互动沟通频繁密集，远高于日常家庭生活环境。旅游的整个过程有利于家庭成员增进亲密度和信任感，彼此发挥特长为家庭出游做贡献，提升家庭成员生活满意度，促进家庭和谐幸福。

全面推进家庭旅游市场平衡和高质量的发展，为家庭旅游者提供美好体验，是提升国民整体幸福感、建设和谐社会的路径之一。

三、家庭旅游的影响因素

家庭旅游在我国大规模兴起于 20 世纪 90 年代，与国家经济水平提高密切相关。家庭旅游的影响因素主要有以下两方面。

（一）家庭旅游决策行为

家庭旅游决策是一个复杂的过程，通常被划分为问题识别、信息收集和最终决策三个阶段。决策内容包括目的地选择、出行距离、度假时间和花费、是否带孩子、交通方式、娱乐活动、住宿、饮食以及购物等。其中旅游目的地选择往往先于其他决策项目。

常见的三种类型家庭旅游决策模式分别是：丈夫主导型，妻子主导型，以及丈夫与妻子共同决策型。此外还有一种以孩子为中心的决策。随着女性经济收入和专业知识提高，女性在家庭决策中的地位和角色发生根本变化，妻子在家庭决策各个阶段都具有重要影响。从决策内容看，丈夫偏重旅游全过程掌控，如出发日期选择，旅游线路设计，相关旅游服务预订及购买，以及旅游目的地选择等；妻子重视出行前的准备及旅游预算；子女由于学习或工作等原因存在出游时间限制，在旅游停留时间、出发日期确定等方面参与决策。

当前，孩子对旅游决策的影响逐渐增大，"儿童消费力"的势头强劲。孩子对家庭度假决策影响力主要取决于他们的年龄。桑顿指出0～5岁孩子的影响是间接的，父母更多考虑年幼孩子的需求，例如规律的睡眠时间、安全、按时饮食和适合孩子的设施；年长孩子则拥有更多的直接影响，他们可以直接向父母表达欲望和需求并且积极参与决策。

（二）家庭生命周期和结构

家庭有多种不同的结构类型，不同类型的家庭旅游出游动机及目的地选择各不相同。不同家庭结构的出游次数、旅游花费及旅游意向相差较大。如单身家庭偏爱体育类旅游活动，夫妻二人家庭喜欢亲近自然类旅游活动，核心家庭倾向于寓教于乐型旅游活动。

家庭生命周期对家庭旅游目的地选择、信息搜集方式、停留时间、交通工具、目的地设施使用及旅游消费行为都会产生一定影响。没有孩子的年轻夫妇喜欢长距离奢侈型旅游产品，而有年幼孩子的家庭更倾向于安全简单的产品和目的地。当孩子年幼时，家庭往往没有许多钱花费在度假上。孩子一旦长大，家庭经济状况好转，家庭旅游行为的频次会明显增加。孩子的满意度也是父母非常看重的。在有孩子同行时，家长通常会花费更多的时间使用游泳池或参与沙滩活动。

四、家庭旅游的常见产品类型

（一）邮轮旅游

邮轮旅游是指一种以大型豪华邮轮为载体，以海上航行为主要形式，以休闲娱乐为目的的高端旅游活动。豪华邮轮既是交通工具，又是旅游的目的地。以邮轮为核心的旅游服务业，是旅游业与邮轮业的融合。

邮轮旅游是一种适合全家老小共同参与的家庭旅游形式，也是各婚龄阶段夫妻的首选旅游产品。目前，中国已成为全球第二大邮轮市场。邮轮上往往配备了符合旅游者需求的多种配套设施和活动，集交通工具与观光休闲娱乐功能于一身。家人在邮轮上看演出、吃美食、玩游戏，父母和孩子都能找到适合自己的娱乐方式，既有亲密的家庭时间，又有个人独立的活动空间，彼此都能得到放松。

（二）主题公园游

主题公园游是一种适合亲子游的家庭旅游产品类型，最大特点是围绕既定主题营造游乐内容与形式。园内所有的建筑色彩、造型、植被以及游乐项目都为主题服务，共同构成游客易于辨认的符号和游园线索。根据特定的主题创意，以文化复制、文化移植、文化陈列的方式，运用多种高科技手段，以主题情节贯穿整个游乐项目的休闲娱乐活动空间。其核心吸引力是围绕园区主题打造各类新奇有趣、参与互动性强的体验项目，使游客全方位沉浸于"主题"的世界，身心感受强烈深刻。

近年来主题公园产品十分火爆。主题公园的数量和质量也有大幅度提升。比如有的乐园将游乐、购物、餐饮集于一体，将电影人物、儿童玩具等元素融入旅游纪念品设计，将现代化技术、多样化娱乐、个性化项目和场景化氛围集中展现，产业链不断延长，形成一种极具扩张潜力的发展模式。不少主题公园运用多种现代化手段打造各具特色的主题，获得了良好的社会效益和经济效益。

（三）乡村和农业体验游

乡村旅游以乡村为特色，经济实惠、体验性强、亲近自然，是非常适合全家人共同参与的旅游产品。乡村旅游将乡村生活和乡村资源组合为旅游产品，既提高了农产品附加值，也推广了乡村文化和理念。乡村旅游目前已进入深度开发阶段，从餐饮、住宿，到旅游活动安排，应注重体验性和参与性，凸显乡村特色，提升服务水平和产品质量。

农业体验游有利于一家人尤其是家长与子女的良性沟通交流，有利于孩子了解农业知识、掌握劳动技能、培养吃苦耐劳等优良品质，通过"住农家院、吃农家饭，干农家活"的活动设计，旅游者可亲身体验采摘、插秧、蚕桑等农事活动过程。

（四）研学旅游

研学旅游以旅游同步探究性学习和研究为抓手，以获得直接经验，提升生存技能，发展实践能力和创造能力为目标。研学旅游已被教育部门纳入人才培养和教学计划体系。文旅部公布的首批"中国研学旅游目的地"包括革命传统学习基地、历史博物馆、重大工程旅游景区等多种类型。

研学旅游的"学"是灵魂，"游"是载体。研学旅游强调科学性、参与性和实践性，打破了教材、课堂和学校的局限，丰富了学生的学习内容和形式，是校内外教育资源结合的有机途径。研学旅游通过引导青少年在课堂外亲近自然、了解社会、丰富知识，以及在旅游过程中自主探索和共同协作解决问题，培养学生自理自立、互勉互助、艰苦朴素等优秀品质。明确的研学主题，安全的研学环境和专业的研学导师是研学旅游顺利进行的保证。

（五）夕阳红旅游

夕阳红旅游是非常适合家庭老年成员参与的旅游活动。孝敬父母是中华民族的传统美德，带父母出游是实现高质量陪伴的重要途径。各地不断涌现出各类与"孝"相关的旅游产品，是中华民族孝道文化在当今社会的弘扬与体现。

家庭旅游者应充分了解夕阳红旅游产品的特点。那些充分考虑了老年人的需求，行程相对宽松，路线安全舒适并注重老人的精神需求，细化了餐饮、住宿、医疗、应急等服务，能够确保饮食安全与合适，有地方特色的路线将是夕阳红旅游者的首选。

第四节　家庭茶艺

中国是茶的故乡，历史悠久的茶文化为饮茶活动提供了厚重的文化基础。饮茶给人的感官带来了美好体验，为人的身体健康提供了有益帮助，在精神层面形成了欣赏价值，创造出放松自我、体味自我的机会。饮茶还有助于家庭成员间的人际沟通，构成家庭文化的特色成分。学习家庭茶艺，能使人逐渐认识茶，习得泡茶的技艺，懂得如何欣赏茶，营造高雅的家庭茶文化氛围，给家人带来美好的物质与精神感受。

一、家庭茶艺的内涵与功能

（一）家庭茶艺的内涵

家庭茶艺包括：泡茶与饮茶的技艺，品茶的艺术，环境的选择创造，茶人在茶事过程中愉悦心灵、内省自我的心理体验。这是以茶为媒介的生活艺术，是在茶文化精神和美学理论指导下的家庭茶事实践。

茶艺是饮茶活动中特有的文化现象，泡茶与饮茶的技艺是家庭茶艺的外在形式，通过对茶叶之美、水质之美、器具之美、技艺之美、环境之美、艺术之美的领略，可体现出家庭成员内在的审美情趣和精神寄托。形式与内涵、物质与精神的相互统一，构成了家庭茶艺活动的特色。

（二）家庭茶艺的功能

1. 促进身体健康

除解渴外，茶具有强大的健康功效。研究证明，茶叶包含多种与人体健康关系密切的成分，如茶多酚、氨基酸、维生素类等。在其作用下，饮茶可对人体产生一定的健康功效，如生津、促消化等。

2. 愉悦涵养心灵

饮茶可清心养性。人们将泡茶饮茶的琐事形成生活的艺术，通过茶事活动使人得到美的熏陶。在片刻的闲暇中，饮者身体得以放松，神经逐渐舒缓，心境重归安宁。茶水带来的满足能抚平心灵、舒畅胸怀，进而让饮者深刻地体味自我。

3. 展现敬客之礼

敬茶是一种礼节，用来表示对他人的尊重。客来敬茶、以茶留客都是我国好客重情的传统美德。宾客来访，一杯香茗代表着主人对来客的尊敬，得当的奉茶礼仪渗透着宾主的情谊，也彰显着主人的修养与气度。

4. 营造交流氛围

茶独有的文化内涵与特点，十分适合充当人们沟通交流的媒介。在饮茶的过程中，大家坐在一起交换品茶的不同感受，相互熟悉、逐渐亲密，释放压力，形成和缓的气氛，人与人之间容易产生更多的包容与理解。

5. 提高生活品质

中国茶的种植地域广泛，品种繁多。饮茶使人有机会感受到不同地域的风土特征，增加生活体验。在家庭茶艺实践中，人们的感官持续受到刺激，审美愉悦形成并积累，满足感不断增加，物质与精神生活的品质都获得提升。

二、家庭茶艺的环境

饮茶是很多人家庭生活中必不可少的事情，这也是家庭茶艺产生的重要原因之一。家庭饮茶环境要求安静、清新、舒适、干净。家庭饮茶常见于以下环境。

（一）书房

书房是读书、学习的场所，本身就具有安静、清新的特点，在书房饮茶中更能体现出茶的意境。

（二）庭院

如在庭院中种植一些花草，摆上茶、椅子，和大自然融为一体，饮茶意境立刻就显现出来了。

（三）客厅

可以在客厅的一角辟出一个小空间，布置一些中式家具或是小型沙发等，饮茶的氛围就立刻被营造出来了，午后和家人一起饮茶聊天是件很惬意的事。

三、家庭茶艺的特点

（一）休闲性

这是家庭饮茶的首要特点。现代人的生活节奏越来越快，工作压力也越来越大。在工作之余，家人坐在一起品茗聊天，放松身心，是人们缓解压力，愉悦身心的一种好方法。

（二）保健性

茶叶具有养生保健作用，茶叶中的营养成分很丰富，具有一定程度上的提神醒脑、生津止渴等功效，是人们日常生活中的常用保健饮品。

（三）交际性

"以茶会友"是自古就有的一种交际方式，人们经常用茶来招待亲朋好友。家庭成员坐在一起交流饮茶心得，共享新茶，有利于家庭成员间和谐关系的形成。

四、家庭茶艺的基本知识

（一）关注茶叶的质量

茶叶的质量，需要从色、香、味、形四个方面来评价。

1. 色

不同的茶有不同的色泽，看茶时要了解茶的色泽特点，这样在选择时才有判断根据。例如，绿茶中的炒青应呈黄绿色，烘青应呈深绿色，色泽灰暗必非佳品等。

2. 香

茶叶都有自身的香气，一般都是清新自然的味道。闻上去有异味、霉味、陈味的都不是好茶。

3. 味

茶叶本身有苦、甜、酸等多种味道。这些味道以一定比例融合，就形成了茶叶独有的味道。不同的茶种自然味道也不相同，如绿茶初尝苦涩，后味浓郁；红茶茶味浓烈、鲜爽等。

4. 形

茶叶的外形很关键，一般从茶的嫩度、条索、整碎等几项指标进行判断。

（二）选择家庭茶具

家庭茶具是适宜在家庭环境中泡茶饮茶的器具。泡茶用具需因茶而异，常见的家庭茶具有以下几种。

1. 玻璃茶具

玻璃茶具透明度高，造型多样，传热快，易散失茶香。适宜冲泡外形美观不耐高温的细嫩茶叶，以便观汤色、欣赏芽叶在杯中舒展沉浮。

2. 瓷质茶具

瓷质茶具致密坚硬，光滑细腻，保温传热适中，泡茶茶香鲜明，白瓷茶具更能映衬茶汤色泽。白瓷盖碗适合冲泡多数茶类，特别是花茶。

3. 紫砂茶具

紫砂茶具是陶质茶具的代表，传热缓慢不烫手，透气不渗漏，能吸收茶味，泡茶无熟闷气、茶汤滋味更显醇厚。适宜冲泡乌龙茶、黑茶、老白茶等。

4. 金属茶具

金属茶具的材料有金、银、铜、铁、锡等。银与铁常用于制作盛水壶或煮水壶。金属储茶器的密封性好，有利于防潮避光存茶。

5. 竹木茶具

竹木茶具制作方便，不影响茶味，但易开裂，不能长时间保存。多用于制作茶盘、杯托、茶艺六用等。

（三）家庭泡茶的基本技艺

泡茶是一门技术，一般来说需要把握三个重要环节，即茶的用量、泡茶的水温、冲泡的时间。把握好这三个环节，就能泡出好茶。各类茶叶有不同的特点，有的重香，有的重味，有的重形，有的重点，因此在泡茶时一定要根据茶的性质而有所侧重。

1. 合适的投茶量和投放方法

投茶量并没有统一的标准，一般情况下，可根据茶叶类别、茶具大小、饮用者的习惯来确定用量。茶多水少，味就浓；水多茶少，味就淡。茶叶的用量有细茶粗吃，粗茶细吃的说法。根据茶叶的不同，投茶量有不同的标准：绿茶、红茶、黄茶、花茶投茶量较小，茶水比例约为 1∶50，如茶具容量为 150 毫升，需投干茶约 3 克；黑茶、乌龙茶、白茶投茶量较大，茶水比例约为 1∶30～1∶20，150 毫升容量茶具需投干茶约 5～8 克。

投茶法一般可以分为上投法、中投法、下投法三种。上投法泡茶，对茶叶的选择比较高。但其先注水后投茶，可以避免紧实的细茶因水温过高影响到茶汤和茶姿。上投法的弊端是会使杯中茶汤浓度上下不一，影响茶香的发挥。具体操作时，如晃动一下茶杯，可使茶汤浓度均匀，茶香得以发挥，茶的滋味才会更好。中投法对任何茶都适合，而且这一方法也解决了水温过高对茶叶带来的破坏，可以更好地发挥茶的香味，但是泡茶的过程有些复杂，操作起来比较麻烦。下投法就是先投茶后注水，此法对茶叶的选择要求不高，冲出的茶汤，茶汁易浸出，不会出现上下浓度不一的情况，色、香、味都可以得到有效的展现，因此在日常生活中使用最多。

2. 水的选择

茶汤的好坏和泡茶的水质有着直接关系，好的水可以使茶汤色、香、味俱全，用差的水泡茶则不仅体现不出茶叶的自身香味，还会使茶汤走味。对于泡茶用水的总体要求是清洁甘甜，活而鲜，其中山泉水、溪水、井水是最佳选择。选择泡茶用水时，要注意水的硬度。水的硬度和水的 pH 值有关，当 pH 值大于 5 时，茶汤的颜色会加深，当 pH 值达到 7 时，茶叶中的茶黄素会氧化而损失。水的硬度会影响茶叶有效成分的溶解度，用硬度过高的水泡茶，不仅茶味淡，而且还会使茶的颜色变黑。

泡茶水的温度也直接影响到茶汤的质量，水温控制不好，再好的茶也出不了茶味。不同的茶叶，有着不同的水温标准，绿茶以 80℃～90℃的水冲泡最好；红茶和花茶适合用刚刚煮沸的水冲泡。

3. 控制茶叶浸泡时间

不同的茶叶浸泡时间不相同，同一种茶叶浸泡不同的时间也会呈现出不同的味道。茶叶的浸泡时间，一般在第一道时，最好要 5 分钟左右。如果浸泡的时间过短，溶水成分还没有完全释放，茶汤也就体现不出茶叶本身的香味。有的茶比较细嫩，茶汁浸出的时间比较短，要适当缩短浸泡时间，例如碧螺春只需要 2～3 分钟即可；有些茶则需要适当延长浸泡时间，否则就散发不出茶的鲜香，例如竹叶青浸泡时间要在 6～7 分钟为好。

第五节　其他家庭休闲活动

家庭休闲活动的种类非常丰富，除了家庭旅游和家庭茶艺之外，还有一些其他类型的家庭休闲活动。

一、阅读

阅读是运用语言文字能力来获取信息、认识世界、发展思维，并获得审美体验与知识的活动。它也是一项老少皆宜的家庭活动。阅读同时还是一种理解、领悟、吸收、鉴赏、评价和探究文章的主动思维过程，是可由阅读者根据不同的目的加以调节控制的。

阅读能够荡涤浮躁的尘埃污秽，过滤出一股沁人心脾的灵新之气，甚至还可以营造出一种超凡脱俗的娴静氛围。阅读是极佳的润滑剂，可以给予红尘中人希望和勇气，将慰藉缓缓注入他们干枯的心田，使他们的心灵渐渐充实成熟。

现今，手机、电脑等新型媒体成为人们休闲娱乐和获取知识的重要手段，但在新媒体上进行的阅读往往还是浅阅读和碎片阅读，在深阅读和系统阅读方面，纸质书籍仍然有着无可替代的作用。我们的阅读应该多一份书香气，多一份宁静致远的读书意境。

对于有成长期子女的家庭而言，家庭亲子阅读是家庭休闲活动的重要组成部分。阅读可以帮助孩子获取知识、提高语言能力、增强创造力和想象力，是对孩子的最好投资。有条件的家庭甚至可以建立家庭图书馆，让孩子尽可能多地阅读不同类别的好书。

生活中，和家人一起抽点时间，留点空闲，读读书，读懂自己，读懂别人，多一份豁达，少一份算计，让阅读成为家庭生活的重要内容。

二、体育健身和游戏

家庭体育健身一般是指以家庭成员为活动主体进行的直接或间接的体育活动。随着现代人生活节奏的加快和健康意识的逐步提高，体育健身作为一种健康的生活方式已经成为不少家庭的选择，通过积极健康的家庭体育健身，人们增强了体质，极大地缓解了亚健康状态。目前我国家庭体育健身还处于起步的发展状态，锻炼多以个人自发和散乱结对为主体，人群以学生和老年人为主要群体，整体消费水平还不高，场地和设施也不能满足多样化健身的需求。

户外运动是健身运动的一个重要表现方面。户外运动可以让家庭成员锻炼身体，增强免疫力。户外运动和游戏是增进亲子关系的好机会。家长可以和孩子一起骑行，或进行篮球、足球、追逐、捉迷藏等户外活动和游戏，让孩子在集体活动中感受到家庭的凝聚力。

健身运动和游戏的内容、时间、场地可以根据自身条件自由选择，以简单易行和操作方便为目的，不一定要有专业的器材。家庭成员应在没有压力的环境中活动，尽情释放情感，本着愉悦自由的感觉，达到健身、娱乐、情感交流等目的。

家庭成员可通过健身运动和游戏促进身体机能恢复和心理健康，满足家庭成员文化、娱乐和审美的需要，改善家庭成员关系、加深亲情。同时，对于有子女的家庭，还可以发挥和强化活动的教育功能，培养少年儿童体育锻炼意识，养成其终身体育锻炼的习惯和乐观向上的品质。

三、摄影

摄影术诞生近二百年来，经历了一个由简单到复杂，由低速向高速，由手工向自动化方向发展的过程。有人说摄影家的能力是把日常生活中稍纵即逝的平凡事物转化为不朽的视觉图像。摄影的意义在于拍摄美好的事物与大家分享，让生活变得更美好。当前，很多人已经把摄影作为家庭休闲生活的重要内容之一。

摄影师通过发现美丽、凝固情感、记录珍贵时刻，赋予了生活更多的意义和丰富性。摄影还是一种源源不断的创造力和美学灵感的源泉，它使人们更加敏锐地观察和感受世界，从而提升对生活的体验和欣赏，让生活变得更加精彩和美好。

摄影人群可分为三类：一是专业的新闻媒体人，二是以商业为目的的自由摄影人群，三是以追求光影艺术为乐事的摄影爱好者。家庭摄影参与者多属于第三种，他们不以摄影为职业和利益追求，而更追求精神层面的享受。

四、园艺

园艺简单地说是指关于花卉、蔬菜、果树之类作物的栽培方法，它是农业生产中的一个重要组成部分，对丰富人类食品种类和美化、改善人类生存环境有重要意义。

家庭园艺就是指在室内、阳台、屋顶或是庭院等空间范围内，从事园艺植物栽培和装饰的活动。现代家庭园艺与我国传统的家庭园艺在内涵上不同。中国传统的家庭园艺包括养花、插花和盆景制作，而现代家庭园艺含义与传统意义上的家庭园艺中的养花更接近，但不仅限于此，小型蔬菜、水果的种植也属于现代家庭园艺的范畴。

无论是在庭院、花园、屋顶、阳台或是室内等相关设施周围的有效空间，均见缝插针，人为创造洁净优美的生活环境和幽雅舒适的工作条件。这对培养良好的道德风尚和社会风气，发展现代社会主义物质文明和精神都起着重要作用。

五、书画

书法和绘画是中国传统文化的重要组成部分，是华夏文化传统和特质的重要体现。中国书画历来被视为修身养性之艺术，是家庭休闲文化的主要组成部分。

书画的作用大体有以下几点。第一，修心养气。书写和绘画的过程本身就是一种陶冶心灵和练气养气的柔性运动，不仅可修心养气，而且可在一定程度上起到锻炼身体和心智的作用。第二，提高自信。以适当的方法学习书画后，在短时间内创作出独立的作品，能极大地获得个人成就感，提高人的自信心。第三，忙闲兼宜。简单的书画耗时不多，进行书画训练或创作较易调配时间，此道可称为"闲人的忙事，忙人的闲事"。第四，提高素养。书法创作内容和国画题款内容多为古典文籍和诗词，习之可增长文学素养，并可能因选用有益教化的文字内容而促成良性的社会教育。第五，调剂情绪。泼墨挥毫可以极大地抒发个人情绪，心情好时可下笔如天马行空，心情低落时可挥毫宣泄情绪。

中国书画蕴藉着中华民族特有的"精气神"要义，观照着几千年来中国人的社会生活、精神风范、哲学思辨、思想情感、审美理想等文化精神，研修书画的过程是一个对美的认识力提高的过程，能培养对善和美的辨别能力。

在高压力、高污染和快节奏的当今社会，人们的身心健康问题日益凸显，对顺应自然的"慢生活"的需求应运而生。通过中国书画的学习和创作，人们可以放慢生活的"速度"，更加关注心灵、环境、传统，让身心得到调整，让自己享受清静悠闲的幸福生活。

六、家庭音乐

家庭音乐是家庭休闲文化的重要组成部分。音乐具有放松身心的重要功能，多听音乐能提高家庭成员的艺术素养。尼采曾经说过："没有音乐，生命会是一个错误。"很多家庭非常注重音乐的熏陶，其家庭氛围融洽，也促进了儿童的健康成长。因为音乐是一种细腻的艺术，它具有强大的心灵穿透力，它能够触发人们内心深处的情感，培养人们的高尚情操。一般来讲，音乐有以下作用。

第一，促进生理健康发展。音乐能够帮助大脑逻辑思维和形象思维同步协调发展。家庭音乐可以被看作是家庭成员身心锻炼的一种方式。唱歌、弹琴、音乐游戏等活动，能促进人体血液循环，提高人的心肺活量。

第二，促进心理健康发展。音乐作为一门高雅艺术，它能直接作用于人们的心理，影响他们的感情，使其产生道德与美的体验。选择适宜各年龄段家庭成员的不同音乐进行赏析，有助于塑造家庭成员健康、完美的人格。

家庭个体成员一般不会是专业音乐人员，这往往会影响他们对音乐的赏析效果。此时可从三个方面进行练习，以提高其音乐赏析水平。

第一，多听。多听是音乐欣赏和学习的基础，它可以训练一个人对音乐的感知，为以后的欣赏和练习打下坚实的基础。第二，多唱。唱是家庭音乐的重要表现形式，能培养成员以音乐为形式的传达能力，提升其音乐领域的自信心。第三，多练乐器。当家庭成员具备了歌唱和欣赏基础后，可以多接触乐器，以进一步促进乐感和美感的提高，同时应学习乐理知识，做到理论实践相结合，其心理也会变得更加细微、准确和灵巧。

当然，音乐的教化功能也不是万能的，需要科学安排，以避免家庭音乐可能产生的一些负面作用。如家长敦促孩子学习音乐往往存在一些功利性导向，而不适当的功利追求不仅达不到追求的目标，反而会极大地伤害孩子的心灵，造成其性格上的某种扭曲。

家庭音乐应突出家庭所特有的灵活性，与家庭生活紧密联系在一起，对家庭成员文化素养的提高起到潜移默化的作用。音乐是心理的疗伤剂，更是健康的营养剂。

第五章 家庭生活与现代家政法律关系

引言

    在日常家庭生活中，如果你是一位追求高品质生活的家庭主妇或当家人，需要雇请家政人员帮做育婴、保洁、看护老人等到家服务，你是考虑自己找熟人介绍，还是通过家政公司提供中介服务，或是请家政公司派员上门服务？你是否愿意签订书面合同？如果家政人员在上户或外派服务时自身受伤甚至发生意外，你作为雇主将怎么办？以上这些问题都属于现代家政服务法律关系的范畴，当你学习了解并能厘清其中的关系，明确法律责任的归责与分担，那你就称得上是熟悉家政法律服务业务的半个行家了。

学习目标

    1. 掌握：现代家政法律关系的具体构成，提升从事家政服务与管理的法治能力。

    2. 熟悉：现代家政法律关系的公法、私法和社会法调整与规制。

    3. 了解：国际比较法视野下的家政工权益保障及其内容。

现代家庭的高品质生活，离不开走进千家万户的家政服务，如家居保洁、母婴护理、月嫂服务、收纳整理、养老看护等。中国家庭消费的家政服务至 2021 年已进入万亿级市场行列。但是，据一项 2022 年中国家政服务行业主雇纠纷调查显示，约有 41％的消费者与家政人员发生过纠纷，其具体集中在服务专业态度、家政人员态度、价格、中介服务等方面。而市场上占比 95％的中介型家政机构或公司仍存在"小、散、乱"等现象，家政服务员的持证上岗制度亟待加强落实。涉及家政服务员、雇主、家政企业三方的合法权益如何运用合同加以保护？如何通过立法推进家政服务业的高质量发展？想要回应这些问题，还需回归到相关家政法律制度、家政法律关系的"家政法"理性法律课堂中去寻找答案。

第一节　现代家政法律关系概述

一、中国现行法律制度视野下的"家政法"

回顾中国社会主义法制建设的风雨历程，从中华人民共和国第一部法律婚姻法出台，到第一部"五四宪法"问世；从十一届三中全会提出的"有法可依、有法必依、执法必严、违法必究"的十六字法制方针，再到十八届四中全会提出"全面推进依法治国，总目标是建设中国特色社会主义法治体系，建设社会主义法治国家"；从现行"八二宪法"的制定与五次修宪，再到 2020 年中国第一部以法典形式命名的《民法典》问世。特别自党的十八大以来，我国立法工作贯彻以人民为中心的理念，将民生立法、惠民立法放在重要位置，《民法典》等一大批与人民群众幸福美好生活紧密相关的法律制定修改出台。全国人大将面向未来，加强重点领域、新兴领域、涉外领域立法，健全国家治理急需的法律制度、满足人民日益增长的美好生活需要必备的法律制度。

2021 年，中共中央正式向全社会发布《法治中国建设规划（2020—2025 年）》（以下简称《规划》）。这是新中国成立以来第一个关于法治中国建设的专门规划，是新时代推进全面依法治国的纲领性文件，是"十四五"时期建设法治中国的总蓝图。在习近平法治思想的指导下，在法律法规的不断健全和完善下，随着《规划》的全面推进及贯彻实施，在全面建设社会主义现代化国家的新征程上，"良法善治"的法治中国图景终将实现。

据 2021 年 2 月开通的国家法律法规数据库统计，截止到 2023 年 7 月，共收录了宪法和现行有效法律 436 件，法律解释 26 件，有关法律问题和重大问题的决定 172 件，行政法规 690 件，监察法规 1 件，地方性法规、自治条例和单行条例、经济特区法规 19 577 余件，司法解释 786 件，有关法律修改、废止的决定 16 条，有关行政法规修改、废止的决定 583 条，有关司法解释修改、废止的决定 31 条，已全面涵盖了中国特色社会主义法律体系最主要的内容。而其中与家政有关的地方性法规共有四部，其中包括 2019 年 12 月 19 日由上海市人大常委会制定颁行的全国第一部家政服务地方性法规《上海市家政服务条例》，以及 2023 年 7 月 1 日最新实施的《广东省家政服务条例》。

因此，在中国现行法律制度视野下考察"家政法"，即与家政服务、家政服务管理等有关的法律法规，必须从广义的范畴，从涉法的相关性、从新兴领域的特殊性等多个维度来看待与分析。首先，在全国人大与全国人大常委会作为国家立法机关制定的宪法和法律中，尚未有冠名为"家政法"或直接规范与调整家政服务行为的特别法律，也未见其列入立法计划。其次，联系到家政服务的行业变革与现实发展，以灵活就业类型为主体的家政服务可归入现行各法律调整范围，即在国家根本大法宪法的统领下，由民法典（涵盖合同、婚姻家庭、侵权等）、消费者权益保护法、劳动法与劳动合同法、公司法、保险法、刑法等对家政服务的活动与行为、法律关系、权利与义务、法律责任等予以调整规范。再者，着眼于现代服务业新业态的家政服务业的促进发展与规范规制，可纳入包含政策、标准、信用、法律法规等在内的广义法律调整。

结合近年来的发展实际，2019 年《国务院办公厅关于促进家政服务业提质扩容的意见》（国办发〔2019〕30 号）（下简称"家政36

条"）及其配套文件是目前适用面最广、影响力最大、效度与信度最高的政策性"家政法"。2012 年问世且即将修订的《家庭服务业管理暂行办法》（商务部令〔2012〕11 号）（下简称《暂行办法》），是一部专门规范家政服务经营行为，维护家庭（政）服务业各类主体合法权益，促进家庭（政）服务业发展的"准家政法"（政府规章）。自 2020 年 5月 1 日《上海市家政服务条例》率先实施以来，全国各地陆续推出了诸如《温州市家政服务条例》《营口市家政服务条例》《广东省家政服务条例》等本地"家政法"。

二、现代家政学范畴中的家政服务与管理法律

现代家政学首创于美国，是社会现代化的一种产物。从 19 世纪 40年代发展至今，它已成为一门以研究和改善家庭生活为主要目的的综合性应用学科。现代家政学包括现代家政学概述、家庭结构、家庭管理和家事管理、家庭有关法律、家庭教育等 11 个方面。对于现代家政学，专家学者各有理解与看法。在教育家顾明远先生看来，"现代家政学是社会教育中开辟的新领域，是建设现代家庭的系列知识体系"，其中包含了家政教育学、家庭经济学、家庭社会学、家庭卫生学、家庭美学、婴幼儿和青少年心理与教育等内容。而在一些国际学者眼中，"家政学作为一门学科，旨在为个人、家庭和社会实现健康、可持续的生活方式"，属于跨学科的研究领域。根据教育部出台的《普通高等学校本科专业类教学质量国家标准》，家政学专业课程模块涉及家政学概论、家政学实务、家政管理学、社会心理学、家庭关系学、家庭护理学、家庭经济学、家庭教育学、家庭营养学、家庭社会学、家庭心理学等课程。纵观国内高校已开设的与家政有关的专业（包括家政服务与管理专科、家政学本科、家政学方向社会学硕士），通常在涉及家政服务与管理中的法律常识外，与法律相关的专业课程有被列入国家一

流本科专业建设的湖南女子学院的"婚姻家庭法"、全国第一所开设家政学本科的成人院校上海开放大学的"家政服务法律法规"，以及其他学校的养老政策与法规等。全国人力资源与社会保障职业教育教学指导委员会在修订"家庭服务与管理专业"标准的调查问卷中也将"法规与职业道德"列入专业人才所需的专业基础知识候选项。在"家政36条"中提到了"建立健全家政服务法律法规"，加强家政服务业立法研究，充分发挥家政行业协会作用，制定完善行业规范，各地要制定或者修改完善家政服务领域法规、规章、规范性文件和标准。随着上海、温州等地陆续制定家政服务条例，面对因国家层面相关法律缺失而带来的行业发展缺乏法治保障等问题，人大代表与业界学者关于制定"家政服务管理法"等专门法以促进家政服务业提质扩容的呼声日渐高涨。

鉴于以上现代家政学学科研究、专业与课程设置及其与家政服务业提质扩容发展之间存在的留白地带，无论从理论上还是实践上都必须加强对家政服务与管理法律的研究与探索，特别应重视对家政服务与管理法律法规的教学与研究。由此涉及以下两个方面。

第一，从立法趋势看，"家政服务管理法"不仅涉及以家政服务活动、行为等为重心的民事法律关系，也涉及以政府主管机关、行业协会、企业、社会组织等为主体的非民事家政服务管理行为与相关法律关系，即会建立起民法、社会法、行政法等诸法合一的"程序实体法"的法律制度规范体系。

第二，从现代家政学的专业教学与研究角度出发，在现行法律、政策与标准的大框架中，关注家政服务人员的法律地位，理顺家政服务机构、家政服务人员和消费者之间的法律关系；明晰家政服务行业行政主管机构的职权职责，明确行业协会的职责任务，强化家政服务机构的管理服务责任和自律要求，由此维护家政服务各方的合法权益，促进家政服务业的健康发展，这些才是学习家政服务与管理法律法规的重中之重。

三、现代家政法律关系的概念、性质与特点

在现代家政学的范畴内，就家政服务与管理法律来开展对现代家政法律关系的考察，可以说本身并不科学，也存在着多种不确定性。因为在专门法缺乏的"无法可依"前提下讨论家政法律关系可谓是无根之木。但鉴于我国家政服务业从业人员已经超过 3 000 万人，迅猛发展的家政服务业已成为具有万亿级产业潜力的现代服务业行业翘楚这一既有事实，从现有的立法实践出发，结合《上海市家政服务条例》《温州市家政服务条例》以及"家政 36 条"、《暂行办法》等对现代家政服务法律关系做一探讨，以回应民生关注的迫切需求，也不失为一种务实的科学研究。

（一）现代家政法律关系的概念

现代家政法律关系，从广义上说，应包括现代家政服务法律关系与现代家政服务管理法律关系，是这两种不同法律关系的总和；从狭义上说，现代家政法律关系主要指现代家政服务法律关系，而现代家政服务管理法律关系尚有待国家从行政管理的顶层设计、赋权限责等方面加以定名厘清。从地方性立法的侧重看，围绕家政服务开展的家政立法也主要在于明确家政服务法律关系和设定相关法律权责。

具体而言，家政服务法律关系，是指经过法律调整的家政服务领域的特定社会关系，经由家政服务机构、家政服务员、用户（雇主、家政服务消费者）等相关主体之间的家政服务法律行为与涉法活动中所产生的权利与义务而建立形成。这里的法律是指包括宪法、民法典、劳动法与劳动合同法、消费者权益保护法、刑法等国家法律，地方性家政服务立法，以及其他相关规范性法律文件所共同构成的法律法规体系。

（二）现代家政法律关系的性质与特点

现代家政法律关系，相对于一般、传统的民事法律关系，或者与互联网有关的新型法律关系，它更加具有"主体间性"的性质，即被赋予社会学意义上的"他性"特征。家政法律关系从一开始就不是甲方与乙方的关系，多数情况下会涉及甲、乙、丙甚至丁等多方主体关系。根据哲学家拉康提出的观点，对现代性的主体性以致命打击的"主体间性"，源自人对他人意图的推测与判定。人们所熟悉的笛卡尔的"我思故我在"变成了"我于我不在之处思"以及"我在我不思之处"。对于家政法律关系，是以家政服务员为主体建立起与用户（消费者、雇主）、家政服务机构等之间的积极法律关系，还是以消费者（用户、雇主）为中心搭建起与家政服务机构、家政服务员之间的横向法律关系，或者以家政服务机构为"居间方"构筑起与用户（消费者）、员工/劳务方、互联网平台分权共责的消极法律关系？当主体中的他性越来越成为引导现代家政法律关系从无到有、从有到多、从多到迷的诱因时，需要运用怎样的法律规范去调整哪些家政社会关系的问题被放大呈现后，现代家政法律关系的现代性、特殊性、易变性等特点就不言而明了。

（三）现代家政法律关系的种类划分

在法言法，现代家政法律关系从根本上说，是一种特定的法律关系。通常我们理解的一般法律关系，是指法律规范在调整人们的行为过程中所形成的具有法律上权利义务形式的特定社会关系。和道德关系、政治关系、宗教关系不一样的是，法律关系是一种以国家强制力作为保障的社会关系，当法律关系受到破坏时，国家会动用强制力进行矫正或恢复。法律关系一般由三要素构成，即法律关系的主体、法律关系的客体和法律关系的内容。按照不同标准分类，法律关系可分为一般法律关系与具体法律关系、调整性法律关系与保护性法律关系、平权法律关系与隶属法律关系、横向法律关系与纵向法律关系、积极型法律关系与消极型法律关系、简单法律关系与复杂法律关系，以及各部门法的法律关系等。

如果要对现代家政法律关系进行划分的话，可以依据内涵与外延、调整对象、部门法归属、家政服务类型等不同标准进行划分。

（1）从内涵与外延的界定，可以分为现代家庭服务法律关系和现代家政服务管理法律关系两大类，前者偏向于内部的家庭服务法律关系，如消费者和家政服务人员之间因接受或提供育儿育婴、保洁、老人陪伴等家庭服务而产生的双方法律关系；后者侧重于家政服务的外部管理关系，如政府通过规范管理家政服务机构的活动从而实现对家政服务业的提振与促进。

（2）根据法律调整的对象，可分为现代家政服务法律关系和现代家政服务管理法律关系，前者侧重对自然人，后者侧重对机构与社会组织等。

（3）根据部门法的隶属关系，可以分为民事的家政服务法律关系，社会的家政服务法律关系，涉及侵权与刑事责任的家政法律关系等。

（4）根据现行法律规定的行为模式，可分为调整性的家政法律关系和保护性的家政法律关系。前者基于合法行为而产生，不需要适用法律制裁；后者基于违法行为而产生，旨在对被破坏了的权利和秩序的法律关系进行修复。

（5）根据法律效果的评价方式，可分为积极型的家政法律关系和消极型的家政法律关系。前者如雇主为家政服务员购买雇主责任险，而家政服务员积极履行合同义务的法律关系情形；后者如家政服务员在休息权等合法权益得不到保障的前提下，以消极不作为的方式怠工或出工不出力的法律关系情形。

（6）根据家政服务的现实应用场景，可分为自雇型家政服务法律关系、中介型家政服务法律关系、员工制（包含准员工制）家政服务法律关系。

在这三种家政服务法律关系中，自雇型又属于简单法律关系，一般是通过熟人、机构介绍搭桥，家政服务员和雇主一拍即合、两相情愿，没有第三方介入赚差价。中介型与员工制属于涉及三方主体的复杂法律关系，家政服务员和雇主之间建立的是雇佣合同关系，而雇主与家政服务机构之间建立与形成的是居间合同关系，自 2020 年 5 月 1 日我国民法典施行后，后者变成了中介合同关系。业内现有的管理制与中介型的法律关系基本相同，特点在于采用了会员制管理模式。员工制则因其纳入劳动法调整范围而成为一种新型、先进、代表未来方向的家政服务法律关系。以上几种法律关系各有利弊，须结合实际情况选择或评价。

或有其他分类，在此不一一赘述。

第二节 现代家政法律关系的具体构成

在现代家政法律关系中，无论采用何种分类方式，都绕不过法律关系的"三件套"，即主体、客体和内容。纵然，从严格的法律意义上说，目前尚无真正受专门法律调整的家政法律关系，但是，在依法治国、全面建设社会主义法治国家的大背景下，随着国家政策落地、地方立法先试先行、民法典全面实施的多方利好的持续兑现，以家政服务人员、家政服务机构、雇主为三方主体，以专业家政服务为客体，以多方权利义务保护促进为内容的现代家政法律关系已经形成。

一、现代家政法律关系的主体

（一）法律关系的参加者

就法律关系而言，主体是指法律关系的参加者，包括自然人、法人、非法人组织、国家等。法律上所称的"人"包括自然人和法人，自然人是指有生命并具有法律人格的个人，包括公民、外国人和无国籍的人。法人与自然人相对称，是指具有法律人格，能够以自己的名义独立享有权利或承担义务的组织。

（二）家政服务法律关系的三方主体

现代家政法律关系，一般意义上是指家政服务法律关系，其主体因法律关系内向性与外部性的走向不同而表现为"两两合三"的特征，即以家政服务员与雇主（用户、消费者）或与家政服务机构的单独双方法律关系为核心法律关系，以家政服务机构与用户（雇主、消费者）之间的双方法律关系为补充法律关系，由此，家政服务人员、家政服务机构（中介型、管理型、员工制的）、雇主（用户、消费者）此三者共同构成了家政服务法律关系的主体。在移动互联网、大数据应用迅速进入家政服务领域的时代，家政服务法律关系中还存在着信息服务撮合方，也即互联网家政服务平台/公司与家政服务机构之间的法律关联关系。换言之，家政服务法律关系至多将涉及四方面的法律关系主体，如在家政服务法律合同文本中经常会有三方合同甚至是四方合同。由此可以得出一个初步的结论：现代家政服务法律关系是一种与以往由甲方和乙方构成的普通民事合同关系所不一样的复杂合同关系。其中，最不可或缺的主体就是家政服务人员、雇主和家政服务机构。

需要注意的是，各主体的名称及用法，在不同场合下有所不同。例如：

（1）家政服务人员，也可称为家政服务员、家庭服务员、专业人员等，高级、时髦的称呼也包括"家务师""管家"等。

（2）用户，即接受家政服务机构提供的家政服务，或者直接与家政服务人员签订合同协议的家政服务消费者。这类主体较之于家政服务机构的对称为"顾客"或"用户"；如果对应于家政服务人员，则经常被称为"雇主"；如果贴合家政服务业的行业属性，相对于政府与行业监管而言，则可被称为"消费者"。

（3）家政服务机构，一般包括营利性的家政服务公司、非营利性的家政服务机构，以及公益社会组织。已出台的家政服务条例都突出强调了"员工制家政服务机构"。以广东省为例，明确本条例所称家政服务机构，是指依法设立，从事家政服务经营活动的法人、非法人组织和个体工商户，包括员工制家政企业和家政服务中介机构等。

除此以外，如果在家政服务管理的法律关系中，其主体还应包括行业主管机关如地方商务委员会的职能管理机构，地方性家政（庭）服务业协会等。

二、现代家政法律关系的客体

（一）法律关系的一般客体

法律关系客体一般是指权利和义务所指向的对象，又称权利客体、义务客体或权利义务客体，它是将法律关系主体之间的权利与义务联系在一起的中介，没有客体，主体和内容之间就不可能形成任何法律关系。

（二）现代家政法律关系中的客体

现代家政法律关系中的客体，是指家政法律关系中主体享有的权利和义务所指向的对象或标的，包括物、人身、行为结果和精神四大类。通常情况下，具有明确指向的"家政服务"或"家政服务管理"（项目、活动、成果）被认为是法律客体的主要表现形式。这种客体通常具有资源性、稀缺性、可控性等三种属性，即它在家政服务法律关系中既能够满足人们追求美好生活的某种需要，同时又需要以有偿的价值交换其服务的使用价值，而且在一定目的的可控范围内被主体占有、使用并满足其需求。

（三）与家政服务相关的法律客体

与家政服务相关的法律客体，一般包括日常家务料理服务与其他家务服务。前者是指以家庭日常保洁、烹饪、衣物洗熨、晾晒和整理等为主，其他家庭服务为辅的服务。后者除了包括前者涉及的规定内容外，还包括针对消费者合法需求提供的其他家庭服务，如婴幼儿看护、育婴服务、母婴护理、养老护理、病患陪护、家庭管家、收纳、家庭园艺等。

（四）与家政服务管理相关的法律客体

与家政服务管理相关的法律客体，主要围绕规范、管理、促进、发展这八个字展开。一般包括政府对家政服务管理平台的信息管理、对家政服务企业及其从业人员的信用等级管理、对家政服务企业市场准入、对家政服务从业人员健康准入等方面的法律规制行为。例如，根据标准对家政服务机构及从业人员的信用等级评价，政府对家政服务行业组织的支持促进行为，对家政服务机构和从业人员加入家政服务行业组织的鼓励措施等。上海的"家政上门服务证"、温州的由行业组织建立家政服务纠纷调解机制，广州的家政从业人员信用实时评价等，均可视为家政服务管理的法律客体。

三、现代家政法律关系的内容

（一）现代家政法律关系内容的一般含义

现代家政法律关系的内容，其重心应落在家政服务这一特定法律关系的权利和义务上，因为家政服务管理法律关系的内容，与政府对一般市场主体的行政法、经济法等法律调整大致相同。从家政服务业行业发展的具体实践出发，这种法律关系一般由法律主体双方或三方签署合同来对彼此之间的权利和义务加以规定或约定。

（二）家政服务合同的示范文本

2014年商务部分别制定了《家政服务合同（员工制范本）》《家政服务合同（中介制范本）》和《家政服务合同（派遣制范本）》三类合同范本以明确各方的权利义务，作为《上海市家政服务条例》的实施配套，上海市商务委员会、上海市市场监督管理局与上海市家庭服务业协会共同推出的《上海市家政服务合同示范文本（2020 版）》，则对家政服务中的甲方（用户）、乙方（家政服务机构）、丙方（家政服务员）三者之间的权利义务作出了明晰的规定。具体见示范文本。

表 5‑1　家政服务合同示范文本

上海市家政服务合同示范文本（2020 版）
上海市商务委员会、上海市市场监督管理局、上海市家庭服务业行业协会

家政服务合同

甲方（用户）：

乙方（家政服务机构）：

丙方（家政服务员）：

第一条　服务内容与要求
1‑1　乙方向甲方推荐丙方，为甲方提供（请在"□"内打"√"）：
□一般家务；□照料孕产妇与新生儿；□照料小孩；
□照料老人；□护理家庭病人；
□其他服务。
1‑2　乙方提供的服务管理内容为　　　　　　　　　。
1‑3　服务要求　　　　　　　　　。

第二条　服务地点

第三条　服务方式与期限
3‑1　服务方式（请在"□"内打"√"）：
□钟点制　□全日制　□住家制
3‑2　服务期限：　　年　　月　　日至　　年　　月　　日；
服务时间：每　　　　，　　　　时至　　时。

第四条　费用及其支付时间
4‑1　甲方支付丙方服务报酬：人民币　　元/　　，
支付时间：　　　　　　　。
4‑2　甲方支付乙方佣金：人民币　　元，
支付时间：　　　　　　　。
4‑3　丙方支付乙方佣金：人民币　　元，
支付时间：　　　　　　　。
4‑4　服务管理费：人民币　　元/年，甲、乙、丙三方协商约定，由　　向乙方支付。
支付时间：　　　　　　　。

续　表

第五条　甲方权利义务

5-1　甲方有权要求丙方和乙方提供真实的身份信息，乙方应向甲方提供丙方的相关信息。

5-2　甲方有权要求乙方或丙方提供卫生健康部门认可体检单位的有效体检合格证明；甲方有特别要求的，丙方体检费用由甲方承担。

5-3　甲方有权要求丙方提供家政岗位培训及相关家政等级培训的证明。

5-4　甲方按照有关规定，可查验丙方的上门服务证并评价其服务。

5-5　甲方应在签订合同时出示有效身份证件，如实告知家庭成员是否患有传染性疾病、精神疾病等可能危及丙方健康和人身安全的其他严重疾病信息等。甲方有权要求乙方、丙方对其提供的信息保密。

5-6　甲方应按本合同第四条约定向乙方、丙方支付相关费用。

5-7　甲方应尊重丙方的人格和劳动，对劳动过程中的注意事项应事先提醒，并妥善保管家中贵重物品。

5-8　甲方应为丙方提供安全的工作环境以及必要的劳动保护条件和休憩条件，对全日制和住家制家政服务人员应当给予每周　　　天的休息时间。

5-9　甲方不得强迫丙方提供合同约定以外的家政服务和可能对丙方人身安全造成损害的家政服务，不得谩骂、侮辱、虐待、殴打丙方。不得扣押丙方身份证、上门服务证、技能证明、健康证明等证件。

5-10　丙方在提供家政服务时发生意外事故的，甲方应及时采取必要的救治措施，并通知乙方。

5-11　约定服务期满，甲方如需要继续服务的，提前　　　天向乙方、丙方提出续约，甲方享有优先续约权。

5-12　甲方按照有关规定，到服务所在地相关部门为住家制家政服务员办理登记等手续。

第六条　乙方权利义务

6-1　乙方应对丙方身份信息进行查验，并留存相关有效证明的复印件。

6-2　乙方应督促丙方进行健康体检，要求丙方提供卫生健康部门认可体检单位的有效体检合格证明。

6-3　乙方应将丙方信息在家政服务管理平台上备案，并对丙方培训后发放家政上门服务证，定期更新完善从业信息。

6-4　乙方应对丙方的职业道德、工作技能、服务水平进行必要的培训和管理，为丙方建立个人职业信息档案。

6-5　乙方应对丙方提供必要的岗前培训，实行跟踪管理、监督指导，定期回访了解丙方的服务情况。

6-6　乙方不得扣押丙方身份证、技能证明、健康证明等证件。

6-7　乙方应当建立方便、快捷的家政服务投诉处理机制。对于甲方或丙方的投诉、反映的情况，乙方应当向甲方或丙方了解、核实情况，并作相应处理。

6-8　在本合同订立后，乙方应按照有关规定将本合同向家政服务管理平台备案。

第七条　丙方权利义务

7-1　丙方有人格和劳动受尊重的权利。

7-2　丙方有权拒绝提供合同约定以外的服务和可能对丙方人身安全造成损害的服务。

7-3　丙方应当如实向甲方和乙方披露本人的年龄、从业经历、服务技能、健康状况以及有无不良嗜好等情况。

7-4　开展家政服务时，丙方应向甲方出示家政上门服务证。

7-5　丙方在服务时间，应注意安全，规范操作，增强防火、防盗、防触电、防煤气中毒等安全意识。

7-6　丙方不得谩骂、侮辱、虐待、殴打甲方及甲方家庭成员；不得偷盗、骗取或者故意毁损甲方的财物；不得向他人泄露甲方的家庭成员情况、经济状况、工作或学习的地址、电话号码、住址、身份等相关隐私信息。

7-7　未经甲方同意，丙方不得私自带他人进入合同约定的服务地点。

7-8　服务时间，丙方不能提供服务的，应提前向甲方请假并取得同意。

第八条　保险及责任承担

8-1　甲方　　　　　　（应填"同意"或"不同意"，打勾无效）委托乙方办理个人投保的家政服务责任保险，费用由　　　承担。

8-2　乙方　　　　　　（应填"同意"或"不同意"，打勾无效）为□甲方、□丙方（请在"□"内打"√"）办理家政服务有关保险，费用由　　　承担。

8-3　丙方　　　　　　（应填"同意"或"不同意"，打勾无效）委托乙方办理个人投保的家政人员意外综合保险，费用由　　　方承担。

合同的解除

有下列情形之一的，一方可书面通知其他两方解除本合同：

(1) 丙方、甲方及甲方家庭成员患有传染性疾病或严重精神疾病等危及健康和人身安全的情况；

(2) 甲方或丙方中，任意一方存在谩骂、侮辱、虐待、殴打等严重损害另一方身心健康行为的；

(3) 甲方强迫丙方提供合同约定以外的家政服务或可能对丙方人身安全造成损害的家政服务的；

(4) 丙方盗窃、骗取或者故意损毁用户财物、泄露用户隐私的。

第十条　违约责任

10-1　除本合同第九条情形外，甲方或丙方提前终止合同的，应提前　　天提出，并向守约方支付　　元违约金。

10-2　甲方逾期支付相关费用的，每天应按逾期未付费用的千分之　　向乙方或丙方支付违约金。

10-3　甲方串通丙方脱离乙方管理、私签协议并接受服务的，按照合同约定的服务管理费的　　%向乙方支付违约金。

10-4　其他违约责任

续　表

第十一条　其他约定
第十二条　争议解决方式 发生争议的，可协商解决；协商不成的，可按照《上海家政服务条例》申请调解；也可向　　仲裁委员会申请仲裁或依法向人民法院提起诉讼。
第十三条　附则 13-1　本合同未尽事宜，可另行协商并签订补充协议。本合同补充协议与本合同具有同等法律效力。 13-2　本合同自三方签字或盖章之日起生效。本合同一式三份，甲、乙、丙三方各执一份。
甲方： 证件类型： 证件号码：　　　　　　　联系电话： 住所（址）：　　　　　　　邮编： 签字/盖章：
乙方： 社会统一信用代码： 法定代表人/负责人： 经办人：　　　　　　　联系电话： 住所（址）：　　　　　　　邮编： 签字/盖章：
丙方： 证件类型： 证件号码：　　　　　　　联系电话： 住所（址）：　　　　　　　邮编： 签字/盖章：

签约日期：　　年　　月　　日

（三）家政服务合同示范文本的权利义务解读

《上海市家政服务合同示范文本（2020版）》（下简称《示范文本》）是一份要素齐全、简洁明了、逻辑严谨、务实有效的合同文本。合同明确了甲乙丙三方相互之间的法律关系，融合了家政服务员与用户之间的家政服务关系，家政服务员、用户与家政服务机构之间的中介服务关系，有效避免了一次家政中介服务多次签约的烦琐，为当事人签约提供了方便。合同共 13 条，除了服务内容与要求、服务地点、服务方式与期限、费用及其支付时间等一般规定外，重点厘清了甲方、乙方、丙方三者之间的权利和义务，就保险及责任承担、合同解除、违约责任、其他约定、争议解决等也予以了规定。《示范文本》注重从家政服务关系、家政中介服务关系的不同主体的各自关注点出发，规定家政服务机构应对家政服务员的身份信息进行查验，家政服务员应当如实向用户和家政服务机构披露自己的真实身份和健康状况，用户可查验家政服务员的上门服务证并评价其服务。联系上海的家政服务市场实际，家政服务员的基本权利得不到保障是当前家政服务纠纷易发频发的焦点，《示范文本》中有多项条款对家政服务员的基本权利进行了充分考虑。针对三方当事人投保意识不足、发生意外后无法承担相应赔偿责任的现状，《示范文本》还设定条款特别提醒当事人通过购买保险化解意外风险，以解决当事人的后顾之忧。

四、现代家政法律关系中的法律责任

（一）一般意义上的法律责任

法律责任是指因违反了法定义务或合同义务，或不当行使法律权利、法律职权所产生的由行为人承担的不利后果。由于存在功利性与道义性的法律关系区分，与此相对应的法律责任承担方式可分为补偿性的和制裁性的两种方式。根据违法行为所违反的法律的性质，可将法律责任分为民事责任、行政责任、经济法责任、刑事责任、危险责任和国家赔偿责任。根据我国民法典的规定，民事责任主要有合同责任、侵权责任等。民事责任的承担方式主要包括：停止侵害，排除妨碍，消除危险，返还财产，恢复原状，修理、重做、更换，继续履行，赔偿损失，支付违约金，消除影响、恢复名誉，赔礼道歉等。

（二）现代家政法律关系中的法律责任

在以家政服务为主体构成的现代家政法律关系中，法律主体通过聚焦各类法律客体展开法律内容。家政服务人员、用户、家政服务机构、家政服务行业协会、家政服务行业政府管理部门等各方法律主体，在享有法律权利（包括职权）和承担法律义务（包括法律职责）的过程中，可能会因为关系不合法、行为不规范、合同不履行、管理不到位等触发法律纠纷，并由此引起法律责任。以家政服务法律关系中最常见的中介型家政服务合同为例，甲方的权利往往是乙方和丙方的义务，丙方的权利亦是甲方或乙方的义务，如果任何一方不遵守合同义务并出现违反合同规定的情形，即会引出相关法律责任，上海的示范文本中已明确载明了因违反合同义务而须承担支付违约金等违约责任。又如，在自雇型家政服务法律关系中，因不签约导致侵权而使家政服务员或用户一方利益受损的，另一方很难追究侵权方的法律责任；更多的侵权情形发生在签约不规范而引起合同无效，或合同难以继续履行而致使合同终止（如月嫂因疏忽大意致使其照护的婴儿发生意外受伤，家政服务员在提供家政服务的过程中因发生意外致伤致残致死）时，凡此种种产生的各种违约与侵权情形，将引起法律责任的发生，根据法律将由侵权人承担相应消极结果。家政服务法律责任究竟如何归责，由谁承担？可以通过一则司法案例来加以说明。

（三）案例分析：苗某、郑某因雇员擦窗坠亡的人身损害赔偿纠纷案

【案件名称】苗某、郑某因雇员擦窗坠亡的人身损害赔偿纠纷案

【案件简介】被告苗某、郑某一直雇佣陈某在其家中打扫卫生。2010年3月19日，陈某受雇佣擦拭窗户时从楼上摔下，导致死亡。三原告系陈某的家人。事故发生后，原告曾与被告协商处理善后赔偿事

宜,但因双方主张的赔偿数额差距较大而没能达成协议。原告认为雇员在受雇工作期间所遭受的人身损害,应由雇主承担赔偿责任。被告××家政中心作为一个家政服务行业机构,收取了一定的费用,但未对陈某进行必要的培训及管理。故原告诉至法院,请求判令:被告苗某、郑某、××家政中心共同赔偿死亡赔偿金人民币 576 760 元、被抚养人生活费 25 190.40 元、丧葬费 19 751 元、精神抚慰金 50 000 元、律师代理费 30 000 元。

【案号】(2010)嘉民一(民)初字第 1856 号;(2011)沪二中民一(民)终字第 172 号

【终审结果】

(1)公民、法人的合法权益受法律保护。针对本案事实及损害结果的责任承担,法院应根据各方的过错予以确定。

雇员在从事雇佣活动中遭受人身损害,雇主应当承担赔偿责任。本案中,因受害人陈某生前系苗某、郑某雇佣的提供家庭清洁劳务的钟点工,于雇佣期间在雇佣工作地点从事雇佣活动过程中坠楼摔死,故被上诉人诉请要求上诉人承担相应的雇主责任,合法有据。陈某擦窗时未尽必要的安全注意义务及未采取相应的防范措施而具有重大过失。符合受害人对同一损害的发生或者扩大有故意、过失的,可以减轻或者免除赔偿义务人的赔偿责任的规定情形。

(2)苗某、郑某上诉主张其与陈某之间不属于承揽合同关系,而是劳务关系。

(3)因作为居间人为讼争的家政服务双方提供免费的中介服务,巾帼家政服务中心不承担讼争的赔偿责任。

【案件启示】

通过此案的责任赔偿审理可知,由于当时家政服务市场上的钟点工大多未经过专业的培训,其与雇主形成雇佣合同关系,一旦出现钟点工坠楼身亡,因其具有完全民事行为能力,应自行承担相应责任。

公益性家政服务中介的行为目的是促进社会就业，对于损害的发生不具有过错，不承担损害赔偿责任。作为用工方的雇主应尽到相应的安全保障义务，否则对钟点工发生的损害承担过错责任。

本案在《民法典》实施后的今天看来，仍具有法律启示意义。无论是从家政服务法律主体签订合同的规范性，还是从雇主安全保障义务履行的充分性，或是对于第三方中介服务开展岗前培训的必要性等角度出发，各方法律主体都应明确各自在家政服务法律关系中的权利和义务，以及因其行为结果引发的法律责任及承担。特别对于家政服务人员而言，建议签订双方合同而不是有可能对自己带来不利的三方协议，可以提醒雇主购买家政服务综合责任险，并要求其签约的家政服务机构为其提供必要的保障。

第三节　现代家政法律关系的法律调整与规制

一、现代家政法律关系及其分类

（一）法理学意义上的法律关系

法理学意义上的法律关系，是由法律关系主体、客体与内容及其行为结果共同组成的结合体，这种关系的成立不仅有赖于现行的立法制度，还倚重于现行法律制度的执行与司法调整，并通过对主体设定权利和义务并促成权利的享有和义务的履行，达成预期的法律目的，最终走向法的实现。

（二）现代家政法律关系的三分法

和其他法律关系一样，现代家政法律关系需要通过立法、执法、司法以及法的遵守、法的调整与规制等一系列法律活动来加以实现。尽管我们可以从不同角度、根据不同标准来对家政服务、家政服务管理范畴内的法律关系的调整进行划分，如宪法的、法律的、法规的，民法的、刑法的、经济法的，国内法与国际法的，等等。但是，以公法、私法、社会法为三种分类，并据此考察家政法律关系的法律调整和规制，或许更适合社会主义法治背景下的我国家政服务业发展的现实国情。

就一部具体的国内法而言，如果是公权力范畴并维护国家利益的，那就属于"公法"，如宪法、行政法、刑法等；反之，涉及私人权利并以保护个人权利为中心的法律，即为"私法"，如民法、婚姻法、继承法等。随着国家与社会的进步，一部分法律因明显具有保障社会特殊群体和弱势群体权益的特征而被归入"社会法"的范畴，如劳动法与劳动合同法、未成年人保护法、妇女权益保障法、社会保险法、反垄断法、环境保护法、消费者权益保护法、金融法、老年人权益保障法、食品卫生法、传染病防治法、母婴保健法等。除此之外，国际法与外国法也涉及相关的法律调整。下面，我们将从三种国内法分类的角度，对各类法律的调整与规制进行简单介绍。

二、现代家政法律关系的公法调整与规制

（一）现代家政法律关系的发展需要宪法的调整与规制

公法对现代家政法律关系的调整与规制，从宪法作为国家根本大法、一切法律之母法的层级位阶看，主要体现在对于公民的基本权利和义务的规定。包括法律平等权、政治权利和自由、宗教信仰自由、人身自由权、社会经济权利、文化教育权利、特定主体权利等在内的宪法权利，是家政服务法律主体（家政服务人员、消费者、家政服务机构或公司等）和家政服务管理法律主体（政府主管部门、行业协会、家政服务机构及其从业人员等）基本权利的创设基础。例如，家政服务员在从事家政服务等活动时有权要求获得并享有人身自由权，该项宪法权利通过专项立法转换为家政法律关系相关主体的法定义务，即家政服务机构、用户不得扣押家政服务人员身份证、技能证明、健康证明等证件（《上海市家政服务条例》第十三条）；同样，宪法规定的公民应遵守的义务和应尽责任也通过具体立法与法律实施转化为家政服务人员的法定义务，如"按照约定提供服务，遵守职业规范"（《温州市家政服务条例》第十二条第四款）。

（二）对现代家政法律关系的保护需要刑法的调整与规制

作为公法的重要组成，以国家强制力为保障实施的刑法，对于家政法律关系的调整一般是以禁止性、制裁性的规定形式出现的，即表现为对法定义务的"不作为"以及对"不得为"的故意违反。例如，上海和温州的家政服务条例都规定了"家政服务人员不得有谩骂、侮辱、虐待、殴打服务对象（家政服务消费者）"等四项行为，一旦违反了该条规定，根据我国刑法第 234 条、第 264 条、第 266 条、第 253 条第 1 项之规定，将可能因触犯故意伤害罪、盗窃罪、诈骗罪、侵犯公民个人信息罪等罪名而被追究刑事责任。

三、现代家政法律关系的私法调整与规制

（一）现代家政法律关系的实现需要民法典的调整与规制

现代家政法律关系的法律调整与规制，在大多数情况下都发生在平等民事主体之间。从自雇型家政法律关系到中介型家政法律关系，再到会员制的管理型家政法律关系，都可纳入以民法为代表的私法调整范畴。特别在民法典颁行后，与现代家政服务紧密相关的合同、人格权、侵权责任等法律规定，成为对自然人、法人和非法人组织之间的人身关系和财产关系加以法律调整的最新立法依据，各方法律主体的人身权利、财产权利以及其他合法权益由此受到法律保护。

（二）家政服务员的权利需要以合同为基础的法律保护

以家政服务员的权利保护为例，现行的地方性法规、国家行政法规以及国家和地方的政策性文件都要求家政服务员以订立书面合同的形式提供家政服务，因为合同是民事主体之间设立、变更、终止民事法律关系的协议。与家政服务相关的一般个人劳务合同，以及承揽合

同、委托合同、中介合同等均由民法典的合同编、侵权责任编等加以调整与规制。上海的地方立法还对休息权等人格权益法律保护可在服务协议或合同中加以明确专门做了规定。换言之，当家政服务员与用户、家政服务机构发生法律纠纷和矛盾冲突时，是否一方或几方构成侵权，侵权责任如何区分与承担，都应根据法律的规定来加以考量和裁判。

（三）现代家政法律关系的用户主体需要"消法"保护

在现代家政服务法律关系中，用户、消费者、雇主——无论我们怎么称呼这一主体，它们都是家政服务市场与行业中的"需方"，正因为有了他们的服务需求、服务消费、实际雇佣，各类家政服务的"买买买"才能支撑起上万亿规模的现代家政服务业。因此，依法尊重和保护消费者的权利，成为通过合同构建的现代家政服务法律关系的重要组成。通过以下案例分析可以给出例证。

（四）案例分析：张丽明与佛山市德邻家政服务有限公司、黄忠玲等家政服务合同纠纷案

【案件名称】张丽明与佛山市德邻家政服务有限公司、黄忠玲等家政服务合同纠纷案

【案件简介】本案是关于雇主通过第三方机构聘请月嫂照顾婴儿而引发的家政服务合同纠纷。案件经过一审上诉至二审终裁。张丽明诉请：1. 撤销一审判决；2. 改判支持其一审的诉讼请求；3. 判令本案一、二审诉讼费用由德邻公司、黄忠玲及58到家公司负担。一审法院认为，关于合同性质，居间合同是居间人向委托人报告订立合同的机会或者提供订立合同的媒介服务，委托人支付报酬的合同。一审法院认为黄忠玲提供的家政服务工作相对粗糙，却不构成欺诈，属于事实认定错误。根据《中华人民共和国消费者权益保护法》第55条的规

定，德邻公司应当承担"退一赔三"的赔偿责任。二审法院对一审法院认定的事实予以确认。张丽明主张双方之间成立家政服务合同关系有理，本院予以支持。本案依法应确定为家政服务合同纠纷。

【案号】（2020）粤06民终175号

【终审结果】

二审法院撤销一审判决，被上诉人之一的德邻公司，也即签订《德邻家政员推荐协议书》的乙方构成消费欺诈，根据合同法、消费者权益保护法第55条规定承担"退一赔三"的赔偿责任，共计赔偿原告/上诉人47 200元。一审、二审的诉讼费共540元均由被上诉人德邻公司承担。

【多方法律关系辨析】

（1）张丽明（原告/上诉人）与佛山市德邻家政服务有限公司（被告/被上诉人）之间，并不构成居间合同关系，因为根据《德邻家政员推荐协议书》的约定，无中介服务费，11 800元的"信誉保证金"实际上是"会员制"或"管理制"的预付款。

（2）张丽明（原告/上诉人）与58到家公司之间，实际并没有发生关联。虽然她曾经上过该平台浏览网页，也知道在58到家公司的平台找月嫂需要下订单。但后来通过熟人找到自称是58到家的代理商蒲江和德邻公司签订《德邻家政员推荐协议书》时，没有提及58到家公司的任何内容。张丽明与德邻公司签订合同的整个过程与《58到家信息服务合作协议》的相关约定、与平台上的下单程序均完全不同。

（3）德邻家政服务有限公司（被告/被上诉人）与黄忠玲（被告/被上诉人）之间的法律关系，是管理制企业和员工的关系（"准员工制"关系）。证明之一就是，《德邻家政员推荐协议书》第四条约定：乙方向甲方交付中介服务费0元、信誉保证金预付一个月费用11 800元，丙方的工资以附件四《家政员变动及工资记录表》登记为准（双方口头约定丙方月工资11 800元）。其中，德邻公司是乙方，黄忠玲为丙方，张丽明是甲方。

（4）张丽明（原告/上诉人）与黄忠玲（被告/被上诉人）之间的法律关系，是消费者与育婴家政服务提供者之间的关系。其关系成立的前提，是因为德邻公司虚构了黄忠玲具有育婴师资格的事实（其实黄忠玲持有的所谓《高级育婴师培训证书》及《高级母婴护理师培训证书》并不是符合国家规定的育婴师资格证书）。因此，在育婴服务中，黄忠玲出现多次严重失误，如抱孩子的方式不对，抱着孩子走路过程中摇晃孩子太厉害，不测温就用热水给婴孩喂奶粉，等等。致使其不能胜任育婴师的工作而造成违约。

【案件启示】

本案的权责关键词为：欺诈、撤销，代理、违约金、合同约定，本证、证明、罚款，诉讼请求、执行。由此已点明了本案的终局结果：消费者胜诉，因虚假宣传而构成欺诈的家政公司败诉，家政服务员与家政公司之间形成的"准员工制"法律关系致使其不承担退赔的法律责任，而根据合同法和《消费者权益保护法》的规定，由家政公司承担"退一赔三"的全部法律责任。该案带来的启示是，法律不是儿戏，通过虚假宣传诱骗消费者上当，以高价换低质的育婴家政服务的骗术终究逃不过法律的审查与验明正身。所以，无论是家政服务员还是家政公司都要以信用为本，守法服务、依法经营，切实履行合同义务，才能在家政服务业的健康发展中分享应有的红利。

四、现代家政法律关系的社会法调整与规制

（一）现代家政法律关系发展需要社会法的调整与规制

由于现代家政法律关系牵涉面广，涉及主体、客体与内容较为复杂多元，随着员工制等新型、规范劳动用工形式被《上海市家政服务条例》等地方性立法所确认，以规范劳动关系、社会保障、特殊群体

权益保障、社会组织等为主要内容的社会法越来越多地介入了家政服务与家政服务管理的法律调整与规制。

(二) 不同类型的家政服务法律关系的社会法调整与规制

员工制家政服务法律关系由劳动法和劳动合同法加以调整与规制。家政服务人员系家政公司的员工，与家政公司之间签订劳动合同，由家政公司为服务人员发放工资、购买保险，雇主需要用工时与家政公司签订合同，由家政公司根据雇主要求派遣员工去进行家政服务。据劳动合同法规定，劳务派遣一般在临时性、辅助性或替代性的工作岗位上实施。

针对网络平台用工等新就业形态下"不完全符合确立劳动关系情形"但企业对劳动者进行劳动管理的，应指导企业与劳动者订立书面协议，合理确定企业与劳动者的权利义务。有关如何进一步规范平台用工关系，维护好新就业形态劳动者的劳动报酬、合理休息、社会保险、劳动安全等权益的规定，都被 2021 年 7 月 16 日人社部等八部门印发的《关于维护新就业形态劳动者劳动保障权益的指导意见》（56 号文）所明确。而根据 2023 年 3 月 1 日实施的《上海市就业促进条例》规定，在上海市就业的灵活就业人员，可以按照国家和上海市有关规定参加社会保险，依法享受社会保险待遇。

通过人社部和最高人民法院联合发布的典型案例学习，有助于了解当前互联网环境下的家政平台用工关系争议的法律适用。

(三) 案例分析：如何认定网约家政服务人员与家政公司之间是否存在劳动关系

【案例名称】如何认定网约家政服务人员与家政公司之间是否存在劳动关系

【案例简介】宋某，出生日期为 1976 年 10 月 7 日，于 2019 年 10

月 26 日到某员工制家政公司应聘家政保洁员，双方订立了《家政服务协议》，约定：某家政公司为宋某安排保洁业务上岗培训（初级），培训费用由公司承担，宋某经培训合格后须按照公司安排为客户提供入户保洁服务，合作期限为 2 年；宋某须遵守公司统一制定的《家政服务人员行为规范》，合作期限内不得通过其他平台从事家政服务工作；某家政公司为宋某配备工装及保洁用具，并购买意外险，费用均由公司承担；宋某每周须工作 6 天，工作期间某家政公司通过本公司家政服务平台统一接收客户订单，并根据客户需求信息匹配度向宋某派发保洁类订单，工作日无订单任务时宋某须按照公司安排从事其他工作；某家政公司按月向宋某结付报酬，报酬计算标准为底薪 1 600 元/月，保洁服务费 15 元/小时，全勤奖 200 元/月；如宋某无故拒接订单或收到客户差评，某家政公司将在核实情况后扣减部分服务费。2019 年 11 月 1 日，宋某经培训合格后上岗。从事保洁工作期间，宋某每周工作 6 天，每天入户服务 6 至 8 小时。2020 年 1 月 10 日，宋某在工作中受伤，要求某家政公司按照工伤保险待遇标准向其赔偿各类治疗费用，某家政公司以双方之间不存在劳动关系为由拒绝支付。宋某于 2020 年 1 月 21 日向仲裁委员会申请仲裁，请求确认其与某家政公司于 2019 年 11 月 1 日至 2020 年 1 月 21 日期间存在劳动关系。仲裁委员会裁决宋某与某家政公司之间存在劳动关系，某家政公司不服仲裁裁决，诉至人民法院。

【终审结果】针对原告提出的诉讼请求：确认某家政公司与宋某之间不存在劳动关系，一审法院作出判决：宋某与某家政公司于 2019 年 11 月 1 日至 2020 年 1 月 21 日期间存在劳动关系。某家政公司不服一审判决，提起上诉。二审法院判决：驳回上诉，维持原判。

本案的争议焦点在于，宋某与某家政公司之间是否符合订立劳动合同的情形？认定家政企业与家政服务人员是否符合订立劳动合同的情形，应当根据《关于确立劳动关系有关事项的通知》（劳社部发

〔2005〕12 号）第一条之规定，重点审查双方是否均为建立劳动关系的合法主体，双方之间是否存在较强程度的劳动管理。

【案例分析】本案中，宋某未达法定退休年龄，其与某家政公司均是建立劳动关系的合法主体。在劳动管理方面，某家政公司要求宋某遵守其制定的工作规则，通过平台向宋某安排工作，并通过发放全勤奖、扣减服务费等方式对宋某的工作时间、接单行为、服务质量等进行控制和管理，双方之间存在较强的人事从属性。某家政公司掌握宋某从事家政服务业所必需的用户需求信息，统一为宋某配备保洁工具，并以固定薪资结构向宋某按月支付报酬，双方之间存在较强的经济从属性。宋某以某家政公司名义对外提供家政服务，某家政公司将宋某纳入其家政服务组织体系进行管理，并通过禁止多平台就业等方式限制宋某进入其他组织，双方之间存在明显的组织从属性。综上，某家政公司对宋某存在较强程度的劳动管理，符合订立劳动合同的情形，虽然双方以合作为名订立书面协议，但根据事实优先原则，应当认定双方之间存在劳动关系。

【案件启示】在传统家政企业运营模式中，家政企业主要在家政服务人员与客户之间起中介作用，通过介绍服务人员为客户提供家政服务收取中介费；家政企业与服务人员之间建立民事合作关系，企业不对服务人员进行培训和管理、不支付劳动报酬，家政服务工作内容及服务费用由服务人员与客户自行协商确定。为有效解决传统家政行业发展不规范等问题，《关于促进家政服务业提质扩容的意见》（国办发〔2019〕30 号）指出，员工制家政企业应依法与招用的家政服务人员签订劳动合同，按月足额缴纳城镇职工社会保险费；家政服务人员不符合签订劳动合同情形的，员工制家政企业应与其签订服务协议，家政服务人员可作为灵活就业人员按规定自愿参加城镇职工社会保险或城乡居民社会保险。各地落实该意见要求，积极支持发展员工制家政企业。在此类企业中，家政企业与客户直接订立服务合同，与家政服务人员依法签订劳动合同或服务协议，统一安排服务人员为客户提供服务，直接支付或代发服务人员不低于当地最低工资标准的劳动报酬，并对服务人员进行持续培训管理。在仲裁与司法实践中，对于家政企业与家政服务人员之间发生的确认劳动关系争议，应当充分考虑家政服务行业特殊性，明确企业运营模式，查明企业与家政服务人员是否具备建立劳动关系的法律主体资格，严格审查双方之间是否存在较强程度的劳动管理，以此对签订劳动合同和签订服务协议的情形作出区分，据实认定劳动关系。

【案例延伸】

"56号文"发布施行后，围绕家政服务员和家政公司之间是否存在劳动关系的"确权"纠纷更加普遍。党的二十大报告指出"健全劳动法律法规，完善劳动关系协商协调机制，完善劳动者权益保障制度，加强灵活就业和新就业形态劳动者权益保障。"这为开启加强灵活就业和新就业形态劳动者权益保障的司法保护提供了有力指引。在司法实践中，对于强从属劳动关系的家政服务法律关系双方一般倾向于不认定劳务关系而是认定"准"或"事实"劳动关系，甚至可据实作出缺席判决，由此实现平台经济良性发展与劳动者权益保护的互相促进。

除了以上对劳动者的社会法保护外，在现实生活中，家政法律关系还受到妇女权益保障法、老年人权益保障法、未成年人保护法、保险法等社会法的调整与保护。

第四节 "家政工"权益保障的比较法探析

一、比较法视野下考察家政工权益保障的意义

（一）比较法的基本含义

比较法主要是对不同国家或特定地区的法律制度的比较研究。不同国家法律制度之间的比较，包括双边（即两国法律之间）的比较与多边（即三个及其以上国家法律之间）的比较，通常是指本国法律与外国法律，或不同外国法律之间的比较。在学术层面，比较法学的研究主要在不同法系、欧盟法、国别法之间展开，国际法（公约）与国内法的比较研究也比较多见。在本书主题下，与家政学相关的关于劳动与社会保障，家政工法律权益保障等的国别法比较，也可归入该范畴。

（二）"比较法"视野下考察家政工权益保障的意义

比较法、比较法学和比较法研究三个词是同义语。现代意义上的比较法不仅是法学研究的一种方法，也是法学的一门独立学科。"家政工"（domestic worker）的称号其实是一个舶来品，纵观世界各国家政立法的变迁和国际劳工法的发展，家政工的历史，始终是一部为权利而斗争的"平权"奋斗史。作为法学-社会学-家政学的关注对象，"家政工"的法律权利需要在一个更广泛的场景与视野下加以考察和研判。

因此，在"比较法"视野下考察家政工权益保障更具有客观的现实意义。

二、世界各国对家政工的立法保护与国际公约之间的"差距"

（一）"国际家政工日"的由来

2011 年 6 月 16 日，国际劳工组织第 100 届国际劳工大会通过了第 189 号公约及其补充的第 201 号建议书（下简称《建议书》），这意味着承认家政工劳动权利的国际公约——《关于家庭工人体面劳动的公约》（下简称《家政工公约》）的正式通过，2014 年 6 月 16 日，国际社会宣称：家政工是工人。自此，6 月 16 日成为"国际家政工日"。

"国际家政工日"的诞生，也是无数家政工或者说家政女工千辛万苦维权的结果。2014 年 6 月，一位名叫艾尔维纳（Erwiana）的印尼家政工获选《时代》百大影响人物——这位家政工在遭遇香港雇主长达 8 个月的暴力虐待后因伤情无法继续干活，揣着 9 港元被遣送回家，从此开始投身于为家政工争取权益的抗争之路。在世界范围内，家政工多数为女性，大都处在一个易受伤害的工作环境中。尽管有国际公约与各国法律的规定，包括中国香港也制定有"雇佣条例"，但是，"隐藏"在雇主私人家庭里的家政工们，基本权利往往得不到保障。他们的工作时间长、休息日得不到保障，得到的工资却很低（往往比当地最低工资的一半还少，有的甚至连五分之一都不到），而且还容易遭受身体和精神的虐待，以及行动自由上的限制。这位印尼家政工最终赢得了司法裁判的胜利，雇主被判有罪。

（二）关于《家政工公约》和《建议书》的内容与简要评述

《家政工公约》和《建议书》旨在保护就业关系下的家政工人。该公约将家政工定义为在家庭中为一个家庭或多个家庭服务的工人。这些规定要求为全体家政工提供法律保护，无论他们是被谁雇佣：个人或个体家庭、企业或组织。规定适用于兼职和全职工人、本国公民和非本国公民、住家和非住家家政工。描述适用于家政工的实施范围的法律定义和规定，其具体程度取决于不同背景。在定义家政工、家政工人或家政工雇佣关系时，其规定取决于不同因素，包括：工作地点（家庭）或服务受益人（家庭成员）、工作任务的性质和种类（一般性描述或者通过列出一个关于工作任务或职业的单子）、家政工不生产利润的性质（对其服务家庭没有产出或直接利润）、雇主类型（个人或机构）、明确雇佣关系各方的因素、有关不包括由专门立法或规定覆盖的特殊类型家政工的规定。

《家政工公约》和《建议书》列出了工人应该享有劳动和社会保护的领域，并特别关注移民家政工、住家家政工和青年家政工。公约提供了全球最低标准，而工人在其他国际劳动公约和国家法律法规下享有的更有利的标准保护不受影响。公约只是从一般意义上提供基本原则和措施，建议书则从法制、政策、实践角度为促进家政工体面劳动提供了更具体的指导。

（三）世界各国对家政工的立法保护与国际公约之间的"差距"

【问题透视】家政工的性质与工作内容方面

这些方面主要存在的问题包括非正规工作，不能确保体面的工作条件，被排斥在劳动和就业法之外等。

国际劳工大会认为：立法和规章是消除家政工作中非正规就业的消极因素的重要工具，也在确保家政工作提供就业机会的同时，让家政工得以实现体面劳动。将劳动法扩展到家政工领域，是使其纳入正规经济的重要途径。其他领域的法律，如民法、刑法或人权法虽然也能为家政工人提供保护，却不能取代针对家政工工作条件和社会保护的专门立法。

【举例】如何认定家政工雇佣关系的确立？

《家政工公约》第 7 条规定：每个成员都应采取措施，以合适的、易懂的方式向工人告知他们的雇佣条件和状况，如有可能，最好采用与各国法律、法规和集体协议一致的书面合同的方式告知情况，特别是：a. 雇主和工人的名字和地址；b. 日常工作地点的地址；c. 对于合同有期限的，其起始日和持续时间；d. 工作类型；e. 薪酬、计算方式和支付时间；f. 正常工作时间；g. 带薪年假、每日和每周的休息时间；h. 食宿规定（如适用）；i. 实习期（如适用）；j. 遣返期（如适用）；k. 关于合同终止的规定，包括由工人或雇主提供的提前通知时间。

【举例】如何认定家政工雇佣关系的确立？

《建议书》第 6 段规定：家庭成员应在必要时提供协助，确保家政工人了解自己的雇佣条件和环境。

《家政工公约》第 7 条在关于雇佣条件和环境的细则中还对以下内容进行了规定，包括：工作描述，病假或其他个人假期（如适用），加班的工资比例和补偿以及与公约第 10（3）条款一致的规定，家政工享有的其他收入，任何形式的支付及其货币价值，食宿细节，对工人工资的有授权的扣减。

【举例】如何认定家政工雇佣关系的确立？

通过各国订立书面合同的法律规定，可以了解相关做法。

在法国，《关于个人雇主聘用雇工的国家集体协议》第 7 条规定：雇主和工人的协议应落实在书面合同上，应在录用之初或最晚在实习期结束后签署。

在白俄罗斯，所有雇佣合同都必须是书面形式。不过，1999 年劳动法第 309 条规定如果家政工作是短期的（每月最多 10 天），则不必与家政工签署合同。与家政工的雇佣合同必须在签署七日内在所在市备案。

在摩尔多瓦共和国，2003 年劳动法第 283 条规定，与雇主签署的雇佣合同都必须是书面的，并符合所有劳动合同的规定。雇主必须将雇佣合同向当地公共行政部门备案，该部门也会抄送给当地劳动监察部门。

在西班牙，2011 年 11 月 14 日的皇家法令 1620/2011 号第 5 条规定了家政工的雇佣关系确立方式：雇佣合同可以口头或书面订立。如果法律要求某类工作必须订立书面合同，则以书面形式确立。四周及以上固定期限合同必须以书面确立。

另有一些国家的立法没有明确要求签订书面合同，却要求雇主为家政工人提供一份书面细则，详细说明雇佣条件和环境，如奥地利《家政工作和家政工人法》第 2 条第 1 款的"任务书"。南非和坦桑尼亚的立法特点则在于：雇主必须确保以他/她理解的方式向家政工人解释相关条款（如果对方是文盲）。

对于书面合同的格式而言，范本合同是一个帮助工人和雇主通过书面协议将雇佣关系规范化的模板。范本合同是对就业条件及其他事项提供标准规定的条款，各相关方可根据其达成的协议补充或修改条款。

在奥地利，范本合同附在《家政工作和家政工人法》之后。在法国，范本合同是作为全国家政工集体协议的附件。在南非，范本协议是《第 7 号行业决议》的附件。

在中国，《上海市家政服务条例》第十七条（家政服务合同）鼓励用户与家政服务机构或者家政服务人员订立书面家政服务合同，约定服务时间、事项、报酬等内容。鼓励家政服务机构使用家政服务合同示范文本，并将本机构制定的服务规范作为合同的附件。鼓励直接与用户建立家政服务关系的家政服务人员使用合同示范文本。家政服务合同示范文本由市商务部门会同市市场监管等部门制定。《广东省家政服务条例》第十条第二款规定，鼓励家政服务机构、家政服务人员和家政服务消费者通过"南粤家政"综合管理服务平台网签家政服务合同；第十五条规定，员工制家政企业应当依法为与其签订劳动合同、建立劳动关系的家政服务人员缴纳社会保险费。

国际劳工组织自成立至今已经制定的 189 项劳工公约中，包括 8 项核心公约（Fundamental Standard）、4 项治理公约（Governance/Priority Standard）和 177 项技术性公约（Technical Standard）。按照内容，这些公约可划分为涉及劳工基本人权、劳工发展权利和特殊人群权利的三类公约。截止到 2022 年 8 月，中国共批准了 28 项国际劳工公约，包括 7 项核心公约，2 项治理公约和 19 项技术类公约。核心公约中包括《同工同酬公约》《最低就业年龄公约》《禁止童工劳动公约》《就业和职业歧视公约》等，28 项中的 22 项仍具效力。2023 年 7 月 13 日，中国政府向国际劳工组织提交了《2023—2025 年体面工作国别方案》并确立框架，为国际劳工组织和中国促进社会公正和促进人人享有体面劳动铺平了道路。

三、国际家政工的法律地位及保护现状

（一）国际劳工组织关于就业失业的最新报告

2023 年 6 月，国际劳工组织发布了第 11 版《国际劳工组织劳动世界监测报告》。报告指出，2023 年全球失业人数预计为 1.91 亿，相当于 5.3％的全球失业率，低于疫情前水平。低收入国家在恢复过程中仍然远远落后。

（二）国际劳工组织关于《家政工公约》实施十周年的报告及内容

此前，根据国际劳工组织 2011 年第 189 号《家政工人公约》实施十周年报告显示，许多家政工人的工作条件十年来没有改善，而且由于新冠大流行而变得更糟。报告指出，在危机最严重的时候，大多数

欧洲国家以及加拿大和南非的家政工人的失业率在 5％ 至 20％ 之间。在美洲，情况更糟，失业率达 25％ 至 50％。而在同一时期，大多数国家其他雇工的失业率不到 15％。

数据显示，世界上大约有 7560 万家政工人，占全球雇工的 4.5％，他们在新冠疫情期间遭受了巨大痛苦，非正规经济中的 6 000 多万家政工人以及需要他们照顾的家庭成员的处境都受到影响。国际劳工组织总干事表示："这场危机凸显出，迫切需要将家政工作正规化，以确保他们获得体面的工作，首先是将劳动和社会保障法律延伸扩大到所有家政工人予以实施。"

1. 在弥合差距方面

报告指出，公约通过以来已取得了一些进展，完全被排除在劳动法和法规范围之外的家政工人数量减少了 16 个百分点以上。然而，大量家政工人（超过 36％）仍然完全被排除在劳动法之外，这表明迫切需要弥合法律差距。报告说，即使家政工人受到劳动和社会保护法的保护，但实施和解决排斥和非正规化问题仍然存在挑战。报告显示，只有约五分之一（18.8％）的家庭佣工享有有效的、与就业相关的社会保护。

2. 在女性主导方面

家政工作仍然是女性主导的部门，共有 5 770 万名女性受雇，占家政工人的 76.2％。虽然在欧洲、中亚和美洲，女性家政工人占大多数，但在阿拉伯国家和北非，男性家政工人的人数超过女性。在南亚，女性在所有家政工人中所占比例不到一半，约为 42.6％。报告显示，绝大多数家庭佣工受雇于两个地区，其中大约一半（3 830 万）在亚洲和太平洋地区（主要在中国），而另外四分之一（1 760 万）在美洲。根据《世界就业和社会展望：2023 年趋势》预判，由于经济放缓导致"体面就业"的机会不足，由疫情加深的不平等现象将进一步扩大。从不同人群来看，女性和青年在劳动力市场的处境更糟糕。在全球范围内，2022 年女性劳动力参与率仅为 47.4％，而男性劳动力参与率则达到 72.3％。

3. 在工作时间方面

至 2020 年，有 48.9％的家政工人享有与其他工人同等的每周休息权，有 34.8％的家政工人享有同等的每周正常工作时间限制，还有 42.9％的家政工人享有同等的带薪年假权。尽管如此，在家政工人工作时间方面仍然存在重要的法律空白：约有 28％的国家没有限制每周正常工作时间，14％的国家没有规定每周休息的合法权利，11％的国家没有规定带薪年假权。

4. 在最低工资和实物支付方面

自 2010 年至 2021 年，在确保家政工人享有与其他工人同等的最低工资待遇与限制家政工人实物支付方面进展甚微。35％的家政工人享有与其他工人相同的最低工资率，有 29％的家政工人必须以现金形式领取最低工资。在三分之一接受调查的国家中，家政工人要么无法享有平等的最低工资权利（9.3％），要么完全没有最低工资待遇（22.2％）。大约有 4 100 万家政工人不适用最低工资规定。

5. 在社会保障（包括产假和生育津贴）方面

全世界范围内享有所有社会保障项目的家政工人只占 6％，46.5％的人无法享有法定产假，还有 47.6％的人不享有生育津贴。

6. 在法律覆盖率方面

法律覆盖面的扩大仍然存在地区差异。阿拉伯国家和亚太地区的许多家政工人仍然被排除在劳动法之外。相比之下，美洲、欧洲和中亚的家政工人几乎都被法律覆盖，大部分情况下，他们所享有的保障条件也并不比一般工人低。

总体而言，与体面劳动缺失相关的非正规性就业存在着三大来源，即劳动和社会保障法的排斥、劳动和社会保障法的实施不利或未能遵守，以及法律保护水平不足。至于体面劳动的缺失究竟是归于立法还是执法问题？中肯的回答是，弥补立法的空缺要先于缩小执法的落差。

（三）国际劳工组织关于数字化劳动力平台用工的趋势报告

国际劳工组织发布的《2021 年世界就业和社会展望》报告指出，过去十年里，全球范围内的数字化劳动力平台增长了五倍。虽然，数字化平台正在为妇女、残疾人、年轻人以及在传统劳动力市场中被边缘化的人提供新的工作机会，但是，这些平台工人还面临着许多挑战，涉及工作条件、工作的规律性和收入，以及缺乏获得社会保护的机会、结社自由和集体谈判权等。他们的工作时间通常会很长且难以预测。一半的在线平台工作者每小时收入不足 2 美元。此外，某些平台的性别薪酬差距很大。因此，报告呼吁数字化劳动力平台、工人和政府之间进行社会对话和监管合作，这可能逐步带来更有效和一致的方法，以实现以下目标：工人的就业状态得以正确分类，并且符合国家分类系统；算法对于工人和企业具有透明度和责任感；自雇平台工人可以享受集体谈判的权利；通过在必要时扩展和调整政策和法律框架，确保所有工人，包括平台工人，都可以获得适当的社会保障福利；平台上的工作人员可以选择诉诸其所在辖区的法院。

四、中国家政工的法律保护展望

（一）关于《2023—2025 年体面工作国别方案》的介绍

根据《2023—2025 年体面工作国别方案》（又称《中国体面劳动国别计划 2023—2025》，下简称《国别计划》），我国将在"十四五"期间，结合国际劳工组织全球政策框架提出四个优先合作领域：促进充分、包容和高质量就业；促进社会保障体系覆盖工作场所内外；促进实现和谐劳动关系和更好的工作条件；扩大和加强中国的国际交流与合作，促进实现可持续发展目标中体面劳动相关目标。其中，鉴于

《劳动法》没有涵盖到未正式确立劳动关系的劳动者，《国别计划》明确，中国将采取进一步的政策改革和行动，完善国家法律体系。例如，中华全国总工会发布的《关于维护新就业形态劳动者劳动保障权益的指导意见》，不仅将劳动保护扩大到平台工人之外，还要求雇主与不完全符合确认劳动关系的平台工人订立书面协议；在进一步要求雇主提供保险或协助工人获得保险的同时，强调了工会的作用。对包括家政工等在内的"灵活就业人员"劳动者（即包括新就业形态从业人员、家庭作坊型企业和个体经营者），2008 年《劳动合同法》要求所有雇主与其雇员签订劳动合同。然而，虽然现在有更多的城市工人签订了劳动合同，但法律的实施情况各不相同。中国政府会进一步加强对灵活就业人员的社会保障。

（二）中国家政工成就"体面劳动"的法治愿景

据统计，中国目前有超过 3 000 万家政工，90％的人员来自农村地区。有 2 亿家庭至少雇佣过一次家政工。一项对某地近 600 名家政工人的调查显示，10.3％的家政工人没有与企业或雇主签订任何合同或协议，只有简单的口头协议，只有 36.2％的企业或雇主为其工人投保。这意味着家政服务员的劳动权益与社会权利保障，距离《家政工公约》的"体面劳动"目标还存在着相当距离。比较而言，上海是全国率先进行家政立法的城市，近年来，一方面通过实施《上海市家政服务条例》确立家政服务员的权利义务，另一方面运用《家政服务机构信用等级划分与评价规范》促进持有上门证的家政服务员、家政管理人员的规范上岗。2023 年上海将再新增 5 000 名持证家政员，使其累计总数接近 18 万名，并推动完善合同、体检、保险、培训、工作经历、服务评价等六项信息，首批至少覆盖 1 万人。希望通过法律营造、标准创设、信用体系建设等赋能服务改善家政工的生存处境，让家政工可以获得职业价值和生命尊严，获得一个劳动者应享有的基本权利与法律保护。

第六章 家庭文化与教育

引言

孟子是战国时期伟大的思想家、政治家、教育家，儒家的主要代表之一，是继孔子之后儒家思想的另一位伟大代表人物，他继承和发展了孔子的儒家思想，被后人称为"亚圣"。

孟子小时候住的地方靠近墓地，耳闻目染之下，他日常玩耍时经常模仿一些丧事祭拜之类的事情，孟子的母亲觉得这样的环境不适合孩子居住，就把家搬到了临近集市的地方。住到集市附近后，孟子很快又在玩耍时模仿商贩的叫卖，孟母又觉得这样对孩子不利，于是选择再次搬家。这一次，孟母将家搬到了一个临近学校的地方。孟子在这里玩耍时，游戏间不知不觉带入了正规的礼仪。于是，孟母就决定在此长期定居。后来孟子成了受人尊敬的大学问家。

孟子的母亲为了教育孟子成人成材，选择适合孩子的成长环境，三次搬家，这就是孟母三迁的故事。孟母管束甚严，其"孟母三迁""孟母断织""不敢去妇"等故事，成为千古美谈，是后世母教之典范。

家庭教育是一切教育的基础，而家长又是家庭教育的责任人。孟母三迁的故事，体现了家庭文化、家庭教育的重要作用，以及环境对孩子成长的重要性。

本章学习目标

1. 掌握人生不同发展阶段家庭教育的特点及内容。

2. 熟悉家庭文化对人生不同发展阶段的影响。

3. 了解现代家庭文化和家庭教育的内涵及内容。

第一节　家庭文化和家庭教育概述

一、家庭文化与家庭教育的内涵

（一）家庭文化的内涵

1. 文化的含义

"文化"是一个汉语古典词，由"文"与"化"组合而成，是"人文化成""文治教化"的简称。近代以来，"文化"一词又被借以翻译西洋对应词，从而被赋予了新的内涵。

"文"原指各色交错的纹理，后引申为包括文字在内的各种象征符号，又具体化为文书典籍，文章礼乐制度，也引申为修饰、人为加工之意。"化"指二物相接，其一方或双方改变形态性质，由此引申出教化、教行、迁善、感染、化育等意义。文与化配合使用，首见于《易·贲·象传》：观乎天文，以察时变；观乎人文，以化成天下。这种"人文化成"的设想，是中华先哲对"文化"的理解，形成一种区别于"神文"倾向的"人文"倾向。"文化"构成整词，始于西汉末年经学家刘向的《说苑·指武》："凡武之兴，为不服也，文化不改，然后加诛"。这是在与武力相对应的意义上使用"文化"一词。

"文化"获得现代义，是在日本人以此词对译西洋术语的过程中开始的。19 世纪中后叶的"明治维新"期间，日本大规模译介西方学术，其间多借助汉语字词意译西洋术语，而选择"文化"对译 Culture 一词便是一例。由此，"文化"在汉字古典义的基础上，注入了来自西方的新内涵。

在学科分野日益细密达于极致的现代社会，"文化"是少数具有强大整合力的概念之一，其组词功能十分强大。物质文化、制度文化、行为文化、精神文化，乃至家庭文化、学校文化、企业文化等人化现象，都可统合在以"文化"为词根的众多词组群中，流行于人们的口头和笔端。

文化的本质内涵是自然的人化，是人的价值观念在社会实践中对象化的过程与结果，包括外在文化产品的创制和内在心智、德性的塑造，因此，文化分为技术系统和价值系统两大部类，前者表现为器用层面，是人类物质生产方式和产品的总和，构成文化大厦的物质基石；后者表现在观念层面，即人类在社会实践和意识活动中形成的价值取向、审美情趣、思维方式，凝聚为文化的精神内核。这两者便是通常说的物质文化（或曰器物文化）和精神文化（或曰观念文化）。介于两者之间的，还有制度文化和行为文化，前者指人类在社会实践中建构的各种社会规范、典章制度，后者指人类在社会交往中约定俗成的风习、礼俗等行为模式。文化可分广义文化和狭义文化，广义文化包括物质、精神、制度、行为四层面的文化；狭义文化是广义文化在观念领域的显化，例如科技、教育、文学、宗教、传统习俗等。

2. 家庭文化的含义

家庭文化属于社会科学范畴，是家庭价值观念及行为形态的总和，现代的家庭文化是指家庭的物质文化和精神文化的总和。

中华民族历来重视家庭文化。古代虽没有家庭文化这个概念，但家教、家训、家规、家诫、家礼、家书、世范等有关家庭文化的著作却很多，家庭文化所涉及的内容也相当广泛。如我国南北朝时期著名教育家与文学家颜之推所著的《颜氏家训》，其所涵括的家庭文化内容就有"教子、后娶、治家、风操、勉学、文章、涉务、止足、养心、音辞和杂艺"等共 20 个项目。清代学者朱柏庐的《朱子家训》篇幅虽短，但也涉及修身、治家、做人、家教、家规及家人与国家的关系等广泛内容。从现代文化学的观点看，古代家庭文化所涵括的内容是很广泛的，至于有缺乏系统性、理论性的缺点，那是因为还没有形成一门完整学科的缘故。

在现代社会中，家庭是社会最基本的细胞，是最重要、最核心的社会组织和经济组织，还是人们最基本、最重要的精神情感家园，家庭的健康可持续发展是社会与国家稳定发展的基石。家庭作为构成社会的一个最基本的单位，承担着人口的再生产功能、教育功能、赡养老人功能，以及对新的劳动主体再生产的期待。从本质上说，家庭就是为明天生产的劳动主体生命和生活的结合体。换言之，家庭就是人类通过劳动主体的生产（出身）—发展（培养）—维持（生命与生活的再生产），来维持自身与社会的生存。人的生命的生产和生活资料与方式的生产实际上就是一种文化生产。

家庭文化的基础和核心就是价值观念、价值取向和思维方式。家庭文化的价值观念和思维方式又体现在每个家庭的生活方式中，是一个家庭在世代承续过程中形成和发展起来的，较为稳定的生活方式、生活作风、传统习惯、家庭道德规范以及为人处世之道等。同时，家庭文化是建立在家庭物质生活基础上的家庭精神生活和伦理生活的文化体现，既包括家庭的衣、食、住、行等物质生活所体现的文化色彩，也包括文化生活、爱情生活、伦理道德等所体现的情操和文化色彩。

（二）家庭教育的内涵

家庭教育的界定是理解家庭教育内涵最基础、最核心的部分。在社会学、教育学等学科中，家庭教育是一个比较模糊的概念，对于家庭教育是什么和怎么样的，缺乏全面的解释。随着社会的变迁，我国家庭教育的概念也在发生着重要的变化，总体趋势是内涵日益深入，外延不断扩展。

陈建翔指出，中华人民共和国成立的前 30 年，我国家庭教育相关的研究较为匮乏，对家庭教育概念还没有明确的认识和界定。自 1978 年我国实行改革开放以来，有关家庭教育的相关研究才逐渐进入公众的视线。其中，1979 年版《辞海》对"家庭教育"的定义是"父母或其他年长者在家庭里对儿童和青少年进行的教育"。1985 年版《中国大百科全书·教育》对"家庭教育"的定义是"父母或其他年长者在家庭内自觉地、有意识地对子女进行的教育"。1988 年，赵忠心在《家庭教育学》一书中对"家庭教育"的定义是"家庭教育是指在家庭生活中，由家长即家里的长者对其子女和年幼者实施的教育和影响。这种教育实施的环境是家庭，教育者是家里的长者，受教育者是子女或家庭成员中的年幼者。"从以上定义可以看出，这一时期的"家庭教育"概念更多是指晚辈向长辈学习，是一种单向的家庭教育，这体现了前喻文化时期的家庭教育特点。

从 20 世纪 90 年代开始，随着我国工业化、城市化、科技化的不断发展，家庭教育事业也得到了有力的推动。新的教育理念得到了普及和渗透，悄然改变着传统家庭教育的观念和行为方式。在这一时期，越来越多的学者开始对家庭教育的概念进行研究和界定，如顾明远在《教育大辞典》中对"家庭教育"的界定是"家庭成员之间的相互教育，通常多指父母和其他年长者对儿女进行的教育"。缪建东在《家庭教育社会学》一书中指出："家庭教育是人类的一种教育实践，是在家庭互动过程中父母对子女的生长发展所产生的教育影响。广义的家庭教育既包括家庭教育家长对子女的教育，又包括子女对家长的教育，甚至包括双亲之间、子女与子女之间、子女与祖辈之间相互产生的教育影响。狭义的家庭教育是指父母对子女所形成的影响。"关颖在《社会学视野中的家庭教育》一书中提出："家庭教育是家庭中主要亲子互动为中心的教育活动，父母在作为教育的主体按照一定的期望和目标，以一定的教育方式教育和影响孩子的同时，也作为受教育的客体从孩子的言语行为中获得影响和教育。"从以上概念的理解可以看出，这一时期的"家庭教育"拓展了"教育者"和"被教育者"的关系向度，开始强调家庭教育是一种"教学相长"的过程，体现了并喻文化的家庭教育特点，并且初显后喻文化的特点。

进入 21 世纪以来，我国进入了加速进行社会主义现代化建设和全面推进小康社会的新纪元，我国在各项事业上都取得了重大进展和突破。研究者们在前人的基础上，对家庭教育概念的认知有了进一步拓展与深化。李天燕在《家庭教育学》一书中指出，现代家庭教育是直接和间接的统一。其中，间接的家庭教育是指"家庭环境、家庭气氛、父母言行和子女成长产生的潜移默化和熏陶"。缪建东在《家庭教育学》一书中提出："家庭教育不再仅是家庭内部的事情，而是关乎整个社会的发展；不再仅限于帮助子代获得独立生活的能力，而是促进家庭所有成员的身心健康及家庭关系的和谐美满；不再局限于人生的某个阶段，而是贯穿了人一辈子的过程。"从以上概念可以看出，这一时期的家庭教育更加强调"人与环境的互动""人在情境中"的视角，将家庭教育的内容和教育影响由确定的内容扩展到不确定的、随机性的、生活化的环境的综合影响。

2010 年以来，随着大众传媒的迅速发展与普及、全球化的影响，以及总书记在各种场合多次提到要注意家庭、家教、家风。家庭教育被提高到了国家宏观政策的战略高度，引起了政界、学界的普遍关注。家庭教育相关的研究开始成为热点，关于家庭教育概念界定的讨论和研究也越来越多，有关家庭教育的研究开始向更深层次发展。例如，陈建翔在《新家庭教育论纲：从问题反思到概念迁变》一文中，详细总结和分析了我国近年来对家庭教育概念存在的几种理解及其不足，并在此基础上提出了"新家庭教育"的概念和主张。他认为，对家庭教育概念的理解应至少包含三个层次：第一，家庭教育包括"来自家庭成员的全部能动的教育";第二,家庭教育包括"人所接受的全部现实存在的教育";第三,家庭教育还包括"人所接受的全部内在的历史的教育"。以上三个层次的内容体现出了家庭教育的主体性、渗透性和深远性,拓展了家庭教育的内涵。综上所言,近十年中,关于家庭教育概念的研究体现了家庭教育固有的复杂而深远的因果连接,强调了家庭成员受横向和纵向因素的深远影响。

回顾和梳理改革开放四十余年的研究历程,可以看出,学者们对"家庭教育"概念的认知,显示出不断拓展、创新的活力和无限可能性。从最初的父母对子女的单向教育,到家庭成员之间的相互影响,再到家庭中纵向因素和横向因素的综合影响,可以发现,公众对这一概念的认知恰好体现出了传统的家教观和现代的家教观内涵的变化。传统家庭教育比较重视单向的、阶段性的、显现的、常规的、说的教育。而现代家庭教育越来越注重隐性教育资源的建设和打造,如家庭的人文环境、气氛、人际关系,社会环境中的文化价值、态度、习惯、礼仪、信仰、偏见和禁忌等,更关注家长、长辈或年长者自身"做"的教育,同时注重孩子潜能的挖掘和终身可持续发展。

与传统的单向教育不同,现代家庭教育更多强调家庭成员之间相互的知识传授、情感交流和文化影响活动。现代化家庭教育具有文化习俗传承的原生态性、教育与被教育对象角色转化的多样性、家庭成员持续集体学习的终身性。

二、家庭文化的特点和功能

(一) 家庭文化的特点

1. 家庭文化具有时代性

从时间的角度看,任何文化都是特定时代的产物,也必然要打上时代的印迹。时代性的产生原因主要是生产力的发展、社会环境的改变、认识能力的提高、审美观念的变化等。例如在我国古代，受到生产力水平所限，婴儿的出生死亡率极高，受到这种情况的影响，家长给儿女取贱名成为当时的一个家庭文化现象。因为在人们的观念中，儿女取贱名容易养活，于是以"奴""婢"等字作为名字的比比皆是。新中国成立后，在某些偏远乡村，还能发现叫"狗蛋""狗剩"的人。改革开放以后，随着经济发展，家庭生活水平的提高，父母为子女取名就很少有这样的现象了。相反，人们对时代的变化充满着无限的希望，名字为"爱国""爱民""鹏程"等颇为流行，而伴随着外来文化交流的频繁，"莎莎""娜娜""安琪"等音译外语名也成为人们取名的一个来源。

家庭文化本身是历史的产物，家庭文化随着历史发展而发生变化。以女性在家庭文化中的地位变化为例，在母系氏族时期，人们按照母系血缘分成若干氏族，每个氏族都以图腾或者居住地形成相互区别的家庭。在封建时代，宗法制下的家庭具有大家长制度，家庭事务是由大家长管理一切的，大家长只能是男人，家中女子出嫁意味着永远被开除出宗族，同时女子还受到三从四德等规则的约束，《列女传》《女诫》等成为封建社会女子规范的标准。近代以来，中国开展了妇女解放运动，1921 年指称女性的第三人称代词"她"字出现，表明了家庭文化时代的文明进步。中华人民共和国成立后，在宪法中明确指出男女平等，女性的教育权、工作权日益受到保障，家庭文化发展得更加和谐。

2. 家庭文化具有社会性

家庭是社会的细胞，文化的社会性是指文化不能脱离社会而孤立生存的属性，家庭文化和社会文化是相互影响和交流的。一方面，家庭文化受到社会文化的影响。例如在东西方社会中，对于家庭成员关系紧密度的认知不同，东方社会中家庭人员之间的关系更为紧密，存在大家族的概念，西方社会中家庭人员关系相对更为独立。另一方面，社会文化是由家庭文化多元组成的。例如中华传统美德中的孝文化，家庭文化中提倡尊重长辈，赡养老人，推而广之，社会文化中也有尊老、敬老的文化传统，例如"老吾老以及人之老"，不仅关心自家的老人，也要力所能及地帮助社会上有困难的老人。

不同社会及同一社会的不同发展阶段有不同的整体社会家庭文化；在同一社会中，每个家庭由于其所处的社会阶层及环境等不同，也各有其独特的小家庭文化。个人处在家庭中，学习家庭角色，吸收家庭文化，渐渐养成特殊的能力，衡量自身家庭文化在社会整体文化中的地位，这是个人社会化的过程，也是个人形成独特人格特征的过程。

3. 家庭文化具有自发性

自发性的家庭文化是社会精神文化的重要组成部分，家庭成员通过娱乐活动、传承物件、节庆仪式等载体，以各种文化表达形态展现家庭文化。家庭文化是家庭成员在价值观念的影响下自发形成的，不同的家庭具有不同的家族发展历史，因此形成了各具特色的家庭文化。家庭中重大事件的发生，例如新生儿诞生、孩子离家工作、老人离世等，都会对家庭成员的心理产生深刻影响，面对这些事件，家庭成员选择的处理方式和对待态度，对家庭文化的形成和发展起着至关重要的决定性作用。

家庭文化的自发性是其规律，不可改变，但是自发性包含盲目性。虽然自发性缺乏理性，但不代表没有理性，避免家庭文化的盲目性，需要家庭成员、媒体新闻、社会文化工作者等多方的积极引导。如何将家庭文化与社会文化沟通交流，如何把蕴含在这种家庭文化中的情感美、艺术美、时代美有效地发掘出来，需要家庭成员和社会各界积极关注、不懈积累、不断创新，引导自发性的家庭文化向善向美，成为社会文化中的亮丽风景线。

4. 家庭文化具有归属性

家庭是避风的港湾，家庭成员的关系是否良好，影响着一个人的幸福感和归属感。家庭成员还可以根据各自的爱好和兴趣特点开展家庭活动，例如家庭旅行、节日聚餐、生活庆祝等，通过丰富多彩的形式增强家庭归属感。

家庭文化的归属性是家庭文化的黏合剂，可以把家庭成员紧紧地黏合、团结在一起，让他们在重大事件发生时协调一致，互为支持。和谐的家庭关系可以发挥压力缓冲、社会支持等作用，帮助家庭成员更好地适应社会生活，更好地面对困难和解决问题。

（二）家庭文化的功能

1. 塑造功能

从家庭文化的创造过程中看，一方面，家庭文化是由家庭成员共同培育的结果，是人为的塑造过程，另一方面，正是家庭文化将自然人塑造为真正的社会人，自然人一旦脱离家庭生活环境，接触不到家庭文化，就会缺乏对于情感、关系等家庭概念的认知，即使通过其他方式进行弥补，也很难达到完全相同的文化塑造功能。

在个人的成长过程中，家庭文化的塑造功能对于个人性格的影响是潜移默化的。家庭是性格形成的温床。首先，父母的基因会遗传给孩子，上一代人的性格特点就会遗传给孩子。其次，性格的形成还需要长期的培养，不是一朝一夕形成的。动力精神学认为，人在性格养成期会因为外界的刺激，孩子和家长的互动模式不同，而在大脑里形成不同的神经元回路，以后遇到同样的刺激，就会自动启动同样回路。

家庭文化的塑造过程长期地、持续地对家庭成员产生影响。无论是积极还是消极的文化影响，家庭文化的影响都会从量的积累，发展到质的变化，从而发挥家庭文化的塑造功能。例如一个知书达理的妈妈，孩子做错事，妈妈会采用宽容的态度，讲道理给她听。同样的，她也会这样要求孩子和影响孩子，那孩子遇到别人做错事，就会采用温和宽容的态度对待别人。

2. 凝聚功能

家庭文化的凝聚功能，是指家庭文化对于家庭成员的吸引力、亲和力、向心力，它使得家庭成员基于共同的文化背景产生互相认同感，从而有利于维护和发展家庭生活。特定的家庭文化，反映着家庭的社会实践和精神生活历程，成为家庭成员的生命底色。

每当春节、中秋节等团聚时刻，远在外地甚至外国的游子，总是心怀漂泊之感，当他们遇到来自同地域的朋友，都会产生发自内心的亲切感；在社会上，一些在外漂泊的人们会主动组成老乡会、同学会等团体，这都是家庭文化在社会生活中的延伸与表现。

家庭文化的凝聚功能在家庭成员遇到问题与困难时体现得尤为明显。例如当家庭成员生病时，其他家庭成员会通过物质支持、精神支持等方式，力所能及地给予他帮助；当发生家庭成员去世的重大事件时，其他家庭成员会通过举行葬礼，共同祭奠等方式寄托哀思，共度艰难，这些都是家庭文化凝聚功能的体现。

3. 教育功能

家庭文化的教育功能可分为狭义教育功能和广义教育功能，狭义教育功能是指家庭文化在启迪孩子智力，增强孩子见识，提高孩子认识世界、改造世界能力方面所起到的独特作用，广义教育功能是指家庭氛围的耳濡目染对于全体家庭成员潜移默化的影响与指导作用，所谓"近朱者赤，近墨者黑"。

在狭义教育功能方面，教育功能的涉及内容非常丰富，一方面，教育功能要促进孩子成人成才，即德、智、体、美、劳全面发展，具备符合社会要求的道德水平、思想境界、文化底蕴、专业技能、创造精神及适应能力，成为专业基础扎实、实践能力强、综合素质比较高的专业人才。另一方面，教育功能还要促进孩子树立科学的三观，帮助孩子正确认识社会、适应社会，能正确处理个人与社会、个人与集体、个人与国家的关系，及学习和生活中遇到的问题和困难。

在广义教育功能方面，家庭文化要树立终身学习的观念，人的认知功能是可以不断学习与进步的，随着社会的发展和现代教育精神的渗透，越来越多的父母感受到家庭教育的核心不是指向孩子，而是指向父母本身，父母的自我成长才是家庭教育成功的关键。通常而言，有什么样的父母就会有什么样的孩子。要想让孩子成为最好的人，有幸福的人生，父母就要从自己做起，带着孩子开启新的里程。而营造良好的家庭教育生态系统，最重要的是父母从自我改变、自我成长开始，树立成长型思维，做积极父母和优势父母。

4. 审美功能

家庭文化为社会审美教育功能提供基础。家庭文化的审美功能的主要作用是培养家庭成员具备正确的审美观念与鉴赏美、欣赏美、创造美的能力。家庭文化是现代文化社会精神传承的主要因素，在建设精神文明文化的过程中，其可起到良好的帮助与推动作用。同时，家庭文化的构建对于现代社会的审美教育工作而言，也会发挥重要影响。

家庭成员在参与文化活动、娱乐活动、参观游览、阅读交流、学习交流的过程中，可以有效开发智慧、开拓见识、陶冶身心、强身健体，并且还可以有效提高其个人的思想、观念、理念等，同时还可以帮助自身树立正确的价值观、世界观、审美观，并为知识的传播与文化的普及提供良好的帮助作用，基于优秀家庭文化形成的良好家风，对于社会的文化水平提升与审美意识的提高也有着良好的帮助作用。

审美功能让人们在家庭生活中受到的美感与满足感，一方面，审美功能能够更好地促进和提高现代人们的生活质量，使人们在娱乐与休闲的过程中达到审美教育的目的。另一方面，家庭文化的审美功能可以使人们愉悦感官、陶冶情操、提高审美观念，促进良好家风家教的形成。

三、影响家庭教育的主要因素

（一）家庭结构

按照家庭中的代际数量和亲属关系的特征，可以将家庭划分为夫妻家庭、核心家庭、主干家庭、联合家庭等类型。一般而言，家庭人口越多，家庭的结构可能越复杂，出现家庭矛盾的可能性越大，家庭管理也就越难。在核心家庭中，如果夫妻能保持一致的教养理念，就能较为顺利地实践家庭教育。而在主干家庭中，因为家庭规模较大，家庭关系往往比较复杂，容易有较多的家庭矛盾。如果祖辈和父辈在思想观念、生活经历、教育程度方面存在很大不同，可能会在孩子教育问题上产生明显差异，甚至形成相互矛盾的教育要求，从而抵消或削弱家庭教育的效果。同时，主干家庭的家庭教育也有在家庭结构上更完整，家庭角色众多，家庭成员构成完善，其晚辈或子女所受到的家庭教育来自多个不同的家庭角色等优势。这些不同的家庭角色所拥有的知识类型、价值观念、文化水平等方面差异性很大，能使受教育的子女或晚辈有更多的机会获得丰富的教育内容与方式，对其成长有较好的促进作用。总之，家庭成员的构成、规模、角色分工等都会影响到家庭教育的开展。

（二）家庭关系

家庭关系是指一个家庭中家庭成员之间的关系，如夫妻关系、亲子关系、婆媳关系等，它体现出家庭成员之间的联系方式和互助方式。对于具体的家庭来讲，家庭关系与家庭结构有密切关系。家庭关系的复杂程度取决于家庭结构的类型和家庭人数。家庭规模越大、家庭中的代际越多，家庭关系的数量越大，家庭关系越复杂。有一个公式可以用来表达家庭关系的数量和家庭人口数的关系：

$$N = (X^2 - X)/2(N \text{ 为家庭关系数，} X \text{ 为家庭人口数})$$

上述公式表明，家庭中关系的数量与家庭人口数成正向关系，家庭规模越大，家庭关系数量将越多，家庭关系就可能越复杂。

家庭成员之间的关系、家庭生活的气氛对于未成年的孩子来说，影响作用尤为重大。

（三）家庭教养方式

家庭教养方式，是父母在家庭中教育子女所表现出的行为模式，具有相对稳定的风格。家庭教养方式的类型大致可以分成六种，即支配型、专制型、溺爱型、放任型、忽略型和民主型。其中，支配型、专制型、溺爱型、放任型、忽略型的教养方式对家庭教育可能产生消极影响，而民主型的教养风格是较为科学的教育方式，对家庭教育有着较为积极的影响。家庭教养方式对于子女发展的学习、生活各方面均有重要影响，体现在认知与非认知能力发展、心理健康水平以及问题行为等方面。虽然不同研究的结论并不完全一致，但是多数研究发现，无论是在哪个国家，积极的教养方式均对子女学业表现具有显著正向影响，消极的教养方式则对子女学业表现具有负向影响，主要原因在于良好的教养方式能够给予子女情感支持、行动解释和平等沟通，从而促进子女的安全感、自主性和社交能力的发展。针对学习投入的研究发现，父母积极的教养方式（如父母民主、宽容、赏识和鼓励）可以提高学生的学习兴趣，促进学习投入；而父母消极的教养方式（如责骂、专制、严厉和干涉）则易引发学生的不良情绪，导致学习倦怠。

（四）家长素质

在实施家庭教育的过程中，家长往往处于主导地位，家长的素质直接影响到家庭教育的质量和效果。家长的素质主要包括道德素质和文化素质。家长的道德素质影响家庭道德教育的质量，并最终影响孩子的道德素质。家长的道德素质是孩子道德品质形成的重要条件，制约着孩子道德认识的提高、道德情感的熏陶、道德意志的锻炼和道德行为的养成，家长的道德素质影响着孩子为人处世的方式，是影响孩子行为的重要因素。

家长的文化素质对家庭教育有重要影响，影响着家庭教育的内容形式和方式的选择。有良好家庭文化素质的家长会比较注重自身修养的不断提升，注重自身的成长，可以为孩子提供更多教育内容和方式，选择更丰富。与此同时，具有良好文化素质的家长在教育方式上倾向于更加尊重孩子、更加民主、更加现代化，在教育内容的选择上，会在家庭文化氛围的创设上更加理性和用心。而文化素质相对较低的家长则往往缺乏必要的相关教育知识和观念，教育方式较为盲目，进而阻碍家庭教育的正常进行。

（五）家庭经济

经济因素在家庭教育中是一个基础性因素，具有重要的影响。家庭经济因素对教育的影响范围广、程度深、时间长，家庭经济实力影响着家庭对孩子的教养方式、教育工具、教育类型等方面的选择。一般来说，家庭经济能力较强的家庭能为孩子提供一个更加充足的物质基础，能为开展各种形式的家庭教育打下良好的物质基础。而家庭经济能力较差的家庭难以为孩子提供良好的物质基础，家庭消费主要集中在日常生活需要上，对子女的家庭教育支出较少，较难为孩子提供优质的家庭教育环境基础。在同等条件下，独生子女的家庭可以享受更多资源，两个或两个以上子女的家庭在资源的享受上相对较少。

四、家庭文化和家庭教育的意义

（一）家庭文化的意义

1. 家庭文化决定家庭氛围

家庭文化的重要性体现在其最大受益者或受害者是家庭的每一个成员，一个家庭有什么样的家庭文化就会有什么样的未来，有什么样的结果。一个良好的家庭文化，对保持家庭发展的生命力与稳定的持续力起着积极的推动作用。

家庭文化是一个家庭在世代承续过程中形成和发展起来的较为稳定的生活方式以及生活作风，还有传统习惯和家庭道德规范以及为人处世之道等。是建立在家庭物质生活基础上的家庭精神生活和伦理生活的文化体现，既包括家庭的衣、食、住、行等物质生活所体现的文化色彩，也包括文化生活、感情生活、伦理道德等所体现的精神情操和文化色彩。

家庭文化是一个复杂的文化，是自然人成长的源文化。所有的外界言语影响都会对家庭文化产生影响。家庭文化在与时俱进中发展完善。从古至今所谓的祖训、家训、家规、家教、家风等都是家庭文化的延续和传承。

家庭文化具有融合作用，任何外界的影响，都会在家庭文化中消化。而消化的结果，也直接会对家庭文化传承者（下一代）产生影响。长辈们对于事情的态度和看法，不只是家庭文化的一部分，也会是下一代的看法和态度的基础。此外，家庭文化还包括衣食住行的各个方面，这些也都是家庭文化传承的基础。

2. 家庭文化影响人格形成

家庭文化是社会文化的重要组成部分，是家庭历代成员共同创造与传袭下来的。由于婚姻和血缘的关系，家庭文化对家庭成员的社会化具有独特的功能，它具体表现在对家庭成员的教育、导向、情感渗透和其他方面.

父母是孩子的第一任导师，孩子在成长的过程中，大部分的时间都是与父母相伴的。父母的言行举止和思想观念，对一个人的成长有着深远的影响。有的人到了中年，才猛然发现，原来前面走过的路都不是自己喜欢的路。

父母给孩子传递的信息，就是人们常说的原生的家庭文化。孩子的性格、观念和认知，都是在家庭文化中塑造起来的。如果孩子的父母不注重"家庭文化"的构建，对孩子的成长来说，那将会是一个很难逾越的情感障碍。

父母的态度，会影响孩子的性格。如果父母在面对孩子的时候，不注重自己情绪的控制，往往会影响孩子的性格。孩子的性格是受后天因素影响的，而家庭文化就是塑造孩子性格的土壤。理智的父母和情绪化的父母，带出来的孩子性格一定是不一样的。前者活泼开朗，后者性格暴躁。

不同的家庭文化造就了孩子不同的性格，好的性格会给孩子未来的生活加分。暴躁而任性的性格，往往会让孩子在生活中遇到很多的麻烦。有的人一路"坏脾气"到了中年，在无数次的打击后才幡然醒悟。

父母塑造的家庭文化，不仅能够影响孩子的性格，对孩子的观念也有直接的影响。孩子在最初成长阶段，对外部的事物是没有任何偏见的，而决定其偏见的往往是父母的观念。父母的三观会深深影响成长阶段的孩子。比如在孩子交朋友方面，小孩子交朋友完全是凭感觉，并不会戴着有色眼镜去对待小朋友。而孩子的家长往往会站在大人的角度，让自己的孩子去选择性交朋友，强行引导孩子交友观念，把自己的孩子过早社会化了。这是孩子成长道路上应该避免的障碍。

父母把自己年轻时没有实现的理想转嫁给孩子，会严重影响孩子的人生经历。人往往在年轻时辛苦奋斗，依然找不到自己的奋斗方向，无法真正发挥自己的能力，到了中年历经坎坷，才幡然醒悟明白自己最擅长什么。而这些弯路往往都是源自父母观念的影响。父母的这种做法，往往会影响孩子对自己兴趣和理想的探索，无法发挥出孩子真正的潜力。

父母要正确认识家庭文化。父母要想塑造一个好的家庭文化，必须摆脱过去的传统教育观，正确认识自己的孩子，把孩子当成一个独立的个体看待。在孩子成长阶段，过早将孩子社会化，对孩子的成长有害而无益。父母的社会化观念，往往会成为孩子年轻时候的"情感障碍"。

孩子的成长过程也是一个探索自我的过程，如果父母强行把自己的观念和意志传递给孩子，也就剥夺了孩子探索自我的机会。一个孩子如果失去了探索的权利，那么他就很难找到自己的兴趣点在哪，也无法发挥出自己真正的潜力。作为父母要给孩子提供一个良好的成长环境，不要过多干涉和影响孩子的理想和认知。孩子有孩子的理想，父母未实现的理想未必就是孩子喜欢的。如果把自己的遗憾强加到孩子的身上，那么这个遗憾有可能会被孩子"继承"。怎样才能不随意干涉孩子的理想和认知，是每个父母该认真思考的问题。

3. 家庭文化构建社会文化

中国人一向重视家庭氛围及其在家庭教育中的作用，许多中国传统的价值观念甚至远扬海外，被认为是华裔学生取得杰出成就的主要原因。事实上，获得较高教育成就的海外华裔学生，常来自传统文化价值观较明显，并且与时俱进不断完善家庭文化的家庭。

而每个家庭文化在与外界交流时，也会对外界传播和流行的文化产生影响。千千万万家庭文化的互相交融，也是一个地区乃至国家文化形成的基础。因此，家庭文化的生命力，也是一个很重要的特性。

家庭文化有纵伸和横展两维，纵伸就是家庭文化的代代传承，而横展就是家庭文化的传播者，伴随着与外界的交流传播，构成了丰富多彩的社会文化。

因此，家庭文化对于个人和社会都有重要的作用。大多数家庭都能不同程度地意识到家庭文化的作用，但很少有家长从文化角度思考家庭文化的功能。实际上，家庭文化对孩子的影响是巨大的。要不断提高家庭文化建设的水平，充分发挥家庭文化的作用。每个家庭都有自己独特的家庭文化，这种文化时刻影响着孩子的习惯、行为方式，为孩子的健康成长营造优秀的家庭文化。正如教育家马卡连柯所说："你怎样穿衣服，怎样和别人谈话，怎样谈论其他人，你怎样表现欢欣和不快，怎样对待朋友和仇敌，怎样笑，怎样读报——所有这些对儿童都有很大的意义。"因此，父母高尚的情操和文明的举止，会深深感染孩子，从而促使家庭心理氛围积极向上。

而一个家庭的全面卓越，需要几代人呕心沥血的苦心经营。没有强大的凝聚力和向心力，没有良好的家庭文化，很难培养出各方面都非常优秀的人。这就是为什么很多优秀的人都出自良好家庭的原因。心理学研究表明，在道德判断和价值定向方面，父母与子女的相关系数为 0.55。孩子思想品德素质正处于形成时期，可塑性强，孩子和父母生活在一起，耳濡目染，父母的一言一行都起着潜移默化的教育作用，对孩子影响非常深刻。

家庭文化氛围构成家庭文化的无形部分。家庭文化世代相传并与时俱进。家长要不断提高自身素养，包括提高思想修养、文化、艺术及心理素质。要营造学习型家庭的氛围，家长的学习态度、学习精神及学习成效，就是孩子的榜样。父母的心理素质对家庭心理氛围影响极大，孩子成长中遇到困难时，父母情绪稳定、积极乐观、对家庭有责任感、对孩子有信心，实际上就已经为孩子营造了一种良好的家庭心理氛围。

(二) 家庭教育的意义

家庭、学校、社会三者构成了个体成长过程中最重要、最基本的三大要素，三者相互关联、相互结合、相互作用，构成了个人教育的一项系统工程。在这项系统工程中，家庭教育是学校教育和社会教育的基础，是贯穿一个人终身性的社会化教育过程，具有非常重要的积极意义。

家庭教育的意义可以从对教育事业，对社会，对个人发展这三个层面来阐述。

1. 家庭教育是教育事业的有机组成部分

个体一生中都要接受家庭教育、学校教育和社会教育，家庭教育是我国大教育的重要组成部分之一，是人生教育的重要组成部分，也是学校教育与社会教育的根基，有着重要的地位并发挥着巨大的作用。

2. 家庭教育是培养社会人的重要场所

家庭教育对人的教育是从最基本的吃、喝、拉、撒、睡、喜、怒、哀、乐起，到劳动、社会交往、文化知识、人情世故等无所不包，凡是父母掌握的知识和社会生活经验，都会毫无保留地、无私地通过家庭教育传授给自己的子女和其他后人。同样，凡是家庭成员所获得的新知识、新经验，都会感染、影响其他家庭成员。个体在长期家庭教育的基础上形成一定的价值观和特定性格，并参与到社会生活中。受过良好家庭教育的人，能以积极的态度和行为融入社会生活，与人和谐相处，能在社会上发挥积极的作用。

3. 家庭教育是个体社会化的最初摇篮

家庭是婴幼儿成长的摇篮，是孩子出生后社会化的第一个重要场所。家庭教育是个人社会化的核心空间，是价值观念、文化禀赋、生活习惯、社会功能构建与成长的主要场域，家庭教育又是社会成员非正规学习的主要场所。家长是孩子第一个启蒙老师，家长的价值观念、人生态度、言行举止都会孩子产生深远的影响，这是对个体社会化的启蒙，可以让生命个体更好地理解并遵守社会群体组织的行为规范，为个体较好地融入社会群体组织提供了保障。

第二节　家庭文化和家庭教育的内容

一、现代家庭文化的内容

（一）家庭的组建

家庭是由血脉联结而形成的，是人类进化过程中的自然选择。家庭成员平等互助，繁衍生息，家庭的责任感、归属感让家庭成员始终在自主学习完善自我，追求同舟共济的共同发展。

（二）家庭成员的关系

家庭成员的关系包括姻亲、血亲与收养关系。一个家庭最初是由男女婚姻关系而构建，后来才衍生出父母子女、兄弟姐妹等其他家庭关系。

（三）家庭教育

家庭教育植根于家庭，是学校教育和社会教育的基础。对于未成年人，父母是其人生的第一任老师，对其一生具有巨大影响。家庭教育又是终身教育，伴随着子女从自然人到社会人的全过程。在不同的生命阶段，家庭成员共同生活，彼此相互学习，不断成长，因此家庭教育还发挥着引导和陪伴的教育作用。

（四）对老人的赡养

赡养自己和配偶的父母，是每个家庭成员的义务。根据老年人权益保障法和民法典的相关规定，赡养人的赡养义务是指对老年人经济上供养、生活上照料和精神上慰藉以及照顾老年人的特殊需要。

（五）家庭成员的健康文化

努力实现每一个家庭成员的健康是家庭幸福的重要保障。家庭成员的健康问题受文化和生活习惯影响很大，良好的家庭健康文化有利于家庭成员的身心健康。

（六）家庭成员的饮食文化

饮食是人类维持生命的基本条件。随着人民物质生活水平的不断提高，家庭饮食正从吃得饱向吃得好、吃得科学、吃得营养方面发展，这需要家庭成员掌握一些关于营养、烹饪、食物选购、贮藏等方面的知识，以提高家庭饮食质量和食品安全意识。

（七）家庭成员的服饰，家庭的设施和装潢

服饰包括衣服、鞋帽及首饰皮包、手表等，其与家庭设施和装潢共同体现了家庭成员的文化修养和审美情趣、生活习惯等。家庭的设施、装潢要量力而行，以实用、美观、舒适为原则，切不可盲目效仿别人。

（八）家庭气氛的营造

人的一生有三分之二的时间是在家中度过的，和谐、宽松、健康的家庭气氛的营造，对每个家庭成员都是很重要的。实践证明，一个在宽松、和谐的家庭气氛中长大的孩子，一般都具有健康的心理和开朗随和的性格，相反，如果家庭气氛很紧张，不协调，孩子的性格容

易变得孤僻、暴躁、多变。因此，营造和谐、宽松、健康的家庭气氛，对每个家庭成员都很重要。为了营造良好的家庭气氛，每个家庭成员都应该多动脑筋。比如适当地组织一些形式多样、内容丰富的家庭娱乐活动，这不仅可使家庭充满生机，而且可提高家庭的凝聚力，有利于家庭成员的身心健康。

（九）家庭的财务管理

家的管理包括家庭收入/支出及家务管理，家庭理财就是管理家庭的财富，进而提高财富效能的经济活动，是家庭幸福生活的另一个重要保障。勤俭节约是中国人的传统美德，但是，家庭经济管理也要具有时代特色，一方面要遵循量入为出的原则，不攀比，不浪费；另一方面，要学会用科学知识指导消费。

（十）家庭的民主平等

家庭成员之间应该平等相处。在家庭中，要形成男女平等、长幼平等、尊重女性、保护女性的风气。不论大人还是孩子，都有权参与家庭事务的决策，家长不要搞一言堂、家长作风，要建立民主、平等的家庭人际关系。

（十一）家庭的文化传承

每个家庭都有自己独特的家庭文化，这其中也包括家族文化和信仰文化。这种文化时刻影响着一代代家庭成员的习惯、行为方式。家长要为孩子的健康成长学习优秀的家庭文化。如今，大多数家庭都能不同程度地意识到家庭教育的作用，但很少有家长从文化角度思考家庭教育的功能。实际上，家庭文化对孩子的影响是巨大的。要不断提高家庭教育水平，就应当充分发挥家庭文化的作用。

（十二）家庭的习俗仪式

习俗和仪式在家庭生活中发挥着很重要的作用，它们可以将生活中平淡的琐事转化成具有特殊意义的事件，进而触动人们的心灵。家庭的习俗仪式有助于提升家庭幸福感，凝聚家庭关系，使家庭成员在快节奏的现代生活中拥有温暖的家庭避风港。

（十三）家庭的邻里关系

传统俗语中有"远亲不如近邻"一说，这说明邻里之间互帮互济，礼尚往来一直是我国的优良传统。人们不但需要温暖的家，而且需要与左邻右舍互通有无，友善和谐的邻里关系不仅对居者有益，而且直接关系到子孙后代的成长。随着人们居住环境的改变，邻里之间的交往接触比过去少了，但是邻里之间仍然应该保持互相体谅、互相谦让、和暖有处的优良传统，人们应主动承担公共责任，营造宽松友善的邻里关系。

（十四）家庭的家风

没有规矩不成方圆。每个家庭都有自己的家风，比如如何对待老人，如何教育子女，如何为人处世等。

二、现代家庭教育的理念、内容与方法

（一）现代家庭教育的理念

1. 家长观：民主平等

民主平等的家长观意味着家长认识到孩子与家长都是家庭的一员，都具有平等的地位，家长应该与孩子站在平等的地位上相互交流，不将孩子当成父母的附属品，尊重孩子的人格。家长要充分认识子女的优缺点，让其在达到基本发展的基础上按照自身的特点发展。家长在

培养子女时，应重视孩子的独立性，重视孩子在非智力方面的发展，引导孩子形成良好的品质，丰富其兴趣的发展，并树立为目标奋斗的远大理想。此外，家长应努力创造相互监督，互相督促，科学民主的家庭氛围，改变庇护养育的做法，在家庭教育中关注孩子的意见，从日常生活做起让孩子进行自我服务，进而根据自身经验自我调整，以培养孩子的适应能力和创造能力。家长在培养孩子时，除了需要关注其身体方面的健康，也要重视其心理上的发展，要引导孩子以积极乐观的状态面对生活，培养孩子的协调能力和责任意识。

2. 目的观：培养人格健全的孩子

培养人格健全的孩子是家庭教育中的首要任务。心理学家认为人格主要涵盖着自我能力、意识、气质、兴趣、信念、价值等因素。家庭教育中的父母人格是开展教育工作的核心力量，对于孩子人格的形成起到了至关重要的作用。孩子具有较强的模仿能力，做事态度以及人格塑造等深受父母的影响。家庭教育中要注重树立正确的人生观、世界观以及价值观，丰富孩子的精神世界，为孩子今后成为综合型高素质人才打下良好基础。同时，家庭教育要注重营造温暖、和谐、有爱的家庭氛围，使孩子感受到爱与被爱，这有利于孩子健全人格的塑造和身心的健康成长。

3. 过程观：亲子共学

家庭教育是家长和孩子共同成长的过程。家长要树立科学的教育理念，通过不断学习、内化，把科学的教育理念用于家庭教育。

学者赵宏玉提出了"亲子共学"的概念。他提出，亲子共学指的是在非正式的家庭学习环境中，父母从旁观者转变为参与者，参与孩子的学习过程，陪伴孩子一起学习。亲子共学可以创造温馨的共学气氛，培养和谐的家庭关系，使家庭教育功能获得最大程度的发挥，达到亲子共同进步、共同成长的目的。同辅导或监督孩子写作业不同，亲子共学在父母角色转变、基本功能体现、亲子互动性、父母作用体现等方面具有独特性。第一，父母角色的转变。亲子共学中，父母角色由监督孩子的旁观者转变为陪孩子一起学习的参与者。父母陪伴孩子的专注度和投入度提高，亲子之间具有更多的共同语言，提升了亲子交流的质量。第二，亲子共学基本功能体现在促进孩子社会化，增进家庭成员间的情感关系上。亲子共学是以孩子发展和亲子情感递增为基础的，而单纯进行作业辅导等行为往往会在一定程度上牺牲亲子情感。第三，亲子共学强调亲子之间的互动性。通过亲子之间相对稳定的互动模式，促进孩子的认知发展、社会性发展、情感发展等。第四，亲子共学中父母的影响作用体现在以身作则上。父母陪伴孩子共同学习时，要能以身作则、言传身教，这对孩子的终身学习观念、行为习惯养成、优良品质形成等都具有潜移默化的作用。

（二）现代家庭教育的主要内容

1. 身心健康教育

健康包括身体健康和心理健康两方面。身体健康是在先天遗传与后天习得的基础上表现出来的机体功能和形态上的良好状态。心理健康则表现在一个人内部心理状态的平衡和内部心理活动同外部世界的协调上。身心健康是孩子其他各方面发展的前提，家庭教育应将保障孩子身心健康列为重要的内容。

身体健康方面，家长要让孩子重视自己的身体健康，让孩子明白健康的重要性。家长要告诉孩子如何保持身体健康。例如，区分健康食品和垃圾食品，不挑食；养成良好的卫生习惯，饭前便后要洗手，早晚刷牙；养成规律的生活作息习惯，早睡早起，按时吃饭；经常到户外活动，呼吸新鲜的空气，参加体育锻炼，保持身体的健康。

心理健康方面，家长要帮助孩子正确认识自己，正确对待他人，建立和谐的人际关系；家长要培养孩子形成良好的个性和坚强的意志；家长要培养孩子乐观向上的情绪和情感，还要教会孩子调节自己心理的方法。

2021 年 10 月 23 日通过的《中华人民共和国家庭教育促进法》中明确规定：未成年人的父母或者其他监护人实施家庭教育，内容应当关注保证未成年人营养均衡、科学运动、睡眠充足、身心愉悦，引导其养成良好生活习惯和行为习惯，促进其身心健康发展；关注未成年人心理健康，教导其珍爱生命，对其进行交通出行、健康上网和防欺凌、防溺水、防诈骗、防拐卖、防性侵等方面的安全知识教育，帮助其掌握安全知识和技能，增强其自我保护的意识和能力。

2. 品德教育

家庭教育的核心是品德教育，家长是孩子的第一任教师，在孩子成长过程中，家长的言谈举止深刻影响着孩子思想品德的养成，也影响着整个家庭的变化。在孩子成长的过程中，家庭德育教育的内容主要包括以下几个方面：一是培养孩子尊老爱幼的传统美德，教育孩子养成尊敬长辈及师长，关爱同学，善待邻里的习惯；二是培养孩子助人为乐的传统美德，培养孩子诚心诚意帮助他人的习惯，养成与人为善的性格；三是培养孩子勤俭节约的传统美德，避免孩子因生活较好而产生优越感及出现攀比消费的心理；四是培养孩子的集体主义精神，教育孩子关心国家和社会，培养孩子的社会责任感和团队协作精神；五是培养孩子的爱国主义思想，培养孩子热爱祖国和人民的精神品质；六是培养孩子独立健康的人格，培养孩子诚实的品德、勇敢的精神、健康的心理和独立的人格；七是培养孩子爱劳动的习惯，要让孩子理解劳动的意义，从劳动中磨炼孩子的意志，培养孩子的劳动精神（《中华人民共和国家庭教育促进法》中提到要帮助未成年人树立正确的劳动观念，参加力所能及的劳动，提高生活自理能力和独立生活能力，养成吃苦耐劳的优秀品格和热爱劳动的良好习惯）。

3. 智能教育

智能教育包括发展智力与掌握知识技能。智力的形成与发展，离不开一定的知识技能，知识技能掌握得越多，越能促进智力的发展。二者是相互依存、相互制约和互相促进的关系。智力教育不仅是书本知识的教育，还包括更为广泛的社会生活知识、自然知识、科学技术知识等各种知识的教育。教育方式也不局限于辅导孩子功课，而且还包括带孩子参观工厂、旅游观光、市场购物、操持家务等方式。教育的目的，不只是孩子得满分，考上重点中学和名牌大学，更是使孩子富有求知欲，成为热爱学习、善于学习、坚韧不拔，既有知识又有能力的新型人才。

（三）现代家庭教育的一般方法

《中华人民共和国家庭教育促进法》第十七条规定：

未成年人的父母或者其他监护人实施家庭教育，应当关注未成年人的生理、心理、智力发展状况，尊重其参与相关家庭事务和发表意见的权利，合理运用以下方式方法：

（1）亲自养育，加强亲子陪伴；

（2）共同参与，发挥父母双方的作用；

（3）相机而教，寓教于日常生活之中；

（4）潜移默化，言传与身教相结合；

（5）严慈相济，关心爱护与严格要求并重；

（6）尊重差异，根据年龄和个性特点进行科学引导；

（7）平等交流，予以尊重、理解和鼓励；

（8）相互促进，父母与子女共同成长；

（9）其他有益于未成年人全面发展、健康成长的方式方法。

根据家庭生活教育的情感性、体验性和潜移默化性等特征，学者孙云晓、卢宇提出了七种家庭教育的方法。

1. 榜样教育法

父母是孩子的第一任老师。父母的言行举止、处事方法、思想态度都会对孩子产生潜移默化的影响。一项调查显示，青少年认为对自己激励教育作用最大的人物中父母居于首位。可见父母对于孩子的榜样引领尤为关键。首先，父母要以身作则，提高自己的思想道德素养，注重自己的思想言行，做到知行合一。其次，父母要尊重、引导孩子进行多样化的榜样激励选择。中国青少年研究中心关于儿童偶像与榜样的研究表明，小学五年级阶段，榜样的影响力达到高峰；初中二年级阶段，偶像的影响力达到高峰。父母要认识这一规律，理解和尊重孩子的这种行为，并引导孩子进行多样化的榜样与偶像选择。父母以身作则是最好的家庭教育方法。父母要保持积极乐观的生活态度、科学正确的情绪管理方法，将言行一致的品格带给孩子，引导孩子树立积极向上的价值观念。

2. 情感熏陶法

家庭教育的情感性是家庭教育区别于其他教育的独特性，而回归生活的家庭教育更具有天然的优势。孩子对家庭具有很强的情感依赖，是对社会和他人情感、态度、价值观的动力来源。家庭教育的情感性特征要求家长要注重营造良好的家庭氛围，注重家庭关系的维持，构建良好的亲子关系，强调家庭成员的尊重与平等，在语言和情感上进行有效的亲子沟通，让每一个家庭成员都能感受到家人之间的关爱、理解和信任。家长可通过如亲子共读，共写读书笔记，交流读书感悟等活动激发亲子间的真情实感。在家庭生活中还可以专门设计一些主题活动。

3. 实践体验法

孩子会在生活体验中不断迸发潜能。为孩子提供丰富多彩的生活体验，激发他们的探索兴趣，关注他们在实践体验中的生活和生命状态，是家长教育孩子的重要方法。家长应设法让孩子去经历生活，感悟生活，在体验中进行个人生活阅历的积累，创造当下的美好生活，获得面对未来的勇气和触动心灵的感悟。家庭生活是丰富多彩的，孩子会在分担家务劳动及参与家庭活动决策的时候体验到建设家庭幸福生活的责任；在亲子游戏、亲子运动中感受到家人之间的情感和互动的快乐；在与大自然亲密接触时体验个人与自然的关系，感悟生命的奥秘和自然的规律；在阅读、影视欣赏中体验更广阔的世界，在一个个小小的成功体验中不断获得自信和力量。

4. 因材施教法

孩子个体存在的客观差异性要求家长因材施教，这是重要的教育教学原则。每个孩子都是独一无二的，每个孩子的成长也是不断发展变化的，家长应该认识到孩子的独特性，相信孩子的发展潜能，注重他们个性化的发展。首先，父母应该尊重孩子的成长规律。孩子在发展的速度、水平上都各不相同，父母要了解孩子身心发展的实际情况，要在孩子成长道路上保持平常心态，循序渐进。其次，父母要深入了解孩子的内心世界。每个孩子的个性、爱好、气质并不相同，男孩和女孩的需求各不相同，父母要通过观察、沟通等方式了解孩子的内心需求，尊重、接受孩子的情绪、感受，再根据孩子的实际情况和成长特点采取不同的教育方式。最后，每一个家庭都有各自的特点，父母要减少比较之心，减少与"别人家孩子"攀比的情况出现，要在生活中善于发现孩子的优点，发挥其优势，让孩子的个性得到充分发展，让他们的生命更加独特和灿烂。

5. 习惯养成法

叶圣陶认为，儿童教育往简单里说就是培养好习惯。家庭生活教育的核心目标就是教会孩子如何做人，是培养孩子的健康人格，而培养健康人格的重要途径就是培养良好的习惯。比如培养良好的学习习惯、饮食习惯、运动习惯等，这不仅需要科学的教育方法，还要注重认知、情感、意志和行为诸方面的协调，注重培养儿童的自主精神。一项研究发现，习惯养成一般需要六个步骤。一是提高认识，激发动机，引导孩子对养成某个习惯产生兴趣，这是培养良好习惯的开始。

比如对于良好学习习惯的养成，重要的应该是培养孩子对于学习的兴趣，而不能一味追求学习的结果。二是明确规范，要让孩子对某个良好习惯的具体标准明白清楚。三是通过榜样示范引领，让孩子对养成某个良好习惯产生亲切而向往的感情，并且获得精神动力。四是通过坚持不懈的行为训练，让孩子由被动到主动再到自动，养成某个好习惯。五是及时评估，让孩子在成功的体验中养成良好的习惯。六是形成环境，让家庭生活、家庭环境成为孩子养成良好习惯的支持力量。

6. 家庭契约法

家长应在日常生活中树立规则意识。行事前进行约定（建立家庭契约），行事时按照约定执行是家庭生活教育的有效手段。通过制定合理的规则，让孩子经历从约束性到自觉性再到习惯性的过程，可以培养孩子的自制力和养成好习惯。比如在看电视、玩手机之前，要和孩子约定好具体时长；玩具不玩之后要进行收拾整理；等等。

7. 家校协同法

家校协同育人推进家庭教育现在已经成为共识。首先，要将家庭生活教育作为家校协同育人的重要宗旨，进一步丰富完善家庭教育指导服务体系的建设与追求。家校协同育人的方向不是把家庭变成学校，而是让家庭更像家庭，要积极促进家庭建设，发挥家庭生活教育的功能。学校应该在家庭教育中承担指导责任，开展家庭生活教育指导活动。其次，要尊重家庭的传统与个性，激发家庭生活育人的活力。家庭是社会最小的也是最为活跃的细胞，因为文化背景和发展历程的不同，家庭往往拥有独自的传统与个性，表现形式也是千姿百态。因此，家校协同育人推进家庭教育要尊重家庭的传统与个性，要注意发现和总结家庭的成功经验，而不是忽视个性强求一致。最后，家校协同育人推进家庭教育的一个重要方法就是以点带面，寻找美好家庭，用先进父母的经验带动广大父母提升育人水平，是值得推而广之的做法。

第三节　家庭文化对人生不同发展阶段的影响

不同的家庭文化氛围，必然对青少年产生不同的影响。古人云："与善人聚，如芝兰入室，久而不闻其香，即与之化矣。与不善人居，如入鲍鱼之肆，久而不闻其臭，亦与之化矣。"足以说明不同的环境，不同的人，对其周围也产生不同的影响。

一、家庭文化对婴幼儿的影响

新生儿来到这个世界，首先接触的是以父母为主的家庭成员。家庭成员的面部表情、语言表达、举止行为、说笑谈吐、日常习惯等等，构成最初影响婴儿的家庭文化的主要内容。

记忆开始的最重要的标志之一是语言，科学研究表明，语言不仅仅是为了分享我们的经验，更是为了对我们的经验进行编码。只有在活动开始时掌握了恰当的词汇，才会在以后回忆起这件事。

语言和自我意识的发展，使得人们最早的童年记忆得以形成，而家庭因素则是决定记忆内容的关键之一。因为，在很多家庭中，家长会经常和与孩子们一起进行回忆，例如，重温家庭一起外出旅游的情况，或者回忆与兄弟姐妹一起玩耍的快乐等。

父母的语言对宝宝影响重大。父母与婴儿说话的方式，会深深影响宝宝从周围环境中学习的方法和内容。有专家认为，家庭语言环境可以直接影响宝宝的思维能力。

宝宝的词汇量是由和他交谈的次数所决定的。交谈的次数越多，宝宝掌握的词汇也会越多。如果家长经常与宝宝交谈，到 2 岁时，他就能掌握丰富的词汇；2 岁半时，他就可以进行正常交谈了

一个好的"言语模式"是宝宝学习语言的重要方式。赞扬宝宝并温和地纠正宝宝的言语错误，会对宝宝的语言学习有极大的帮助。如果家长很少与宝宝交流，或自己常说一些不符合语法规范的话，则往往会使宝宝在掌握语言技巧方面面临较大的困难。

良好的语言交流能帮助宝宝表达自己的感受和需要。当他们想说什么但找不到合适的词去表达时，请积极提示他，让他尽快掌握更多的词汇。一旦能清楚地沟通，他将会感到非常高兴。幼儿期的宝宝经常发怒，正是因为他们不能成功地对父母表达自己的需要。

二、家庭文化对儿童的影响

家庭文化拥有浓厚生活气息，它包括对儿童的直接辅导，还包括对儿童智力的间接性影响及其启迪与熏陶。日常给孩子讲讲知识性故事，讲解一下自然现象背后的科学知识，与孩子一起玩智力游戏都可发展孩子的智力。事实上，家庭成员在孩子面前的一切知识性言论和行为，对孩子的智力发展都是至关重要的。

一个高智力水平的家庭，并不意味着家庭中儿童的智力发展水平就一定好。即便父母的智力水平很高，但如果家中缺乏文化氛围，或父母让综合素质很低的人长期照看孩子，这样的孩子连得到文化熏陶都很难，又何谈智力发展？

相反，任何一个普通家庭，若能重视儿童的智力开发与艺术熏陶（如鼓励孩子参加编程学习，或让孩子在乐器、舞蹈、美术、游泳、书法等方面得到启蒙与尝试等），也能在很大程度上促进孩子智力、情商、意志力的发展。

智力并不仅仅是记忆力和运算能力，注意力、观察力、想象力、创造力等也是智力的重要组成部分。家长可以让孩子在看动画片时展开想象的空间，在观赏美丽山水时培养审美意识，在悠扬的乐曲声中陶冶性情，在自己动手做手工时充分发挥想象力和创造力。

孩子的行为习惯从小就是在家庭文化中习得的。老舍的母亲一生爱清洁，老舍在母亲的榜样影响下，养成了经常清扫屋舍，办事井然有序的好习惯。

三、家庭文化对青少年的影响

价值观是人在一定思维与感官之下给出的对于事物的认知、判断、理解、抉择，是人进行是非对错评判的思维取向。一个人的非本能行为受其价值观影响，而青少年时期是一个人价值观形成的关键时期。重视这个问题的父母，会努力做好有利于孩子价值观成长的事，在日常家庭生活中引导孩子形成良好的价值观。如能在家庭中形成积极进取，追求卓越成就的家庭文化气氛，青少年长期在这种良好气氛的熏陶之下，自然受益匪浅。

家庭是青少年生活与成长的主要平台。青少年的行为动机及努力，深受家长价值观的影响。如，家长强调学习重要的价值观可产生正面积极的力量，孩子经常保持浓厚的学习动机，所取得的成就会受到父母的认可和赞扬，如此不断形成良性循环，会取得非常好的现实效果。青少年最初的是非对错观念也主要来自家长的言传身教。

家庭文化中有助于孩子获得成就的价值观有父母强调教育的重要性，也重视孩子的学业；父母勤奋，也鼓励孩子用功；父母尊师重道，也要求孩子做个好学生；等等。

家庭文化是建立在家庭物质生活基础上的家庭成员精神追求以及围绕这一追求所进行的物质与精神积累，不同的追求产生不同的家庭文化。按照追求不同，家庭文化可以有以下几种表现形式：积极进取型，其家庭成员有强烈的事业心和责任感，积极干好本职工作，并围绕自身事业的发展不断地进行学习和探索；享乐安逸型，其家庭成员以享乐为目标，一般不在事业上追求更高的目标，而十分注重营造家庭生活；消极颓废型，其家庭成员沉湎于酗酒、赌博，一味地吃喝娱乐，对家庭、对社会包括对自己不负责任；妨害社会型，其家庭成员或违法犯罪行为，或小偷小摸，或以暴力威胁他人等。

细心观察不难发现，在积极进取型家庭文化氛围中成长的孩子，大体上是兴趣爱好高尚，注重言行品德，志向高远，学习自觉、勤奋的。生活成长在享乐型、消极颓废型、妨害社会型家庭文化氛围中的孩子，兴趣爱好、情操也往往较低，往往也不注重品德修养，胸无大志，不思进取，学习也不努力。

相对于其他年龄阶段的人群来说，青少年更重要的是要培养健康的心理。家庭是一个人的人性、人生理想的启蒙之地，家庭文化是影响青少年心理健康发展的重要因素之一，也是预防和减少未成年人犯罪问题上的一条不可或缺的防线。

四、家庭文化对成年期人口的影响

原生家庭对婚姻的影响非常大。一个人在决定是否进入婚姻前先了解双方原生家庭文化的不同，可帮助其接纳对方的行为和思想，或早下决断。这样才能更容易和对方达到默契、和谐的婚姻关系。

家庭文化在一定程度上影响着后代婚恋观。从小在父母和谐婚姻里长大的成年人，对待爱情比较乐观，对待婚恋问题也比较积极向上。而从小生长于父母争吵的家庭中，甚至来自单亲和离异家庭的成年人，则心中缺乏安全感，总是对婚恋充满了恐惧感，在情感上往往比较敏感与缺乏自信。而在具有扭曲价值观家庭文化的家庭里成长的人，则易奉行扭曲价值观如拜金主义和享乐主义婚恋价值观念，缺乏对爱情真谛的追求与向往，他们奉行的往往是"金钱至上"的婚恋价值观，对男女间两人的感情真不真实、存不存在无所谓。

随着社会大环境中"急功近利"之风越来越盛，许多人心理失衡，进而导致当代成年人在自身心态上也表现出急功近利的浮躁心理。有些在校大学生根本就无心于学业，无心于提升自身文化的修养，急功近利之心非常严重，个人价值观逐渐发生畸变，虚荣心覆盖他们的大脑，甚至有些人将"翻身"的希望寄生在未来的婚姻上。激烈的社会竞争压力、畸形的"快餐文化"让一些社会上的人失去了自己的定位，盲目攀比心越来越严重，他们认为出名、赚钱、买房、升职等都要趁早，哪怕为之不择手段。

家庭文化是家庭教育的灵魂，所有表征层面的东西都来自家庭文化在人们内心作用的结果，好的家庭文化有助于对不良价值观的防治。

第四节　人生不同发展阶段的家庭教育

　　终身发展观认为，发展即个体从胎儿到出生、到成年、再到衰老直至死亡的整个生命周期的身心有规律的变化过程。将家庭教育放在个体生命周期中考察是非常必要的，家庭教育应该依据个体在不同发展阶段的特点开展。

一、孕期家庭的家庭教育

　　一个人的发展起始于胎儿期，胎儿在母体内的发育是其整个生理和心理发育过程的奠基阶段。母体、遗传、环境等都会影响胎儿的发展。孕期家庭的家庭教育应注重相关知识的学习，合理进行科学胎教，保持良好的情绪等。

（一）准父母要提前学习孕期保健和育儿的相关知识

　　准父母应掌握优生优育的基本知识，提前了解胎儿生长发育的规律，为新生儿的诞生做好思想上、物质上、心理上的充足准备。此外，孕期的许多行为可能会对胎儿造成伤害，准父母要做到预防疾病、不乱服药、不抽烟喝酒等。

（二）合理进行科学胎教

　　在母体内，胎儿的主要器官开始发育并发挥功能，胎儿逐渐具备感觉、听觉、触觉、运动等能力，此时的家庭教育应该聚焦在"胎教"上，父母应科学、合理地对胎儿进行胎教，通过良性刺激来帮助胎儿发展各项能力。胎教的形式包括与胎儿说话、听音乐、抚摸腹部、多接触大自然等等，形式多样的胎教有利于胎儿的身心发育。

（三）保持良好的情绪

孕妇的情绪状态会影响到胎儿的身心健康。有研究发现，孕期处于高压力下的母亲所生出的孩子可能更易多动和易怒，照料困难。因此，家庭成员要多给予孕妇情感的支持，让孕妇保持良好的情绪，心境平和。

二、婴儿期的家庭教育

（一）婴儿期的特点

0～3岁是孩子身心发育最为迅速的时期。在身体发育与健康方面，到3岁时，男孩平均身高为97.26厘米，女孩为96.28厘米；男孩平均体重为14.73千克，女孩为14.22千克。动作习得则遵循自上而下，由躯体中心向外围，从粗大动作到精细动作的发展规律，由抬头、坐、爬、站，到走、跑、跳等。在语言交际方面，1～3岁是其学习语言发音的关键期，2～3岁是掌握基本语法和句法的关键期。到3岁时，他们能基本掌握母语的语法规则系统，有一定的人际交往倾向，有与人沟通交往的愿望，喜欢用自己的身体探索周围世界。在人际交往方面，0～1岁主要是建立亲子关系，父母在照料婴儿的过程中，充分的体肤接触、感情表示、行为表现和语言刺激，会对婴儿的成长产生深远的影响。1岁以后，随着婴幼儿动作能力、言语能力的发展及活动范围的扩大，他们开始表现出追求玩伴的愿望，于是出现一对一的玩伴关系。

（二）婴儿期的家庭教育内容

婴儿期的家庭教育应当结合此阶段孩子身心发展特点和新时期的要求进行，教育的内容主要包括智力启蒙、语言培养、良好情绪情感培养、习惯养成等。

1. 智力启蒙

此阶段的智力开发以启蒙为主，重在基本能力的培养而不是以学习知识为主要目标。因此，家长应注重让孩子在玩中学，学中玩，寓教于乐，鼓励孩子自由自主地探索、发现，培养孩子的好奇心、思考力。这一时期的孩子喜欢游戏，让孩子在游戏中学习，在学习时享受快乐，也符合了孩子好学、好动、好玩的特点。

2. 语言培养

此阶段是孩子掌握主要语言的关键时期。随着孩子的成长，他们与周围环境的接触越来越多，视野逐渐开阔，语言能力也迅速发展起来。家长要有意识创造良好的语言表达和交流环境，要多和孩子进行语言交流，引导孩子多发声、多说话。

3. 良好情绪情感培养

此阶段孩子对安全感的需求是非常强烈的。孩子在一个安全、关爱、尊重的家庭环境中，会产生积极的情绪体验和心理感受，这将成为孩子一生情绪能力的基础。因此，要适时引导孩子，满足孩子的心理需要，促进其心理愉悦感的提升。

4. 习惯养成

此阶段是孩子行为习惯形成的关键时期。习惯是一种经由不断重复的思想行为而形成的长期思维和行动方式，好习惯会使人受用一生。孩子是好模仿的，父母的言行举止会潜移默化地影响孩子，从而让孩子形成习惯。因此，家长要以身作则，为孩子树立良好的榜样。

三、幼儿期的家庭教育

（一）幼儿期的特点

3～6 岁是孩子身心快速发展的时期。身体方面，孩子的身高和体重稳步增长，大脑获得进一步的发育。心理方面，孩子的个性逐步显现，自主意识增强，开始喜欢社交，语言表达能力也有所增强。这一时期的孩子会特别依恋家长，容易产生分离焦虑。

（二）幼儿期的家庭教育内容

幼儿期的家庭教育应当结合此阶段孩子身心发展特点和新时期的要求进行，教育的内容主要包括培养良好的习惯、培养自我保护能力、促进语言发展、激发孩子好奇心和探究欲、培养孩子社交能力等。

1. 培养良好习惯

良好的生活卫生习惯和基本的生活自理能力是孩子独立性发展的重要方面，这些都应该在日常生活中逐渐养成。家长应根据孩子发展的需要和家庭的实际，合理安排孩子的作息活动，让孩子的作息逐渐形成规律，使孩子的身体获得更好发展。

2. 培养自我保护能力

家长应培养孩子的安全意识，让孩子了解安全和自我保护的意识。家长要结合孩子的生活和学习，在共同参与的过程中对孩子进行安全教育。家长要保证孩子的安全，用合适、正确的方法对孩子进行安全教育，促进孩子的健康发展。

3. 促进语言的发展

孩子的语言能力包括倾听、理解、表达和阅读能力。有位著名教育家曾说："发展幼儿语言的关键，是创设一个能使他们想说、敢说、喜欢说，有机会说并能积极应答的环境。"一方面，家长应为孩子创设良好的语言环境，让孩子在安全、宽松的环境里去交流和表达。另一方面，阅读能为孩子提供正确的语言示范，发展孩子的倾听和理解能力，家长要为孩子创设良好的阅读环境，让孩子掌握阅读的方法，使孩子获得文字阅读能力，让阅读成为孩子生活的一部分。

4. 激发孩子的好奇心和探究欲

旺盛的好奇心和探究欲是孩子自身发展的动力。家长要保护和激发孩子的好奇心和探究欲，充分利用生活中的各类资源，创造各种孩子学习和探究的机会。家长要做个有心人，让孩子的学习自然而然地发生。

5. 培养孩子的社交能力

孩子的社会交往包括与成人交往和与同伴交往。社交能力是一种实践性很强的能力，只有在生活中实践后才能逐渐学会。家长要关注孩子日常社交行为，对孩子的社交态度、行为及时提供帮助和辅导，要结合生活实际情境，帮助孩子理解他人情绪，了解他人需要，做出适当的回应，增强孩子与人交往的自信心。

四、儿童期的家庭教育

（一）儿童期的特点

6～12 岁是孩子的生理发展相对平稳、均衡的时期，在此阶段，孩子的身高和体重加速发展，孩子的情感也逐渐变得更加稳定、丰富和深刻。小学低年级的儿童虽已能初步控制自己的情感，但还常有不稳定的现象。到了小学高年级，他们的情感更为稳定，自我尊重、希望获得他人尊重的需要日益强烈，道德情感也初步发展起来。此阶段儿童的个人气质更加明显，能够逐步客观评价自我，社交能力逐渐增强。

此时，入学学习是儿童生活中的一个重大转折。

（二）儿童期的家庭教育内容

儿童期的家庭教育应当结合该阶段孩子身心发展特点和新时期的要求进行，教育的内容主要包括培养儿童良好的习惯、积极参与家校社协同教育、培养儿童珍爱生命的意识等。

1. 培养儿童良好的习惯

良好的习惯包括学习习惯、生活习惯、劳动习惯。首先，家长要培养儿童良好的学习习惯。在儿童进入小学后，学习成为其主要的任务，因此尽早建立良好的学习习惯可使儿童受益终身。其次，家长要培养儿童健康的生活习惯（健康的饮食习惯、良好的卫生习惯、合理的作息习惯等）。最后，家长要培养儿童的劳动习惯。劳动能力是儿童必须发展的重要能力之一，也是其生活自理和将来从事某一职业自食其力的重要基础，家长要充分认识到劳动对儿童成长的价值，要多给儿童创造劳动的机会，培养其劳动热情。家长应根据儿童的年龄和身心特点，安排合适的劳动内容，让儿童在劳动中树立劳动创造价值的观念。

2. 积极参与家校协同教育

家长应了解儿童在学校的情况，多与学校沟通联系。家长应有家校合作的理念，与学校共同完成相关的教学活动，提高儿童的学习效果。家长可以通过家委会、家长会、亲子活动等方式，积极参与到学校的管理中，与学校一同创造良好的育人环境。

3. 培养儿童珍爱生命的意识

生命教育应贯穿在家庭生活的实践中，家长应帮助儿童建立热爱生命、珍惜生命、呵护生命的意识。在日常生活中，家长要有意识地培养儿童的自我保护意识以及基本的自救知识与技能。

五、青少年期的家庭教育

（一）青少年期的特点

12～18 岁是一个人从童年向成年的过渡期。此阶段孩子的生殖器官逐步发育，出现性冲动和性好奇。他们的自我意识逐渐强化，有独立和得到尊重的心理需求，但心智发展的不成熟和职业取向的不确定等使他们处于一种不稳定的状态。青少年期的孩子可能会表现得非常情绪化，会做出很多难以预测的行为，常常存在如性行为、与家庭关系的协调、学业的发展方向、自我认同感等方面的问题。

（二）青少年期的家庭教育

青少年期的家庭教育应当结合该阶段孩子身心发展特点和新时期的要求进行，教育的内容主要包括帮助孩子认识自我、开展家庭青少年期教育、指导孩子正确交友等。

1. 帮助孩子认识自我

根据埃里克森的观点，青少年期的发展任务主要是自我同一性的形成。而父母是孩子早期认同的对象，青少年的自我同一性的形成首先要综合这种早期认同。如果父母的三观和生活态度是错误或混乱的，势必会影响孩子自我同一性的形成，造成孩子自我同一性的混乱。研究表明，民主、温和、开放及能自由表达的家庭氛围有利于孩子自我同一性的发展。在亲子沟通中能得到父母支持的孩子能够更好地探索自我同一性。

2. 开展家庭青少年期教育

青少年期是孩子从童年向成年过渡的时期，随着孩子身心的急剧变化，自我意识的发展，青少年期家庭的矛盾和冲突也会频发。父母应多用心观察孩子的身心变化，多与孩子沟通交流，及时协助孩子解决相关困惑。同时，父母也要承担起对孩子的青少年期性教育的责任，对孩子进行青少年期性生理、性道德以及自我保护的教育，增强孩子的自我保护意识和能力。

3. 指导孩子正确交友

青少年期孩子的活动范围扩大，开始广泛地交友，发展友谊。但是由于他们还不成熟，在择友方面缺乏经验，没有辨别是非的完全能力。因此，父母要有意识地对他们选择朋友和与朋友交往的方式进行指导。与此同时，在交友过程中，青少年期的孩子可能对异性产生好感，或出现早恋现象，父母对此要进行正面引导，要采取适当的方式了解孩子的隐私。

六、成年期的家庭教育

（一）成年早期的家庭教育

成年早期一般是指 18～35 岁这段时期，在这个阶段，个体会与父母分离，坚定不移地朝着自己的工作生活目标迈进。在这个时期，个体会强调自己是个独立的成年人，能够独立发挥功能。成年早期是个体一生中非常关键的时期，是走上职场、进入婚姻、养育孩子、取得成就的阶段，人生中很多重要的事件需要在这个阶段完成。同时，这个阶段所面对的挑战和挫折也会非常多，需要个体不断去应对和挑战。

家长在这一阶段要学习如何帮助已经成年的孩子完全地独立面对自己的生活，包括指导他们学习、工作、恋爱、结婚、理财等。

（二）成年中期的家庭教育

成年中期一般是指 35～60 岁这段时期。在这个阶段，通常他们的子女已经成长为青少年或者基本成年，甚至已经离家就业或另组新家庭，家庭系统出现多重进出情况。此时他们会重新回归二人世界的婚姻系统，这就需要夫妻双方及时适应。而此时他们的家庭关系系统也发生了变化，可能出现孙辈与姻亲等角色，而父母与子女的交流也会转化为成人之间的交流，此外，他们还要面对上一辈的衰老和死亡。

这个时期，人们需要学习如何照顾好自己已经处于年迈阶段的父母，尽孝道，有些家庭还要学会处理新的婚姻问题，调试夫妻关系。

（三）成年晚期的家庭教育

成年晚期一般是指 60 岁以后的时期。这一时期的个体需要适应和面对衰老这一事实，要正视不可避免的死亡。老来丧偶是此阶段个体压力最大的遭遇之一，需要很大的勇气去接受这一事实。随着身边同龄朋友的离世，自己身体状况日趋不佳，个体会与社会日渐疏离。所以这个时期的人在情绪和生活上特别需要他人尤其是子女的支持和照顾。成年晚期个体常常面临的问题和挑战有生活无助、情感空洞、心理灰色、死难善终等等，因此这一阶段的家庭教育内容主要有自我调适、继续学习、死亡教育等。

1. 自我调适

成年晚期个体的自我调适对于克服以上问题有关键作用。成年晚期的个体应该重新构建自己的人际交往网络。

2. 继续学习

成年晚期的个体应树立一种终身学习的理念，可以尝试继续学习和提高文化素养的生活方式，让成年晚期的生活变得更有意义。

3. 死亡教育

死亡是每个人不可避免的归宿，个体要调整自己的心态，为死亡做好准备。

第七章　家庭营养与饮食

饮食不仅是人们生理上的需求，也是人们心理上的享受。人们摄食一是为了满足生理需求，获得充足的营养需要，维持身体的健康；另一方面也是为了享用不同风味的食物，来满足感官和心理上的需求。人在不同阶段对于营养的需求不一样，因此就需要进行营养配餐。每个人对于食物的喜好不一样，选择的烹饪方式不一样，因此就需要根据特定的需求去设计食谱，搭配不同的食物种类，来满足不同的需求。

现代家庭营养与饮食是以自然科学为依据，以平衡膳食为指导，在家庭饮食中体现营养配餐、营养干预、消费指导、人文关怀、饮食文化等方面的内容，帮助家庭成员获得良好的营养及健康。因此，现代家庭营养与饮食起源于家庭烹调，却又区别于家庭烹调，那么它的科学性体现在哪里，它所具有的社会性又应如何看待呢？

学习目标

1. 掌握：现代家庭饮食体现的理学属性、工学属性和社会学属性。

2. 熟悉：家庭营养管理的方法及营养教育内容。

3. 了解：中国居民的膳食结构现状及变化趋势。

第一节　中国居民的膳食结构现状及变化趋势

中国传统饮食文化博大精深、源远流长，体现了优良的饮食健康文化和饮食养生传统。早在数千年前，我们的祖先就已经懂得并重视食品营养和安全，探索总结保持饮食平衡、维护身体健康的方法。例如《黄帝内经·素问》中已提出"五谷为养、五果为助、五畜为益、五菜为充"的饮食原则，体现膳食的原则是在素食的基础上，力求荤素搭配，全面膳食。

营养学聚焦于以食物为基础的膳食模式，而不是单一营养素摄入。均衡膳食是保障健康体魄的必然条件，合理营养是推进均衡膳食实施的前提。在人的整个生命周期中，膳食是人体生长发育和保持机体健康最直接和最重要的因素。长期规律的合理膳食，不仅可以满足人们每天生理需要的营养素，而且有利于自我健康管理和慢性病的预防。

一、我国居民膳食结构特点

（一）我国居民膳食结构现状

随着我国经济社会发展和城镇居民收入水平不断提高，居民食物消费正加速转型升级，居民膳食质量显著提高（膳食能量和蛋白质摄入充足），居民营养状况不断改善，特别是农村居民的膳食结构得到较大的改善。居民膳食中碳水化合物的供能比从 1992 年的 70.1％下降到 2015 年的 55.3％，动物性食物提供的蛋白质从 1992 年的 12.4％提高到 2015 年的 31.4%，城乡差距逐渐缩小。然而，随着居民肉类等动物性食物的消费支出和消费量均快速增加，食物消费"西化"趋势明显，由于膳食不合理造成的肥胖、高血压、Ⅱ型糖尿病等慢性疾病高发。

中国地域辽阔，受经济发展和传统饮食文化的影响，膳食模式差异很大。从 2002 年、2012 年、2015 年的中国居民营养与健康状况监测分析，我国以浙江、上海、江苏等为代表的江南地区膳食，可以作为东方健康膳食模式的代表。该区域膳食以米类为主食，新鲜蔬菜水果摄入量充足；动物性食物以猪肉和鱼虾类为主，鱼虾类摄入相对较高，猪肉摄入量低；烹饪清淡，少油少盐，比较接近理想膳食模式。

（二）不同地区膳食结构特点

根据气候特征、自然环境、资源分布的差异，我国各地区膳食结构特点不同，如西北地区、北方地区和青藏地区的膳食结构就差别很大。

1. 西北地区（以新疆为例）

城乡畜类消费差距很大、肉类种类消费单一；膳食结构中蔬菜类和蛋类的摄入量均低于中国居民平衡膳食宝塔推荐值；乳类、盐类和油脂类的摄入量均高于中国居民平衡膳食宝塔的推荐值。新疆地区居民的膳食结构总体上呈现高蛋白、高脂肪、低维生素、低矿物质的膳食模式倾向，且摄入的蛋白质以动物蛋白为主，植物蛋白较少，动植物蛋白摄入不平衡。

2. 北方地区（以北京为例）

食物消费种类广泛，每日摄入的食物种类包括谷薯类、蔬菜和水果、乳制品、豆制品、水产品及畜禽肉、坚果等；谷薯类食物摄入充足，主食以面粉为主；畜肉类摄入以猪肉为主，其次是牛肉和羊肉；盐摄入量较高；日常摄取的蛋白质中畜禽类、蛋类等动物蛋白占比较大，奶类与豆类等植物蛋白摄取较少。

3. 青藏地区（以西藏为例）

糌粑、大米和面粉是西藏居民日常膳食的主要构成；肉类和奶类消费远远高于全国平均水平；蛋类、豆制品、水果、蔬菜等摄入明显不足；动物蛋白的来源单一，以牛肉为主，羊肉为辅；植物蛋白的摄入量远低于中国居民平衡膳食宝塔推荐摄入量。

二、中国居民的膳食结构变化趋势

当前中国城乡居民的膳食仍然以植物性食物为主，动物性食物为辅。随着社会经济发展，我国居民膳食结构向"富裕型"膳食结构的方向转变，还存在很多不合理之处，由此导致的居民营养与健康问题仍应予以高度关注。根据1992～2012年中国城乡居民食物消费变化趋势，可见居民膳食结构主要有以下变化：

（1）中国城乡居民的谷类食物摄入量符合膳食推荐值，但薯类摄入量急剧下降，杂粮摄入量也未达到推荐摄入量下限。

（2）中国居民植物性食物的摄入量呈现下降趋势，但动物性食物和油脂的摄入量却不断上升。城乡居民对于蔬菜、水果的摄入量均达不到推荐值，且农村居民的新鲜蔬菜摄入量表现出持续下降的趋势。蔬菜水果的低摄入量，可能会引起膳食纤维和部分维生素、矿物质的摄入不足，导致营养缺乏症以及肥胖、Ⅱ型糖尿病、癌症、心血管疾病等慢性病的发生风险上升。

（3）中国城市居民奶类摄入量没有增加的趋势，农村居民奶类摄入量尽管有所增加，但持续处于较低水平，而且与城市居民相比仍有较大差距。奶类蛋白质利用率高，维生素、矿物质含量丰富，对其摄入不足与糖尿病、心血管疾病、骨质疏松等慢性病的发生有一定关联，应引起重视。

（4）中国居民对畜禽肉和鱼虾类食物的摄入量呈现不断上升的趋

势，不论城乡，畜禽肉类摄入量均高于推荐值，而鱼虾类摄入量远低于推荐值。动物性食物主要以畜肉为主，鱼虾类的比例很低，这对心脑血管疾病和消化道肿瘤的预防不利。

（5）中国城乡居民烹调油摄入量明显上升，并超出 25～30 克的推荐摄入量范围，中国城乡居民食盐摄入有持续下降的趋势，但摄入量仍处于较高水平。油和盐的过量摄入，可能会导致相关慢性病发生的风险增加。

综上，中国城乡居民膳食结构不合理的问题仍普遍存在，膳食结构趋向"高能量密度"，偏离了平衡膳食的要求，造成脂肪摄入过高以及健康食物摄入减少，各类营养缺乏症和慢性病的患病风险可能。因此，针对目前的问题及时采取干预措施，优化膳食结构，提升居民健康素养和对健康生活方式的实践，对于控制膳食相关的营养缺乏症和慢性病有重要意义。

第二节　现代家庭饮食的属性

　　食物在人类发展的过程中所体现的属性，除了作为生存所必需的本质属性之外，更多的是人为赋予的文化属性。很多人的食物选择不单纯是为了摄取营养素，而更多的是由其所处的社会行为因素所决定，因此，不能仅使用营养素数值来指导人们设定"完美的"科学饮食，而是要以人性化的态度，本着社会人的理念来设计家庭饮食，从而达到通过饮食提升人们幸福感的目的。

　　食物的文化属性造成了人们对"营养"认识与应用的复杂性，并体现出饮食与营养横跨自然科学和社会科学两大范畴的特点。家庭饮食至少可以涉及理学、工学和社会学三个方面的内容。理学方面的侧重点在于纯生命科学，是从营养素对人体健康的角度出发，发现营养素的供能与来源。工学方面的侧重点在于营养素摄入人体之前的加工过程中的化学变化，也属自然科学范畴，是以营养学理论为基础，如何实现科学烹饪的科学。社会学方面的侧重点在于管理，包括营养干预、消费指导、人文关怀、饮食文化等方面，社区营养和公共卫生方面的相关内容应该属于这一类。这部分我们主要探讨针对中国居民膳食宝塔的内容。

一、家庭饮食的理学属性

　　食物是人类赖以生存的物质基础，供给人体必需的各类营养素，不同的食物所含营养素的数量与质量不同，因此膳食中的食物组成是否合理，及其所提供营养素的数量、质量和比例是否合适，对于维持机体的生理功能、生长发育、促进健康及预防疾病至关重要。目前已知人体必需营养素有 40 多种，根据其化学性质和生理作用，可分为 7 大类，即蛋白质、脂类、碳水化合物、矿物质、维生素、膳食纤维和水。其中蛋白质、脂类、碳水化合物为宏量营养素，机体需要量大，体内含量多，而且能产生能量；矿物质、维生素为微量营养素，很多某某缺乏症与它们有关。膳食纤维和水也是生命的重要元素，对人体有着重要的生理作用。

（一）蛋白质

蛋白质是生命的基础，没有蛋白质就没有生命。蛋白质是组成人体一切细胞、组织的重要成分，它几乎在所有的生命过程中都起着关键作用。一个体重 70 千克的健康成年男性体内大约含有 12 千克蛋白质，其主要作用是构造人的身体，修补人体组织，以及维持机体正常的新陈代谢和各类物质在体内的输送。如免疫蛋白维持机体免疫功能，血红蛋白携带运送氧等。蛋白质或其衍生物还能构成某些激素，如胰岛素、甲状腺素、垂体激素等。

1. 优质蛋白质

蛋白质由 20 种氨基酸组成，这其中有 9 种是人体不能合成或合成速度不能满足机体需要的，必须由食物中获得，被称为必需氨基酸。而衡量食物蛋白质的优劣，主要看食物所含的 9 种必需氨基酸是否齐全，配比是否均衡。如含有 9 种必需氨基酸就称其为完全蛋白质，而 9 种必需氨基酸配比均衡的完全蛋白质，才称其为优质蛋白质。优质蛋白质的氨基酸模式与人体氨基酸模式相近，因此易于消化吸收，其生物价高，可减少肝肾负担。

2. 饮食建议

《中国居民膳食指南（2022）》中推荐的富含优质蛋白质的食物类别主要为水产类、禽畜肉类、蛋类、奶类和豆类及其制品。

水产类除含有较多的优质蛋白质外，还富含矿物质、维生素及较多的 n-3 系列多不饱和脂肪酸，有些深海水产动物还富含 EPA 和 DHA，建议每天摄入总量 40～75 克。禽畜肉类的氨基酸组成与人体需要较接近，利用率高，含有较多的赖氨酸，宜与谷类搭配食用。禽畜肉类中的铁主要以血红蛋白、血红素铁形式存在，人体消化吸收率很高，建议每天摄入总量 40～75 克。

蛋类的各种营养成分比较齐全，营养价值高，是优质蛋白质的来源，尽管胆固醇含量高，但适量摄入也不会明显影响血清胆固醇水平，建议每天摄入一个鸡蛋。

奶类易消化吸收，其必需氨基酸比例符合人体需要，属优质蛋白质。且奶中的钙含量相当丰富，还易于吸收，是补钙佳品。建议每天摄入液态奶 300 克或相当 300 克液态奶量的奶制品。

大豆及其制品含有丰富的蛋白质、不饱和脂肪酸、钙、钾和维生素 E，其必需脂肪酸的组成和比例与动物蛋白相似，且富含谷类蛋白缺乏的赖氨酸，是与谷类蛋白质互补的天然理想食品。另外，大豆还富含大豆异黄酮、植物甾醇等多种有益于健康的成分。建议每天摄入大豆 15～25 克或相当 15～25 克大豆量的豆制品。

从合理利用食物中蛋白质的角度来说，最好是植物蛋白与动物蛋白科学搭配，这样可以充分发挥氨基酸的互补作用，获得足够优质的蛋白质。

（二）脂肪

脂类是重要的产能营养素，也是人体不可缺少的营养素之一。脂类包括脂肪和类脂两大类。脂肪又称甘油三酯，约占体内脂类总量的

95％。类脂是某些理化性质上与脂肪类似的物质,包括胆固醇、胆固醇酯、磷脂等,约占体内脂类总量的5％。因为脂肪在人体脂类中占比较高,所以营养学上谈到营养素时往往直接将脂类称为"脂肪"。脂肪是人体过剩热能的一种贮备形式,必要时可随时分解并提供热能,为机体所利用。除了是人体的热能储存库外,其还具有其他重要的功能。比如必需脂肪酸(亚油酸和α-亚麻酸)对儿童的智能发育有重要作用;磷脂作为一种类脂,它是细胞膜和血液的组成物质;此外,维生素A、维生素D、维生素E、维生素K、胡萝卜素等只能溶解在脂肪中,并随同脂肪在人体肠道中被吸收。胆固醇是细胞膜和细胞器的重要构成成分,它还是合成维生素D和胆汁酸盐的原料,以及多种激素的前体物质。

1. 脂肪酸种类

食物中的油脂,无论是固体的"脂"(比如猪油、牛油、黄油),还是液体的"油"(豆油、橄榄油等),本质上都是脂肪。脂肪酸根据其是否含有不饱和的双键及双键的个数,可分为饱和脂肪酸、单不饱和脂肪酸、多不饱和脂肪酸。常见的饱和脂肪酸有猪油里最多的"硬脂酸"和棕榈油里最多的"棕榈酸";常见的单不饱和脂肪酸有橄榄油和茶油里最多的"油酸";多不饱和脂肪酸最主要的来源是植物油,如葵花籽油、豆油等植物油富含的"亚油酸"($\Omega-6$多不饱和脂肪酸),亚麻籽油里最多的"alpha-亚麻酸"($\Omega-3$多不饱和脂肪酸)。$\Omega-3$系列脂肪酸对人们血脂的健康益处也越来越受到关注,其代谢所产生的衍生物具有降低血压、降低炎症反应和降低血液凝固性等作用,因此对于预防心血管疾病有益。$\Omega-3$系列脂肪酸可以从富含脂肪的鱼类和亚麻籽油、紫苏油、坚果、麦胚等食物中获取。

2. 饮食建议

《中国居民膳食指南(2022)》推荐膳食中脂肪摄入量占膳食总能量摄入量的20％～30％,摄入过高可能导致肥胖、心血管疾病等相关慢性疾病；摄入过低会影响维生素的吸收和必需脂肪酸的供给。《中国居民膳食营养素参考摄入量》中推荐饱和脂肪酸、单不饱和脂肪酸、多不饱和脂肪酸的总摄入比例应接近（比例应在 1∶1∶1 左右）。因此，在日常生活中要经常更换烹调油的种类，食用多种食用油，使得各种脂肪酸的摄入比例更加合理，更有利于身体健康。

（三）碳水化合物

碳水化合物是机体的重要能量来源。人体每天所需要的能量中，源于碳水化合物的占 55%～65%。它可以快速、高效、无残留地燃烧自己，减小蛋白质和脂肪供能的比例，让蛋白质发挥更重要的作用，同时减少因为分解脂肪酸而产生的过多酮体。其中，葡萄糖是维持脑功能最重要的养分之一。脑不会制造也无法储存葡萄糖，其必须依赖血液中葡萄糖的不断供应，才能正常工作，而人体每天产生的葡萄糖中至少有一半是提供脑部使用的。当脑部缺乏葡萄糖时，大脑活动将受到严重影响，轻则反应迟钝，重则会导致昏迷甚至脑细胞坏死。

1. 碳水化合物种类

碳水化合物按其所含有的分子数可以分为四类：单糖、双糖、寡糖和多糖。常见的单糖有葡萄糖、果糖、半乳糖等。葡萄糖是构成其他各种寡糖和多糖的基本单位，它在人体中是最容易被吸收利用的。双糖是由两分子单糖组合而成。常见的有蔗糖、乳糖和麦芽糖。平时很常见的白砂糖、红糖、冰糖主要成分都是蔗糖。母乳中的乳糖含量比牛奶高。乳糖可以保持肠道适宜的菌群和促进钙的吸收。寡糖又称低聚糖，常见的寡糖有棉籽糖、水苏糖、低聚果糖等。它们有助于调节肠道内细菌菌群的平衡，起到保护肠道的作用。多糖是由十个以上的单糖构成的大分子糖。分为可被人体利用的（如糖原、淀粉和糊精）和不可被人体利用的。淀粉富含于谷类、薯类和豆类食物中，是人类碳水化合物的主要食物来源，也是最丰富、最廉价的能量营养素。

2. 饮食建议

根据《中国居民膳食营养素参考摄入量》，建议尽量选取慢消化、高膳食纤维、低血糖反应的主食，比如燕麦、荞麦、黑米、红小豆、芸豆、干豌豆等各种杂粮。不宜食用过多的精制糖和甜食，而应考虑其来源，同样要强调不能贪多，否则大量的葡萄糖会转化为脂肪堆积在体内，导致肥胖症。特别要注意单糖比例不应超过 10%。若摄入过多易引起高脂血症，增加发生心血管疾病的风险。特别是 GI 值高的碳水化合物食物，对肥胖、心血管疾病、糖尿病等均会产生不良影响。

（四）矿物质

1. 常量元素和微量元素

矿物质是人体中的无机盐，人体含有 60 多种元素，其中维持机体正常功能所需要的元素约有 20 种。矿物质又分为常量元素和微量元素。人体含量大于体重 0.01% 的元素称之为常量元素，包括钙、磷、钾、钠、硫、氯、镁等。体内含量小于体重 0.01% 的则称为微量元素，包括碘、铬、硒、氟、锰、铁、锌等。矿物质在体内不能合成，必须从外界摄取，且每天都有一定量的矿物质随代谢产物一并排出体外。矿物质在体内的分布极不均匀，而且彼此之间存在协同或拮抗作用，因此要保证合理摄入。

2. 人体较易缺乏的矿物质

钙是人体含量最多的矿物质元素，占成人体重的 1.5%～2.0%。一个足月新生儿体内约有 30 克钙，成人体内含有 1 000～1 200 克钙，其中 99.3% 集中在骨骼和牙齿，其余 1% 分布于软组织、细胞外液和血液中，统称为混溶钙池。混溶钙池可以调节神经肌肉的兴奋性，钙还是血液凝固过程中必需的凝血因子，与细胞的吞噬、分泌、分裂等活动都密切相关。奶及奶制品中钙含量丰富，奶中合适的钙磷比、乳糖等都能促进钙质吸收，因此奶应成为每日钙的主要来源之一。豆制品、绿叶菜也是钙的良好来源。芝麻、小虾皮、海带当中也含有一定量的钙。草酸会影响钙质的吸收，蔬菜当中有的草酸含量较高，如菠菜、竹笋、茭白等，可通过焯水的方式去除。

铁是人体重要的必需微量元素，人体内铁的水平随年龄、性别、营养和健康状况的不同而异，人体铁缺乏仍然是世界性的主要营养问题之一。缺铁可能导致人体烦躁不安或萎靡不振，注意力不集中，记忆力减退；严重贫血时心率增快，心脏扩大，因此在饮食中也要注意多吃些富含铁而又较易被吸收利用的食物，含铁丰富的食品有猪肝、瘦肉、海带、紫菜、木耳、香菇等，其次有豆类、蛋类、蔬菜等。

（五）维生素

维生素是维持人体正常生命活动所必需的有机化合物，但是维生素在人体内不能合成或是合成量不足，需要通过食物供给。虽然需要量很少，但是其担负着特殊的代谢功能，在机体代谢、生长发育过程中起着重要作用。

1. 维生素的分类

根据溶解性的不同，维生素可以分为脂溶性维生素（不溶于水但能溶解于脂肪及有机溶剂）和水溶性维生素（能溶解于水）两大类。脂溶性维生素包括维生素 A、维生素 D、维生素 E、维生素 K。脂溶性维生素易储存于体内，而不易排出体外（维生素 K 除外），摄取过多易在体内蓄积导致毒性作用，因此要注意控制摄入量。水溶性维生素包括维生素 C 和维生素 B 族，一般体内很少储存，需要每天补充。

2. 人体较易缺乏的维生素

维生素 D 不但有助于骨骼健康，还与癌症、糖尿病、心血管疾病的防治有关，还是目前国人已知缺乏人群比例最高的维生素。维生素 D 被称作阳光小药丸，天然食物中含量不高，主要通过晒太阳来合成。但由于性格、气候或地域原因，人不一定全年都能靠晒太阳合成足够量的维生素 D。因此建议青少年、孕妇、哺乳期女性应多进行户外活动并吃富含钙的食物，此外建议有需要的人群合理补充适当的维生素制剂。

B 族维生素在我国属于易缺乏的水溶性维生素，这与当下膳食结构不合理和烹调加工不当引起食材营养素较多损失有关。B 族维生素是水溶性营养素，在体内不易存储，每天要食用经过合理烹调的富含 B 族维生素的食物才能避免缺乏。B 族维生素是推动体内代谢，把糖、脂肪、蛋白质等转化成热量时不可缺少的物质。如维生素 B_2 又称为核黄素，摄入不足会直接影响机体的生长发育。维生素 B_2 促进三大产能营养素的代谢，维持皮肤黏膜完整，对视觉的感光过程具有重要作用，并有助于预防缺铁性贫血。牛奶、蛋黄、动物心、肝、肾以及绿叶蔬菜中都含有丰富的维生素 B_2，但维生素 B_2 遇到碱性、高压及光照环境容易被破坏，因此特别要注意合理烹调。

（六）水

"水是生命之源"。水不仅是构成组织和细胞的重要组成成分，还参与人体内新陈代谢的全过程，人体内含水量达 2/3 之多，其中血液的含水量约有 92%。正是由于人体内含有大量的水，因此人的体温可以维持在一定的范围内，关节肌肉和体腔能有足够润滑，人们才能活动自如。人摄入的营养素在消化、吸收、代谢、排除废物的过程中，都需要水的帮助。正因为水在人体内具有无可替代的重要作用，因此在平时生活中人们要做到主动喝水和保证每日的水摄入量。

1. 水的需要量

《中国居民膳食指南（2022）》建议在温和气候条件下生活的进行轻体力活动的成年人，每日应饮水 1500～1700 毫升。当人感觉到渴的时候，会去寻找饮水，事实上人体这种反应总是滞后于人体的需求，当人们感觉到口渴时人体已经失去了 2% 左右的水分，如果仍然不能及时补充，则会逐渐感觉疲乏、虚弱、头痛、烦躁、呼吸加快，甚至出现幻觉，最终死亡。

2. 水的选择

白开水是最符合人体需要的饮用水。早晨起床后可空腹喝一杯水（不推荐淡盐水或者蜂蜜水）。一天中饮水应少量多次，每次 200 毫升左右。

（七）膳食纤维

过去人们的膳食以谷类食物为主，并辅以蔬菜果类，所以膳食纤维基本能够得到保证，但随着生活水平的提高，食物精细化程度越来越高，动物性食物所占比例大为增加，膳食纤维的摄入量却明显降低，所谓"生活越来越好，纤维越来越少"。由此导致了一些所谓的"现代文明病"，如肥胖症、糖尿病、高脂血症等，以及一些与膳食纤维过少有关的疾病，如肠癌、便秘、肠道息肉等的发病率日渐增高。

1. 膳食纤维的分类及生理功能

膳食纤维主要源自植物的细胞壁，分为可溶性膳食纤维和不可溶性膳食纤维。可溶性膳食纤维来源于果胶、藻胶、魔芋等。可溶性纤维在胃肠道内和淀粉等碳水化合物交织在一起，并延缓后者的吸收，故可以起到降低餐后血糖的作用。不可溶性膳食纤维最佳来源是全谷类粮食，其中包括麦麸、麦片、全麦粉、糙米等。不可溶性膳食纤维对人体的作用首先在于促进胃肠道蠕动，加快食物通过胃肠道，减少吸收，另外不可溶性膳食纤维在大肠中可吸收水分软化大便，起到防治便秘的作用。

膳食纤维虽然不能被人体吸收，但却可以被肠道的有益菌利用，有助于肠道健康。随着科学的发展，现在肠道健康越来越受到重视。人的情绪及一些过敏性问题可能都与肠道健康有关。膳食纤维有极强的吸水性，可使肠道中的食物增大变软，促进肠道蠕动，加快排便速度，防止便秘降低肠癌的风险。膳食纤维可延缓胃排空，平稳餐后血糖，可以让人的大脑获得持续平稳的能量供应。

2. 饮食建议

膳食纤维对健康有着重要的作用，但并非多多益善，太多膳食纤维会影响人体对钙、铁、锌等重要矿物质的吸收。膳食纤维的建议摄入量是成人每天 25～30 克，7 岁孩子每天 10～15 克。谷类精加工后会损失大量膳食纤维，因此要获得充足膳食纤维，要多吃全谷物、杂豆、薯类、蔬菜、水果、菌藻、坚果等。蔬菜中以鲜豆类和绿叶菜的膳食纤维较多。膳食纤维加热不会损失，加热加油烹调后，纤维会被软化，更容易为人体所接受。蔬菜水果榨汁后过滤会损失大量膳食纤维，因此推荐整体食用。

二、家庭饮食的工学属性

食品卫生和合理烹调是保证人体健康的重要因素。从农田到餐桌的食品卫生问题越来越引起人们的重视，食物链的安全性也备受人们关注。食品安全问题不仅会产生于食物的制作环节上，而且在原料采购、烹调、贮存等的全过程中都有可能发生。因此，现代家庭饮食应更加科学规范地保障每个环节的落实。

（一）食物的选购

食品原料是厨房中不可或缺的角色之一，对它们的正确选择是厨房营养健康的第一步。

1. 蔬果的选购

对于蔬菜水果这一类植物性食物，最好能够按需购买，以尽量保持其新鲜度。这类食物新鲜的水分比较足，吃起来爽口；不新鲜的干瘪，吃起来味道不好。宜选择当地、应季的食材，以缩短运输的距离，减少污染机会，保证食物新鲜卫生和营养。蔬果的选购原则，总的来说有三点：购买新鲜卫生的蔬果，尽量买当季的蔬果，不买颜色异常、形状异常、气味异常的蔬果。

2. 豆制品的选购

选择豆制品的方法有：选购的豆制品应包装正规，标明生产企业、保持期限、产品标准和各类认证标志等；应保证打开后风味正常，无酸味，表面不发黏；没有经过油炸，最好不加入油脂。

3. 畜肉类的选购

鲜肉的肌肉有光泽、红色均匀、脂肪白色或淡黄色，外表微干或微湿润、不黏手，指压肌肉后的凹陷立即恢复，气味正常。不新鲜肉的肌肉无光泽，脂肪灰绿，外表极度干燥或黏手，指压后的凹陷不能复原，留有明显痕迹，可能有臭味。

4. 禽肉类的选购

新鲜禽肉的眼球饱满，皮肤光泽自然，表面不黏手，具有正常气味，肌肉结实有弹性。不新鲜禽肉眼球干缩、凹陷，体表无光泽，头颈部常带暗褐色，皮肤表面湿润发黏，或有霉斑，肉质松散、发黏，呈暗红、淡绿或灰色。

5. 蛋类的选购

新鲜的蛋类蛋壳坚固完整、清洁、常有一层粉状物，手摸发涩，手感发沉，灯光透视可见蛋呈微红色。不新鲜的蛋类蛋壳呈灰乌色或有斑点、有裂纹，手感轻飘，灯光透视时不透光或有灰褐色阴影。打开常见到黏壳或者散黄。购买鸡蛋要注意看生产时间，一周内的鸡蛋状态会更好一些。

6. 鱼类的选购

新鲜的鱼体表有光泽，鳞片完整、不易脱落，眼球饱满突出，鳃丝清晰呈鲜红色，黏液透明，肌肉坚实有弹性，腹部正常、肛孔白色、凹陷。不新鲜的鱼体表颜色变黄或变红，眼球平坦或稍陷，鳃丝黏连，肌肉松弛、弹性差，腹部膨胀，肛孔稍突出，有异臭。

（二）食物的烹调

烹调能起到杀菌及增进食物色、香、味的作用，使食物美味并且容易消化吸收，提高人体对食物营养素的利用率。同时烹调过程中食物会发生一系列的物理化学变化，使某些营养素遭到破坏。因此在烹调过程中要尽量发挥其有利因素，提高营养价值，促进消化吸收；要控制不利因素，尽量减少营养素的损失。

1. 谷物类食物

谷物类食物烹调前需要淘洗，在淘洗过程中会流失水溶性的维生素和矿物质，所以淘洗次数不易太多，并且要减少浸泡时间。谷物类的烹饪对于 B 族维生素的影响最大。建议对于稻米类的食物采用蒸的方式；面粉制作的食物可用蒸、烙的方式。烹调谷物类食物要减少油炸、煎的方式，并少加小苏打，以降低 B 族维生素的损失。

2. 畜禽肉蛋类

畜禽肉蛋类食物的烹调方式多种多样，建议用蒸、焖、烤、炖、炒等方式进行处理。经过烹调的肉类蛋白质经过变性，更易于机体的消化吸收。如果采用上浆挂糊、急火快炒的形式，会使肉类外部蛋白质迅速凝固，减少营养素的流失。肉类食物不要进行过度的煎炸和熏烤，这会带来苯并芘过多的风险，使得食用者患癌症的风险增加。

3. 蔬菜类

蔬菜是获得维生素、矿物质、膳食纤维等营养成分的食物种类，在烹调过程中需要注意维生素 C 的流失。所以烹调蔬菜建议使用先洗后切、急火快炒或者焯水拌食的方式，这能降低其维生素的流失，也能最大化保留其营养。此外，用加少量油的半碗水来替代大量炒菜油，菜下锅翻匀后再焖一两分钟，即"水油焖"的烹调法，也有利于多种维生素的保存。炒菜时，除绿叶菜外，可适当加醋，防止蔬菜中的维生素 C、维生素 B_1、维生素 B_2 氧化，促进钙、磷、铁的溶解。

此外要强调的是，要在原料加工过程中保证食品安全。烹调前的原料加工要注意去除原料中的污染物和不可食部分，其操作过程包括挑拣、解冻、清洗、切配及加工后半成品的贮存等诸多环节。在加工前应认真检查待加工食品原料，发现有腐败变质迹象或其他感官性状异常的，不得加工和使用；原料在使用前应洗净，动物性食品原料、植物性食品原料、水产品原料应分池清洗；原料丝配丝、条配条、块配块、丁配丁等。烹调环节由于同时存在生食品和熟制品，如果操作不当极易产生交叉污染。因此在烹调环节要注意避免加工人员、工用器具、加工场所等之间的交叉污染。

（三）食物的贮藏

食物的贮藏会带来营养素的损失，这与贮藏的条件如温度、湿度、氧气、光照、保藏方法等都有关系。

1. 谷类

正常的保藏条件下，谷物蛋白质、维生素和矿物质含量的变化不大。当保藏条件不当时，谷粒会发生霉变，感官性状及营养价值也会降低，严重时完全失去营养价值。由于谷类保藏条件和水分含量不同，不同维生素在保藏过程中变化也不同。比如谷粒的水分为 17％时储存5 个月，维生素 B_1 损失 30％；水分为 12％时，同项损失减少至 12％。因此对谷物类食品一定要干燥、密封储存，以减少其营养素丢失甚至霉变的概率。

2. 蔬菜水果

蔬菜、水果在采收后仍会不断发生生化等方面的变化。如果贮藏条件不当，其营养价值和食用价值都会降低。

新鲜的蔬菜若存放在潮湿和湿度过高的地方容易产生亚硝酸盐，在腐烂时更容易形成亚硝酸盐，所以要放置于低温环境储存。有一些水果，比如香蕉、芒果等属于热带水果，不宜放置冰箱（会冻伤），所以就需要放在室温阴凉处储藏。

3. 动物性食品

动物性食品一般采用低温储藏，包括冷藏和冷冻。冷冻法是保持动物性食物营养价值、延长保质期的较好方法。需要提醒的是采购动物性食物不宜过多，因为食物放冷冻室太长时间也不新鲜。动物性食品不能反复冷冻、解冻，这会导致营养损失加大。

总之，按需进行新鲜食材采购，并以适当的储存方式存储，以减少其营养流失，才是保证家庭食物安全的第一步。

三、现代家庭饮食的社会学属性

俗话说"病从口入"，糖尿病、高血压等慢性病与饮食、运动等密切相关。

（一）平衡膳食最关键

长期稳定的平衡膳食模式能最大程度地满足人体正常生长发育及各种生理活动的需要，并且可降低如高血压、心血管疾病等多种疾病的发病风险。平衡膳食模式，指一段时间内膳食组成中的食物种类和比例可以最大限度地满足不同年龄、不同能量水平的健康人群的营养和健康需求。食物品种齐全、种类多样的膳食应由五大类基本食物组成：第一类为谷薯类，包括谷类（包含全谷物）和薯类，杂豆通常保持整粒状态食用，与全谷物概念相符，且常为主食的材料，因此也放入此类；第二类为蔬菜和水果类；第三类为动物性食物、包括畜、禽、鱼、蛋、奶类；第四类为大豆类和坚果类；第五类为纯能量食物如烹调油等。

（二）中国居民膳食指南

人的饮食习惯会对健康产生影响，不要忽视吃下去的每一口食物。事实证明，以蔬菜、水果、鱼类、五谷杂粮、豆类和橄榄油为主的"地中海膳食模式"，可以减少食用者心脑血管疾病、Ⅱ型糖尿病、代谢综合征、认知障碍和某些肿瘤的发病风险。相反，有些人群中慢性病及肥胖的人数比例可观，究其原因是因为他们过多摄入了精细谷类、红肉加工肉类、高脂奶类、甜品和酒精，这种"西式膳食模式"的膳食脂肪供能高、营养失衡，是导致食用者慢性疾病发病率快速上升的直接原因。

中国营养学会于 1989 年首次发布膳食指南，随后在 1997 年、2007 年和 2016 年多次发布了修订版膳食指南。然而，随着经济的发展和人们生活水平的提高，高血压、糖尿病、高血脂、肥胖、心脑血管疾病等慢性病仍然呈井喷式增长。最新数据显示，我国居民动物类食物尤其是畜肉摄入过多，烹调油和食盐摄入水平居高不下，年轻人饮料消费增多导致添加糖摄入量明显增加。国民的健康意识虽有了一定的进步，但并未得到太高的提升，仍然存在很多不良的饮食习惯，为自己、家庭及社会带来了沉重的经济负担。为更好地应对这些问题，中国营养学会结合我国当前国情和科研进展，在《中国居民膳食指南（2016）》的基础上修订发布了《中国居民膳食指南（2022）》。

该指南由一般人群膳食指南、特定人群膳食指南和中国居民平衡膳食实践 3 个部分组成。其中，针对一般人群，指南提出了 8 条膳食准则。

准则一　食物多样，合理搭配

核心推荐：

➢ 坚持谷类为主的平衡膳食模式。

➢ 每天的膳食应包括谷薯类、蔬菜水果、畜禽鱼蛋奶和豆类食物。

➢ 平均每天摄入 12 种以上食物，每周 25 种以上，合理搭配。

> 每天摄入谷类食物 200～300 克，其中包含全谷物和杂豆类 50～150 克，薯类 50～100 克。

准则二　吃动平衡，健康体重

核心推荐：

> 各年龄段人群都应天天进行身体活动，保持健康体重。

> 食不过量，保持能量平衡。

> 坚持日常身体活动，每周至少进行 5 天中等强度身体活动，累计 150 分钟以上；每天主动身体活动 6 000 步。

> 鼓励适当进行高强度有氧运动，加强抗阻运动，每周 2～3 天。

> 减少久坐时间，每小时起来动一动。

准则三　多吃蔬果、奶类、全谷、大豆

核心推荐：

> 蔬菜水果、全谷物和奶制品是平衡膳食的重要组成部分。

> 餐餐有蔬菜，保证每天摄入不少于 300 克的新鲜蔬菜，深色蔬菜应占 1/2。

> 天天吃水果，保证每天摄入 200～350 克的新鲜水果，果汁不能代替鲜果。

> 吃各种各样的奶制品，摄入量相当于每天 300 毫升以上液态奶。

> 经常吃全谷物、大豆制品，适量吃坚果。

准则四　适量吃鱼、禽、蛋、瘦肉

核心推荐：

> 鱼、禽、蛋类和瘦肉摄入要适量，平均每天 120～200 克。

> 每周最好吃鱼 2 次或 300～500 克，蛋类 300～350 克，畜禽肉 300～500 克。

> 少吃深加工肉制品。

> 鸡蛋营养丰富，吃鸡蛋不弃蛋黄。

> 优先选择鱼，少吃肥肉、烟熏和腌制肉制品。

准则五 少盐少油，控糖限酒

核心推荐：

➢ 培养清淡饮食习惯，少吃高盐和油炸食品。成年人每天摄入食盐不超过 5 克，烹调油 25～30 克。

➢ 控制添加糖的摄入量，每天不超过 50 克，最好控制在 25 克以下。

➢ 反式脂肪酸每天摄入量不超过 2 克。

➢ 不喝或少喝含糖饮料。

➢ 儿童、青少年、孕妇、乳母以及慢性病患者不应饮酒。成年人如饮酒，一天饮用的酒精量不超过 15 克。

准则六 规律进餐，足量饮水

核心推荐：

➢ 合理安排一日三餐，定时定量，不漏餐，每天吃早餐。

➢ 规律进餐、饮食适度，不暴饮暴食、不偏食挑食、不过度节食。

➢ 足量饮水，少量多次。在温和气候条件下，低身体活动水平成年男性每天喝水 1 700 毫升，成年女性每天喝水 1 500 毫升。

➢ 推荐喝白水或茶水，少喝或不喝含糖饮料，不用饮料代替白水。

准则七 会烹会选，会看标签

核心推荐：

➢ 在生命的各个阶段都应做好健康膳食规划。

➢ 认识食物，选择新鲜的、营养素密度高的食物。

➢ 学会阅读食品标签，合理选择预包装食品。

➢ 学习烹饪、传承传统饮食，享受食物天然美味。

➢ 在外就餐，不忘适量与平衡。

准则八 公筷分餐，杜绝浪费

核心推荐：

➢ 选择新鲜卫生的食物，不食用野生动物。

➢ 食物制备生熟分开，熟食二次加热要热透。

➤ 讲究卫生，从分餐公筷做起。

➤ 珍惜食物，按需备餐，提倡分餐不浪费。

➤ 做可持续食物系统发展的践行者。

（三）平衡膳食宝塔

为了帮助居民把膳食指南的原则具体应用于日常膳食实践，中国营养学会研究了中国居民各类食物消费量的有关问题，提出了中国居民的"平衡膳食宝塔"，展示了一个营养上比较理想的膳食模式。《中国居民膳食指南（2022）》中提出了最新的平衡膳食宝塔。

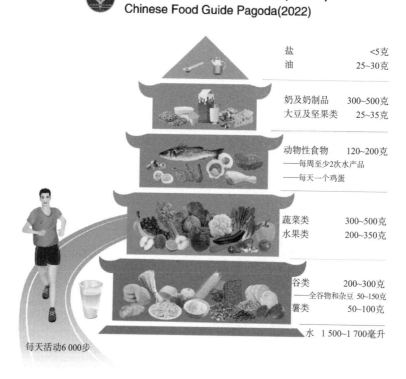

图 7-1　中国居民平衡膳食宝塔（2022）

平衡膳食宝塔共分五层，包含人们每天应吃的主要食物种类。宝塔各层位置和面积不同，这在一定程度上反映出各类食物在膳食中的地位和应占的比重。

底层是水和谷类食物，每人每天应该吃谷物200～300克，薯类50～100克，其中，全谷物和杂豆50～150克；

第二层是蔬菜和水果，每天应吃300～500克和200～350克；

第三层是鱼、禽、肉、蛋等动物性食物，每天应该吃120～200克，每天应吃1个鸡蛋，每周至少吃2次水产品；

第四层是奶类、豆类及坚果，每天应吃奶类及奶制品300～500克，豆类及坚果25～35克（约一把坚果）；

第五层（塔尖）是油脂类和盐，每人每天摄入油25～30克，盐小于5克。

（四）特殊人群配餐选择

1. 爱美人士

需要选择一些抗氧化的，含有丰富维生素C、番茄红素、维生素E以及优质蛋白质丰富的食材，如辣椒、番茄、三文鱼、虾仁等。

2. 孕妇

需要选择叶酸丰富的食物如猪肝、豆类、绿叶蔬菜等，以预防神经管畸形和高同型半胱氨酸血症，促进红细胞成熟以及和血红蛋白的合成。应选择对胎儿脑部发育有益的食物如凤尾鱼等。可食用核桃及用亚麻籽油、核桃油等作为食用油脂来补充n-3多不饱和脂肪酸。应选择含铁丰富的食物如动物血、肝脏以及红肉等预防贫血，这类食物的铁吸收率比较高，还可搭配丰富的维生素C食物共同食用，以利于铁的吸收。为了促进骨骼的发育，需要选择含钙质丰富的食物如虾皮、豆腐、牛奶、豆浆等，还要多晒太阳，做轻松的户外活动。

3. 儿童

给儿童的配餐，可以选择三餐两点制。两餐之间适量的加餐，不影响正餐的食用即可。儿童的活动消耗大，而且处于生长发育阶段，需要选择优质蛋白质、钙质、不饱和脂肪酸丰富的食物，如虾仁、鸡蛋、鱼肉、豆腐、牛奶等，还可多补充高钙绿叶菜，这也是钙质的重要来源。

4. 偏瘦或偏胖者

对于偏瘦人群，可以适当增加能量的摄入，采取多餐制，可以适当增加优质脂肪，使得能量密度提高。可以适当多摄入一些植物性优质油脂，使其能够占据一天总能量摄入的30%，此类油脂包括橄榄油、亚麻籽油、核桃油、玉米籽油等。对于肥胖人群，则需要摄入能量密度低的食物，降低油脂的占比至一天总能量摄入的20%，提高蛋白质的摄入最高至一天总能量摄入的30%。选择全谷物作为主食，食用瘦肉、鱼肉、鸡胸肉等脂肪含量低的优质蛋白质，多补充蔬菜。

5. 糖尿病患者

宜选择升糖指数低的碳水化合物，并且控制碳水化合物的摄入量。宜选择如南瓜、玉米、红薯等替代部分主食，增加黑米、小米、糙米、燕麦等谷物的摄入。

6. 心脑血管患者

宜选择优质脂肪，并且控制动物脂肪的摄入。控制盐的摄入，特别要注意控制预包装食品里的盐食物。尽量选择膳食纤维丰富的食物如蔬菜、粗杂粮、坚果（每天10克）、菌藻等的摄入。

7. 骨质疏松患者

这类人群需要补充钙质和维生素D丰富的食物，还需要配合以阳光下的户外运动，以促进钙质的吸收。这类食物包括牛奶、酸奶、豆腐、豆干、鱼肉、虾仁类等。此类人群还要限制浓茶、浓咖啡、糖等的摄入。

8. 肿瘤患者

对于这类人群，需要加强营养的强化，选择适合他们的高能量、高蛋白、易消化的食物，也可以选择特殊医学用途配方食品。有科学研究表明，营养不良的肿瘤患者 5 年存活率明显低于营养良好的患者。这就需要根据特定需求科学补充营养，来增加人的免疫力。

第三节　家庭营养管理

家庭是营养管理的基础单元，是实现家庭成员营养管理的场所，随着我国国民整体文化水平和科技素养的日渐提高，家庭营养管理的作用会越来越重要。遵从健康生活方式是家庭营养管理最重要的内容，更是营养预防的核心内容。

一、膳食食谱实践方案

（一）设计和计划膳食

设计家庭一日三餐，除要保证食物种类和数量能满足一家营养需要，选择的食物受家人喜爱之外，还要满足几项原则。

1. 膳食平衡原则

平衡膳食不仅表现在热量和每一种营养素必须满足机体的生理需求，还表现在热量和营养素之间以及营养素之间要有合适的比例。

2. 食物种类多样化原则

食物有谷类和薯类、蔬菜和水果类、动物性食物类、豆类及其制品、纯热量食物类等，营养成分各有侧重。食物种类多样，才能保证各类营养素需要。

3. 恰当搭配原料

合理配菜，能使各种原料的营养成分互为补充，提高菜肴的营养价值。在具体制作时，要使用在（合理的）较短时间和较少劳动下能最大限度保留营养素的烹调方法。

设计和计划膳食主要包括四个步骤：第一步确定膳食营养目标；第二步确定和选择食物；第三步确定食物用量；第四步烹调合理清淡，饮食养成习惯；第五步评价与完善。

（二）设计食谱应考虑的因素

设计食谱时应充分考虑食材的获取、调味料（尤其是油、盐）的使用，烹调方法、器具及原料成本等因素。

1. 食材

食材选择要多样，建议每天 12 种以上，每周 25 种以上，要尽量做到每天都不重样。建议三餐都选用粗细搭配的主食，餐餐都有数量充足的蔬菜，尤其是深色蔬菜，全天至少保证摄入牛奶 300 克。食材的选择要根据当地食物品种和生成情况进行，并尽量体现个性化。

表 7-1　建议摄入的主要食物种类数

单位：种

食物类别	平均每天摄入的种类数	每周至少摄入的种类数
谷类、薯类、杂豆类	3	5
蔬菜、水果	4	10
畜、禽、鱼、蛋	3	5
奶、大豆、坚果	2	5
合计	12	25

只有一日三餐的食物多样，才有可能达到平衡膳食。按照一日三餐分配食物品种数，早餐至少摄入 3～5 种；午餐摄入 4～6 种；晚餐摄入 4～5 种；加上零食 1～2 种。

2. 调味料

要坚持"三减"（减盐、减油、减糖）的原则，要注意食谱中调味品的能量及油、盐、糖的含量。如，要将芝麻酱、蛋黄酱、咖喱膏等所含的能量值计入总能量；要特别注意食谱中调味品的盐含量，酱油、蚝油、大酱等都要折换成盐进行合并计算。

3. 烹调方法

在烹调技巧选择与应用上，建议由多方人员共同商议制定，食物既要保证营养，又要讲究口味。

（1）加工形态要多样，如丝、条、块、丁、片；

（2）调味变化有起伏，口味有变化，如酸、甜、咸、鲜、香、复合味；

（3）色彩搭配需协调，如赤、橙、黄、绿、青、蓝、紫；

（4）烹调方法选多种，基本以煮、蒸、炖、炒、白灼、汆、滑为主；

（5）质感差异多变化，如软、烂、嫩、滑、糯等；

（6）品种衔接需配套，如菜、点、羹、汤、果。

还可对一些常见菜品的烹调方式进行改良。例如，把滑炒鸡蛋的步骤改良为水滑法（大大降低菜中油的含量），糖的应用减少 2/3，用番茄沙司补充口味上的欠缺；地三鲜中的茄子由原先的炸制改良为蒸，有效减少油脂的摄入。

4. 烹调器具

采用蒸、焖、炖、煮、煨等烹调方法，食物保留营养较多，更有益健康。蒸箱、蒸锅、普通高压锅具有一定的压力，用蒸汽能烹制清爽鲜嫩的清蒸菜肴，砂锅炖煮也可以让菜肴软嫩适口，尤其适合老年人食用。

5. 原料成本

制订膳食计划时要根据市场供应情况，尽可能选用当地时鲜品种，保证食物新鲜，同时根据经济条件，在满足营养需求的前提下选择食物品种。

二、设计家庭成员的膳食计划

按照家庭成员对营养素的不同要求制订膳食计划，计划中需要包括食物选择、用量建议和重要提示。这个计划能够帮助个人按照膳食指南的推荐要求，达到平衡膳食、食物多样、合理运动的目的。通过制定膳食计划，对每一餐、每一天的膳食进行合理搭配，并养成长期的健康饮食习惯，才能充分发挥平衡膳食对健康的促进作用。

下面的膳食日记表格有助于人们对一日进食量和膳食质量进行评估，并根据自身状况相应地调整食谱结构。

表7-2　膳食日记表格（以1800千卡为例）

身高：　　　　体重：　　　　BMI值：　　　　劳动强度

食物类别	营养提示	食用量（克）	推荐量（克）	食用种类数	推荐种类数
谷薯、杂豆类	最好选择⅓的全谷类/杂豆食物	谷类（　）	100		≥3
		全谷物/杂豆（　）	75		
		薯类（　）	50		
蔬菜水果类	种类多样，深色蔬菜最好占到½以上	蔬菜（　）	400		≥4
		水果（　）	200		
畜禽鱼蛋类	优先选择鱼和禽，吃瘦肉，鸡蛋不丢弃蛋黄	禽畜肉（　）	50		≥3
		水产品（　）	50		
		蛋类（　）	40		
奶、大豆、坚果类	每天喝奶，经常吃豆制品，适量吃坚果	乳制品（　）	300		≥2
		豆制品（　）	15		
		坚果（　）	10		

食物类别	营养提示	食用量（克）	推荐量（克）	食用种类数	推荐种类数
油盐	清淡饮食，少吃高盐和油炸食品	油（　）	25		≥2
		盐（　）	≤5		1
饮水量	主动足量饮食，每天 7~8 杯白开水				
今天运动量	每天运动，每天最好至少进行 30 分钟中等强度的运动				

自我评价：很好　一般　不太好

改善措施：

膳食日记可以帮助人们重新审视自己的饮食结构、食物搭配和进食量是否符合健康饮食标准；也可以帮助人们观察家人的饮食情况，尤其是家人中有患慢性营养性疾病的，通过记录可帮助辨别家人的饮食是否有问题及问题在哪儿，从而进行有针对性的改善。

三、家庭营养教育

营养教育是提高营养知识，指导人们科学合理地选择平衡膳食及建立良好饮食习惯的重要途径，是改善各类人群营养知信行的有效方法。知识和认识的不足直接影响着人们的营养和健康水平。健康教育知信行理论指出，只有当人们了解有关的健康知识，建立起积极、正确的信念与态度，才有可能主动形成有益于健康的行为，改变危害健康的行为。

（一）推广分餐制与公筷公勺

一群人围在一起吃"大桌饭"是一些国家的传统习俗。多人共餐虽然体现了相互分享的美德，但是在当今人口聚集、流动性大的社会背景下，"大桌饭"也带来了很多健康隐患。有证据显示，食源性疾病之所以在某些国家更为严重，其原因与饮食习惯相关，很多致病性微生物如肝炎、幽门螺旋杆菌、流感病毒、冠状病毒等，都会经过共用餐具"经口传播"。

因此，推广分餐或份餐，可在很大程度上将疾病的传染阻挡在前端，为预防疾病和保障营养起到重要作用。

分餐制主要有以下优点：

首先，分餐制有利于预防经口传播疾病，可避免共同用餐时个人取食餐具接触公众食物所造成的疾病传染风险。

其次，分餐制有利于定量取餐、按需进食，保证营养平衡。特别是对于儿童，可帮助其学习认识食物、熟悉量化食物，也有助于其良好饮食习惯的养成。

再者，分餐制有利于节约粮食，减少浪费。聚餐往往会导致过量购买用具和过量备餐。分餐按量取舍，剩余饭菜又可打包带走，是卫生、定量、不浪费的好办法。

（二）正确阅读食品标签

对于消费者来说，食品标签不仅有助于人们了解食品信息和科学选购食品，同时还保护了人们的知情权，引导企业生产更多符合营养健康要求的食品。在选购食品时，人们应学会阅读食品标签，挑选适合自己的预包装食品。

《食品安全国家标准预包装食品营养标签通则》（GB28050－2011）要求预包装食品生产企业在营养标签上标示包括能量和蛋白质、脂肪、碳水化合物、钠4种核心营养素的含量值及其占营养素参考值的百分比（即"1＋4种"强制标示），这为消费者了解该食品的宏观营养素含量提供了便利。

在挑选食品时，应该注意以下信息：

首先，要注意保质期、生产日期及保存条件。

其次，要阅读配料表和营养成分表，尽量选择高营养价值配料排列位置比较靠前的食品。特别是要关注营养成分表上能量、蛋白质、脂肪、碳水化合物、钠的含量——这也是减肥和慢性病人群需要特殊关注的。

最后，要关注食品添加剂，添加剂种类太多的食品尽量少吃。

随着人们对健康与食物营养的关注度不断提升，不久以后会增加饱和脂肪、糖、维生素 A 和钙等营养素的强制标示，我国的预包装食品标签也会达到"1 + 8 种"强制标示营养素数量，与发达国家缩小差距。

（三）理性购买保健品

2005 年颁布的《保健食品注册管理办法（试行）》中将保健食品定义为："声称具有特定保健功能或者以补充维生素、矿物质为目的的食品。即适宜于特定人群食用，具有调节机体功能，不以治疗疾病为目的，并且对人体不产生任何急性、亚急性或者慢性危害的食品。"

因此，保健食品是一种给人提供营养且对人体不产生任何健康危害的食品，而不是以治疗疾病为目的药品。保健食品可以调节机体的某些功能，但其声称具有的特定功能应当具有科学依据。保健食品适合特定人群食用，品质再好的保健食品也不是对所有人都适用。

然而现实中很多企业刻意夸大保健食品的功效，虚假宣传各种作用，使得保健食品市场鱼龙混杂。"治疗肿瘤""治疗高血压""延年益寿"等经常被作为宣传语使用，甚至某些产品还宣称"包治百病"。那么到底该如何选购保健食品？又怎样鉴别保健品真伪呢？人们有必要了解选购保健食品的"五个注意"和"五个警惕"。

一要注意保健食品是食品的特殊种类，不能预防疾病，更不能代替药品。

二要注意保健食品不能代替其他食品，要坚持正常饮食。

三要注意看食品包装标签上的食品名称、规格、净含量、生产日期，成分或配料表，生产者的名称、地址、联系方式，保质期，产品标准代号，贮存条件，食品添加剂的通用名称，生产许可证编号等是否清楚齐全。

四要注意到信誉好、食品经营许可证、营业执照齐全的正规商场、超市、药店或专卖店选购。购买时要认准"蓝帽子"标志，索取并保存好购买票据。

五要注意消费者对所购买的保健食品质量安全有质疑，或发现有虚假宣传食品和保健食品具有疾病预防、治疗功能的，请及时向当地市场监管部门举报，也可拨打投诉举报电话 12315，相关部门将依法处置。

一要警惕"药到病除"，一些非法保健食品广告声称可以治疗某种疾病，常用如"根治""无效退款""无毒副作用"等承诺欺骗、诱导消费者。

二要警惕"健康讲座"，一些不法商家利用"访谈、讲座"等形式，邀请一些假冒专家、教授和老中医开展"养生"讲座，借机兜售保健食品。

三要警惕"免费服务"，一些不法商家通过"赠药""免费试用"等方式组织促销活动，让人在不知不觉中被"洗脑"。

四要警惕"权威证明"，一些非法保健食品广告以国家机关及事业单位、学术机构、行业组织的名义和形象，为产品的功效作说明，以"科学研究发现"为幌子行骗。

五要警惕"专家义诊"，不要相信所谓"专家""教授"开展的免费体检或义诊，不要因此被诱骗购买一堆不知真假的"保健食品"。

第八章 家庭健康管理与照护

引言

疾病特别是慢性非传染性疾病的发生、发展过程及其危险因素具有可干预性，这是健康管理的科学基础。一般来说，人生病的过程都是从健康状态到低危险状态，然后发生早期病变，出现临床症状，最后确认疾病。疾病的发生往往和人的遗传因素、社会和自然环境因素、医疗条件以及个人生活方式等因素有高度相关性，其间的变化过程往往不易为人察觉。

如何在这个过程中加强管理，有效保护健康，减少或延迟疾病发生呢？健康管理就是对个人或人群的健康危险因素进行全面管理，其目的是为了以最小投入获取最大的健康效益。

你主动做过健康管理吗？你觉得健康管理会带来怎样的健康收益呢？

本章学习目标

1. 掌握：家庭健康管理的主要内容和重点人群的健康管理，家庭照护的内容和意义以及不同照护对象的照护内容。

2. 熟悉：健康的概念和意义，健康管理的主要程序，家庭照护的原则。

3. 了解：家庭健康管理、家庭照护的内涵和价值。

第一节　健康概述

　　虽然人类医学历史已有 2 000 多年，但直到 20 世纪中期，世界范围内对健康的比较全面的认识才得以形成，这种认识概括而言就是"健康是一种生理、心理和社会适应都臻于完满的状态，而不仅仅是没有疾病和虚弱的状态"。

一、健康的概念与内涵发展

　　人类对健康的认识是一个渐进的、发展的过程。在 20 世纪中期以前，西方医学认为一个人只要没有躯体疾病就是健康的，这是健康的"一维"观念。之后，健康的内涵逐渐发展到生理、心理健康的"二维"阶段。随着医学技术的发展以及与人文学科的融合，世界卫生组织（WHO）在 1948 年提出"健康是一种生理、心理和社会适应都臻于完满的状态，而不仅仅是没有疾病和虚弱"的"三维"概念，1989 年又进一步将健康的内涵完善为"生理、心理、社会及道德" 4 个方面。也就是说，一个人必须同时具备身体、心理、社会适应及道德 4 个方面的健康状态，才算得上是一个健康的个体。

（一）生理健康的含义

　　生理健康是指个体大脑与身体两大方面各自处于健康状态，并且两者的协同功能良好。也就是说个体各器官系统发育良好、功能正常、体质健壮、精力充沛并具有良好劳动效能的状态。具体说就是,第一,个体身体内部各个组织器官完整,组织器官间的运作也是正常的,且没有任何的疾病;第二,个体能够正常独立完成基本运动、日常劳动以及自我照护等活动。个体的身体是否健康可以由个体本身通过感知觉和功能状态得到初步确定,进一步通过人体测量、体格检查和各种生理指标得以科学判断。

(二)心理健康的内涵

心理现象包括心理过程、心理状态和心理特征 3 方面,以心理活动或行为的方式来呈现。心理健康就是指以心理过程、心理状态和心理特征为基础的各类心理活动和行为功能都正常的一种状态。

1. 心理过程

心理过程是指在客观事物的作用下,心理活动在一定时间内发生、发展的过程。心理过程包括认知过程、情感过程和意志过程 3 个部分。认知过程是指人以感知、记忆、思维等形式反映客观事物的性质及其相互关系的过程;情感过程是人对客观事物的态度体验,以需要满足与否为中介;意志过程是人有意识地克服各种困难以实现预定目标的过程。认知过程是情感和意志过程产生的基础,情感和意志过程又影响认知过程的发生。心理状态是指在一段时间内相对稳定的心理活动。如注意力是聚精会神还是涣散状态,情绪是处于稳定的心境状态还是激情状态,意志是处于坚定还是犹豫状态。

2. 心理状态

心理状态是指某一特定时期内心理活动所表现出的稳定的特点。心理状态介于心理过程与心理特征之间,是两者的统一。一般表现为心境、激情、注意力集中状况等。人的心理活动都是在特定的心理状态中进行的,并与已有的心理状态相适应。个体在特定时间的心理状态是当前事物引起的心理过程、过去形成的人格特征和先前心理状态相结合的产物。

3. 心理特征

心理特征包括能力、气质和性格，是指心理活动进行时表现出的稳定特征。如有的人办事马马虎虎，差不多就行，有的人则习惯做事严谨，精益求精；有的人情绪稳定内向，有的人情绪波动外显。以上差异会体现出个体在能力、气质和性格上的不同。心理健康主要通过个体如何看待自己（自我概念）以及如何与他人、周围环境及事物互动进行检验。

（三）社会健康的内涵

要说社会健康得先说什么是社会适应能力。

社会适应能力是个体适应日常生活、工作、家庭、社会等各方面要求所需要具备的能力。在 DSM-Ⅳ 中，社会适应能力包括"交流、自助、家庭生活、社交技能、公共资源的利用、自我定向、学校技能、工作、休闲、健康和安全"等能力。

社会健康也称社会适应健康，指个体能与他人及社会环境相互作用，并具良好人际关系和实现社会角色的能力。具体包括对家庭、人际及社会整体等的适应，如与配偶的关系正常，与同事的相处正常，以及在公共场所等社会场景下表现正常等。一个身体、心理和社会适应都健康的人应有的状态可概括为：无病无痛、吃喝拉撒睡正常、行动自如；性格随和、认知正常、情感适当、态度积极、行为恰当；与人交往时自己和他人都感到比较自在，对陌生环境适应也同样良好。

（四）道德健康的内涵

道德健康是容易被人忽视的健康组成部分。要想理解道德健康，就先要理解什么是道德。"道"指的是万事万物运行的规律。比如苹果熟了自然落地就是道。"德"就是"得"。意思是既然明白了宇宙万物的运行规律，那就要随顺大自然的规律去做人做事。比如儿女孝顺父母，就是德；与自然环境和谐相处，也是德。因此，道德健康就是指一个人能顺应自然规律和遵守社会规范，与他人、社会、自然进行良性互动的状态。

此外，随着社会的发展，精神健康也正成为健康考量的一部分。精神健康是指人在身体、心理及社会关系之外和之上的，精神层面上的健康。比如，合理思考生活目标、生命价值、生活意义，甚至是思考自己从何处来，死后会往何处去等问题。简言之，精神层面的追求是人类超越自我的手段，是实现人类价值感和使命感的推动力，也是人类健康的重要组成部分。

二、生活方式的具体内涵

生活方式有广义和狭义之分。广义上的生活方式是指人们一切生活活动的典型方式和特征的总和，这其中包括劳动生活、消费生活和精神生活（如政治生活、文化生活、宗教生活）等活动的方式总和。而狭义上的生活方式则是指个人及其家庭的日常生活的活动方式，包括衣、食、住、行以及闲暇时间的利用等。医学上一般所说的生活方式与后者非常接近，但更具体一些，包括饮食、运动、睡眠、社交等4个方面。而判断一个人的生活方式是否健康也主要是以这4个方面为标准。同样，优化生活方式主要优化的也是这4个方面。

生活方式第一是可以干预的，第二是对健康影响极大的，第三是与家庭生活关系密切的。所以，健康生活方式值得每一个人去追求，它是健康管理的着力点，也是家庭健康管理的抓手。

三、健康危险因素

（一）健康危险因素的内涵

健康危险因素指能使疾病发生和死亡危险性增加的因素，或能使不良健康后果发生概率增加的因素。

虽然每个人都向往拥有健康的身体，追求美好的生活。但在生活中，人们却往往有意无意地在伤害自身的健康。日常生活中危害健康的行为包括：

（1）不良嗜好如吸烟、酗酒、吸毒、可成瘾行为；

（2）不良饮食行为如高盐、高脂、高糖、低纤维素、偏食、快、热、硬食，烟熏火烤食物；

（3）不良性行为如滥交、卖淫、嫖娼等不洁性行为；

（4）不良疾病行为如讳疾忌医、不遵医嘱、瞒病行为；

（5）致病性行为模式如 A 型性格的急躁情绪、争强好胜等易引发冠心病、高血压，C 型性格的压抑情绪、过于克制等易引发癌症；

（6）迷信行为如未知论、宿命论等。

以上 6 类危害健康的行为统称为健康危险因素，也称为不良生活方式，存在于日常生活的方方面面及整个生命过程中，它们既可以独立作用，也可以交叉作用，对人们的身体和生活损害极大。

（二）健康危险因素的分类

健康危险因素具有时代特征，随着社会发展而不断变化。现代预防医学认为，环境、生物遗传、行为与生活方式及医疗卫生服务四大类因素是影响人群健康的主要因素。

（1）环境因素：包括自然、社会、心理 3 个方面。其中安全用水和基础卫生设施是人类健康的重要决定因素。

（2）行为与生活方式因素：包括生活危害因素、职业危害、消费方式3个方面。生活方式与行为的选择往往是自主的，同时也是可改变的。

（3）生物遗传因素：包括遗传、成熟老化、综合内因3个方面。生物遗传因素目前仍被认为是影响健康的不可改变因素。

（4）医疗卫生服务因素：包括预防、治疗、康复3个方面。预防、医疗、康复等卫生服务，对人群的健康和疾病的转归有直接的影响。

全球人类死亡原因研究结果显示，60％的死亡与行为与生活方式因素有关，17％与环境因素有关，15％与生物遗传因素有关，8％与卫生服务因素有关。由此可见，行为与生活方式因素已成为死亡的主要危险因素，也正是健康管理实施的着力点。

第二节　健康管理

一、健康管理的概念与内涵

（一）健康管理的概念

健康管理是指运用现代健康理念，在现代医学模式和中医"治未病"思想指导下，应用现代医学和管理学知识，对个体或群体的健康进行监测、分析、评估，对健康危险因素实施干预、管理，提供连续服务的行为及过程，以达到以最小的成本预防与控制疾病，提高人群生存质量之目的的一种管理手段。

（二）健康管理的内涵

健康管理本质上是一种质量管理，是对处于健康状态、亚健康状态、疾病状态的各类人群的健康资料进行收集、分析，对健康状态作出评估，提出健康指导建议与方案，并对管理对象的方案执行进行监督，同时对管理对象健康状态进行维护和控制。

健康管理有广义和狭义之分。广义上来讲涉及政府、社会、家庭及个人多个层面，主要内容包括生活方式管理、健康需求管理、疾病管理、综合人群健康管理、灾难性病伤管理、残疾与康复管理等等。狭义上来讲，健康管理要落实到每个具体的个人，内容涉及健康监测（资料收集与分析）、健康评估、健康干预（指导与监督）、健康管理能力培养等方面。

二、健康管理的对象、内容与程序

（一）健康管理的对象

健康管理的对象为全人群，包括健康者、亚健康者、患者。在接受健康管理的对象中，健康者的收益最大。也就是说，健康管理开展得越早，效果越好。而亚健康者是健康管理的重点对象。患者在疾病治疗和康复的同时仍旧可以接受健康管理，降低与生活方式相关疾病的风险因素，并促进现有疾病的康复。

（二）健康管理的内容与程序

健康管理的范围涉及健康资料收集与分析、健康评估、健康意识与行为指导、健康管理实施的监督，以及对健康状态的维护与控制等。

健康管理在本质上是质量管理，它同时又是一套专业性较强的程序。程序的第一步是对管理对象的健康状态进行观察、资料收集与分析；第二步是对收集到的健康资料进行评估；第三步是在全面和充分评估的基础上，开展有针对性的健康管理指导；第四步是在第三步的基础上，采用多种形式（如随访、远程联络、社团监督等）对管理对象进行全过程监督，以保证管理对象在健康管理认知及行为上具有持续性；第五步是要调动管理对象建立自我健康管理的主动性，使管理对象能够将健康管理的手段与意识贯穿到工作、生活的方方面面，使其能够通过对生活方式的调整，优化自身饮食、运动、睡眠及社交等，从而达到变被动应对健康问题为主动管理健康，并将这种主动健康管理保持终身的目的。

因一般家庭成员不具备医学基础知识，对于以上 5 个步骤从理解到实施都难以达成，所以本章将重点聚焦于重点人群的行为与生活方式，以家庭为场所，讲述家庭健康管理的有关内容。

第三节 家庭健康管理

影响人类健康的因素中，60％与行为和生活方式有关。绝大多数慢性病，如原发性高血压、脑卒中、糖尿病、癌症等的发生发展都与不良生活方式密不可分。医学上将因衣、食、住、行、娱及社会、经济、精神、文化各方面的不良生活方式所导致的疾病称为"生活方式病"，而生活方式又是完全可以通过人来干预的。个体绝大部分的生活方式在家庭内形成，又反过来影响家庭成员尤其是下一代成员生活方式的养成。因此，要以家庭为场所开展健康管理，并且要将家庭健康管理聚焦于家庭成员的饮食、运动、睡眠、社交等方面来开展。

一、个体健康与家庭健康相互作用

健康不仅是个人的财富，也是家庭完整与幸福的支撑。一个人如果身体不好，必然会牵涉到家人的精力投入。所以，个人健康与家庭健康互为因果的关系。每个人都从家庭中来，又走入新的家庭中去。同时，家庭又是社会的最小细胞。所以，个人与家庭之间一定会相互作用。就健康来说，个人的健康问题可以影响整个家庭的内在结构和功能。反之，家庭也可以通过遗传、情绪互动、社会化过程及环境提供等途径影响个人的健康。

（一）个体健康受遗传和先天影响

遗传和先天这两个词所表达的含义不同。通过基因传承的疾病，如血友病、地中海贫血等被称为遗传性疾病。而因母亲在怀孕期间受到各种因素影响而导致的疾病被称为先天性疾病，比如母亲怀孕期间感染风疹引起胎儿同时感染而导致的畸形等。另外，家庭内部的突发事件或不和睦的家庭关系会通过影响母亲的情绪进一步影响到胎儿的生长和发育。可以说，遗传性疾病与父母的基因有关，更多地由父母的"先天"造成；而先天性疾病则与父母的情绪及环境有关，更多地由父母的"后天"造成。

（二）生活方式具有家庭特征

家庭成员的生活习惯和行为方式也会相互影响。比如，一个长期抽烟的父亲通常有一个抽烟的儿子，一个购物成瘾的母亲通常也有一个喜欢购物的女儿，不爱收拾的父母更可能带出一个不修边幅的儿子，一个从小被父亲打骂的孩子成年后更有可能打骂自己的孩子。"龙生龙，凤生凤"不仅指父母对孩子社会成就的影响，也指父母对孩子生活及行为方式的影响。

（三）家庭影响个体的身心状态

家庭是个体停留最久的环境。每一个人都来自家庭，并在家庭中完成初级社会化。首先，家庭环境是个体营养获得的重要环境。其次，父母的教养方式会直接或间接地影响到儿童的生理、心理健康水平。此外，父母亲的情绪状态以及与儿童的情绪互动方式对儿童的心理发育影响深刻。研究显示，孩子成年后的情绪障碍、人格障碍，甚至是自杀行为多与父母的养育方式不当有关。那些在长期家暴家庭长大的孩子，在成年后往往会将父母的暴力行为方式带到自己的小家庭中，陷入打骂孩子和夫妻暴力的循环，且对自身的暴力行为和所处的暴力环境"习以为常",这种认知和行为还会进一步影响到他们的社交质量,从而对他们的整体健康状态构成负面影响。

(四)家庭环境对个人健康构成影响

过分拥挤凌乱的家庭空间不仅会使人产生压抑感和沉闷感,还会使家庭成员之间的活动和交往无法保持适当的界限和距离,从而引起或激化冲突。另外,邻里关系、住房好坏、社区卫生和治安情况等都会影响家庭成员的身心健康。所以,家庭居所的选择以及家庭内部的安排与布置也是家庭健康管理的内容。

二、社会和谐的前提是个体及家庭健康

因为个体必须通过家庭养育、上学、工作、交友和参与社会活动来完成社会化,所以个体一定是"社会人"。同时,健康是任何个体或社会充分发挥其功能的必要前提。当人们具备良好的健康状况时,才能参与各类活动,承担各种社会角色和责任,其所处的家庭才有可能是一个健康的家庭,所在的单位才可能是一个和谐的单位。但当人们患病时,其日常生活都会受到干扰和限制,其所在家庭的各种功能及健康程度也必然会下降。而这个患病的人对社会活动的参与及贡献也会下降,甚至会成为社会的负担。所以,个体及家庭的健康是社会和谐与发展的保证。

三、家庭是健康管理的重要场所

家的意义不仅在于血缘、亲情、依赖与归宿,更包括健康的增强与维护。可以说,每一个人都是"从(原生)家庭中来,到(新生)家庭中去"。所以,相对于个人和社会层面的健康管理来说,家庭才是

健康管理最关键的环节和最重要的场所。家庭健康管理既能为个人健康创造环境，又能为社会健康管理提供基础。此外，主导并完成家庭健康管理工作的人是家庭中的主要成员，而不是来自医疗机构的专业人士，这一点需要特别注意。

第四节　重点人群的家庭健康管理

一、孕产妇的家庭健康管理

孕育优秀的下一代，第一需要夫妻双方共同努力，第二必须有所准备。本章针对孕妇的心理、身体、饮食及行为开展孕前、孕期及产后妇女的家庭健康管理指导。

（一）妇女孕前的家庭健康管理

孕育健康的后代，要选择较好的受孕时机和良好的孕育环境。怀孕前，夫妻双方，尤其是妻子应从心理、身体和生活方式等方面着手准备，这就是孕前准备。孕前准备一般安排 3 个月左右，要从心理、身体检查、运动、饮食健康、行为管理等方面入手。

1. 心理健康管理

（1）保持稳定情绪：怀孕是一件很自然的事情，所以不要把怀孕和分娩想得太可怕，更不必为此背上思想包袱。夫妻双方都要尽量放松自己的心态，及时调整不良情绪，保持良好的情绪。

（2）做好心理准备：一些女性对怀孕后可能发生的不适缺乏具体的认识，导致在怀孕后产生后悔、怨恨的心理。所以说，心理准备也是孕前准备的必要组成部分。

（3）树立科学观念：不仅备孕妇女本人要有正确的认识，家庭所有成员还要达成共识，特别是要引导老一辈人从"重男轻女"的思想桎梏中解脱出来。

2. 医学检查与评估

（1）开展全身检查：主要是进行血常规、尿常规、血压、体重、肝功能、肾功能、心电图等项目检查，这不仅可以评价备孕妇女当前的身体状况，而且还可以作为后期孕期的指标基准，便于医生对孕妇的异常状态进行纵向评估。

（2）评估某些疾病：对先天性心脏病、传染病、遗传疾病、其他疾病等进行评估，确定是否能怀孕或修改治疗方案。

（3）检查潜在感染：备孕期需要通过系列检查，确定女性是否存在某些如弓形虫、风疹、巨细胞病毒等感染。对于已经感染的，应在治疗并确定治愈后才能怀孕。

（4）妇科检查与治疗：孕前进行的常规产科检查项目，在于尽早发现可能存在的生殖系统疾病。一旦发现异常，应及时处理，待治疗稳定后，在医生的指导下再择期怀孕。

3. 饮食管理

（1）增加蛋白质摄入：备孕阶段每天应增加蛋白质摄入量至每千克体重 1.5～2.0 克。故应多进食瘦肉、鱼虾、蛋、奶、豆制品等富含蛋白质的食物。

（2）增加钙质摄入：备孕期钙的每日摄入量应在 0.8 克以上，同时补充维生素 D，以促进钙质的吸收。女性在孕前 3 个月就应该开始规律补钙，一为达到妇女本身身体所需，二为达到体内钙贮存的目的。

（3）增加铁质摄入：怀孕期间孕妇自身的血容量会随孕期的推进而逐渐增加；到孕晚期，血容量会比孕前增加 30%～40%，即会增加 1500 毫升左右。同时，胎儿生长发育每天需要的 5 毫克铁质，也必须由孕妇提供。建议在孕前 3 个月即开始补铁。含铁丰富的食物有动物内脏、红肉、牛奶、大豆、绿叶蔬菜等。维生素 C 可以促进铁的吸收，所以在补铁的同时，还应多吃新鲜水果，以补充维生素 C。

（4）补充锌的摄入：锌缺乏会影响到生殖系统功能，导致女性闭经、男性无精或少精，还会影响到胎儿的生长发育。所以，备孕妇女和其丈夫都应在备孕期间多吃含锌的食物，如海鲜类、瘦肉、禽蛋等。

（5）增加维生素摄入：备孕妇女应有意识地补充各种维生素。备孕期妇女应在医生的指导下补充叶酸片剂，同时多进食动物内脏、绿叶蔬菜、粗粮、水果等富含叶酸的食物。

4. 日常行为管理

（1）戒烟戒酒：研究显示吸烟会损伤基因，导致流产、早产和低体重出生儿，会影响男性的生殖能力和精子数量。备孕期的夫妻双方都要戒烟，并避免进入有人抽烟的场所。丈夫要减少饮酒量，而备孕妇女则要完全戒酒。

（2）减少咖啡因摄入：备孕妇女要戒掉咖啡、茶、可乐等含咖啡因的饮料，或将每日的咖啡因摄入控制在 150 毫克以内。

（3）控制体重：体重指数（BMI）低于 20 或高于 30 的女性相对来说不容易受孕，一般来说，备孕妇女应把体重指数控制在 20～23.9 之间为最佳。

（4）看牙医：牙周疾病可能会导致早产和低体重出生儿。建议女性应在怀孕前 3 个月内，到口腔科做一次彻底的口腔检查和必要的治疗，将看牙医、治牙病作为备孕的必要措施之一。

（5）停服避孕药：因为避孕药物在药物本身和使用方式上有很多种类，所以对于使用避孕药的备孕妇女，最好咨询医生后再怀孕。

（6）计算出排卵日：在排卵日前后过性生活，能够提高受孕机会。女性下一次月经来之前的 14 天左右，体温升高 0.3℃～0.5℃ 的这个时段，就是受孕概率最高的时机。

（7）避开不安全环境：某些接触化学或放射性物质的工作和行业等，某些清洁剂、杀虫剂和溶剂等，都可能对胎儿产生不良影响，备孕阶段最好能远离这样的环境和物质。

5. 运动管理

运动也是备孕的一项必要措施。对于备孕的夫妻，建议至少在怀孕前 3 个月开始进行有规律且有一定运动量的活动。如一周 3～5 天的中等强度的有氧运动（30～60 分钟的快走或骑车等），一周 2～3 天的柔韧性练习（日常伸展和瑜伽运动等）。如果平常不爱运动，则应该循序渐进地开始健身计划，先从一些轻松的活动开始。

（二）妇女孕期的家庭健康管理

孕期也就是"妊娠期"，是指从妇女受孕到新生儿出生之前的这一段时间。医学上规定，以末次月经的第一天起计算预产期，整个孕期共 280 天。孕期全过程共分为 3 个时期：从确定怀孕到妊娠 13 周末，称孕早期；妊娠第 14～27 周末，称孕中期；妊娠第 28 周到分娩之前，为孕晚期。妇女一旦怀孕就会进入到常规的建卡流程，孕妇和胎儿的身体健康管理，可以通过医院规定的孕期检查得以保证。但怀孕过程中孕妇经历的各种不舒服，还得依赖于家庭内部的照护。本部分重点放在孕期各种不舒服症状的解决上。

1. 孕早期的不适与应对

（1）孕吐：约有 80％的妇女在受孕后的 40 天左右，开始出现无任何诱因的早晚恶心或呕吐，绝大部分孕妇的孕吐会在孕 16 周左右消失。这对胎儿和孕妇本身都不会构成健康方面的影响。以下是缓解孕妇孕吐的几项措施。

① 饮食照护：尽量做到饮食清淡，少吃刺激性强、过冷以及油炸食物；少量少食多餐。同时，可以在荤食中加入少量的柠檬片或生姜片，这也能对孕吐起到一定的缓解作用。

② 活动照护：为提高夜间的睡眠质量并转移对"孕吐"的注意力，孕妇白天应多参与身体活动，并适当参与社交活动。

③ 服用维生素 B$_6$：孕吐反应较重时，可以在医生的指导下服用维生素 B$_6$。

（2）嗜睡：在发生孕吐的同时，孕妇通常同时会感觉困乏，这种状态会延续到怀孕 16 周前后。首先要保证夜间的睡眠时长在 8 小时以上，并午睡 1 小时左右，其次要保证作息规律，按时就寝，按时起床。

（3）乳房刺痛：进入到孕 6 周左右时，孕妇会感觉到乳房有膨胀感，并伴有刺痛和瘙痒感，同时可见乳头增大，乳晕加深。这时，孕妇可以通过热敷、按摩和清洁等措施进行乳房照护，可使用柔软的热毛巾热敷、轻拭来缓解乳房的不适感；每天用手轻柔地按摩乳房并牵拉乳头；要保持乳房清洁，经常用清水清洗；穿着专门为孕妇设计的、大小合适的纯棉胸罩。

（4）尿频：尿频是孕早期孕妇最普遍的不适感，这与子宫增大对膀胱造成压迫有关。在应对上，首先尽量不要憋尿，其次在临睡前 1～2 小时内不要喝水，以减少起夜次数。

进入孕中期后，孕早期的各种不适逐渐消失，孕妇的食量会明显加大，体力活动意愿增强，活动能力基本恢复到孕前水平，一般不会有明显的身体不适。但随着胎儿生长发育和孕妇血容量的上升，进入孕晚期后，孕妇又将面对各种局部或全身的不适。

2. 孕晚期的不适与应对

（1）身体水肿：轻度水肿是一种正常生理现象，但如果发生速度快且表现明显，则可能是妊娠高血压，务必要尽快就医。首先，在饮食上，孕妇每天盐摄入和正常人群一样，不可超过 5 克。其次，卧床休息时最好采取左侧卧位，经常在白天采取双脚抬高体位以促进下肢血液回流。另外，建议孕妇每天保持 30 分钟左右的运动来以缓解水肿。

（2）呼吸不畅：进入孕晚期后，不断膨大的子宫使横膈膜上移，胸腔空间变小。同时，因心脏血容量增加等原因，孕妇在日常活动中可能会感到气喘。孕妇应多卧床休息，同时保持室内空气流通，另外为防止仰卧位低血压综合征的发生，注意不要仰卧。

（3）皮肤瘙痒：因体内激素变化所致，孕妇可能会感觉四肢及腹部皮肤干燥，并有瘙痒感。孕妇可以通过温水洗浴，勤换纯棉内衣，涂抹润肤露或橄榄油等措施来缓解这些症状。但孕妇如果感觉手心或脚心瘙痒，且夜间发作明显，同时伴有小便或皮肤发黄、食欲减退等症状，则要警惕妊娠期肝内胆汁淤积症的发生，最好马上就诊。

（4）肌肉痉挛：是孕晚期常见的一种现象，以夜间腓肠肌（俗称小腿肚）的痛性痉挛最为常见，主要与孕妇缺钙和神经功能有关。发生时，孕妇可将腿伸直，绷直脚尖来缓解腓肠肌痉挛，同时用手从脚底部向小腿方向边推边按摩，以减轻腿抽筋后的疼痛感。另外，孕妇每日要保证摄入 1 000 毫克以上的钙质并注意摄入含钙高的食物，同时可以在医生的指导下服用复合维生素 B_1 和 B_{12}。

（5）腰酸、腹部下坠：孕妇在孕晚期，尤其是分娩前 1～3 周会感觉到腰酸以及腹部的下坠感。这主要是由于孕晚期子宫生理性收缩的频率和强度增加所致。这种宫缩一般每次持续 10～20 秒，间隔时间较长，往往没有特别的规律。孕妇可以通过深呼吸使全身放松，具体做法是当感觉到宫缩发生时，可用手轻轻按摩腹部发硬的地方并同时做深呼吸，同时要注意保持正确的坐卧姿势。

（6）手指或手腕疼痛：孕晚期孕妇经常会感觉到手腕或手指疼痛，表现为拇指、食指、中指指端感觉异常或手指疼痛，疼痛在夜间尤为明显，有时还会向肘部、肩部放射，可单侧，也可双侧。怀孕期间松弛激素的分泌会导致筋膜、肌腱、韧带及结缔组织变软、松弛或水肿，这种变化会导致正中神经受压迫，引起腕管综合征症状，一般分娩后可自愈。

孕妇要尽量减少使用电脑的时间，必要时使用腕托；睡觉时最好在手和手腕下垫一个枕头或戴上护腕保暖；平时经常把手臂抬高，增加静脉及淋巴液的回流等措施也可以有效地减轻腕管部水肿。

（三）产妇的家庭健康管理

医学上有一个名词叫"产褥期"，是指产妇从娩出胎盘开始直至全身器官（除乳腺外）恢复至正常未孕状态所需的那一段时期，一般为6周。这6周也正是家庭内部针对产妇开展健康管理的关键时期。经历了280天左右的孕期顺利分娩后，产妇的全身各系统，尤其是生殖系统发生了较大变化。伴随着新生儿的出生，产妇及其家庭都必然要经历心理和社会的适应过程。下面以"产后第一次"和"各种痛"为主题来开展产褥期妇女的家庭健康管理指导。

1. "第一次"的表现与应对

（1）第一次排气：顺产的产妇不存在产后排气恢复的问题。而剖宫产的产妇因为实施了术中麻醉，就存在一个术后胃肠道功能恢复的问题，而肛门排气（也就是放屁）是肠蠕动恢复的标志，所以临床上会要求产妇本人密切关注剖宫产术后排气的时间。剖宫产一般在24小时后排气。产妇在未排气前不能吃任何东西，只有在排气发生，也就是肠蠕动恢复后才可以开始进食流质和半流饮食，比如牛奶、汤水、稀饭等。之后3天内逐渐过渡到正常食物。如果剖宫产术后的48小时仍未排气，则视作异常，必须尽快找医生检查并处理。

为了促进肠胃蠕动的恢复，避免肠粘连，剖宫产产妇手术后24小时应该在他人的协助下下床，慢慢走上几步路，或者是站立几分钟。如果实在疼痛难忍，也可以让人帮忙在床上做翻身运动。同时应避免吃容易胀气的食物，并要细嚼慢咽，以促进排气。还可以自己轻轻按摩腹部，以促进肠道蠕动。

（2）第一次排尿、排便：正常情况下，顺产产妇会在分娩后的4小时内排尿，1～3天内排便；剖宫产产妇因插有导尿管，一般要求在产后第2天导尿管拔除后的6小时内排尿，3～4天内排便。

顺产的产妇可能实施了侧切，或者会阴有不同程度的损伤，而产后的排尿、排便动作会不同程度地牵拉到会阴令产妇感到疼痛，所以有些顺产产妇在产后的最初几天会因会阴疼痛或心理恐惧而发生排尿、排便困难。但是，一定要尽量克服生理和心理的障碍，尽早排尿排便，以防止子宫出血和便秘的发生。

（3）第一次洗澡：产妇在分娩时，尤其是在自然分娩时会大量出汗。而在分娩后，产妇的汗腺功能更加活跃，特别是在夜间睡眠和初醒时，排汗会更多，所以产后尽早进行皮肤清洁是非常必要的。一般认为，自然分娩的产妇在产后会阴侧切的伤口恢复后（5天左右）便可以洗澡，但一定要淋浴。剖宫产产妇可在产后7～10天后洗澡。刀口恢复不好的，可以在洗澡前贴好防水贴。需要注意的是，要避免在空腹的状态下洗澡，以免发生低血糖。同时，洗澡时间不宜过长，每次10分钟左右。室温24℃为适宜。

（4）第一次哺乳：对于足月的分娩来说，产后1小时内产妇就可以在护士的协助下尝试给新生儿喂奶。新生儿是最好的开奶师，而且初乳富有免疫因子和各种营养素，是新生儿最好的食粮。产妇千万不要因为乳房小、乳头凹陷等原因而放弃母乳喂养。要知道，乳汁的多少和乳房大小没有直接关系，只要及时、频繁地让新生儿吮吸，奶水就会越来越多。

（5）第一次性生活：产后42天之内是产妇身体恢复的重要时期，这是因为产妇的子宫、心脏等器官功能恢复到孕前需要这么长的时间。所以医学上要求产后42天以后才能正常活动、劳动，以及开始性生活，以确保产妇身体各系统，特别是生殖系统功能的恢复和健康。很多产妇有只要月经未恢复就不会怀孕的错误认识。其实不哺乳的妇女一般于产后40～50天的时候就可恢复排卵，不完全哺乳者一般于产后3～8个月之间恢复排卵，即使完全哺乳的，在月经复潮之前也可有2%的怀孕率。所以产妇在月经复潮之前也要严格避孕，以免意外怀孕。

2. "各种痛"的表现与应对

（1）腹痛：产后2～4天内，由于子宫的反射性收缩，产妇会时不时感到下腹部一阵疼痛，尤其以喂奶时更明显，这是因为新生儿吮吸乳头进一步促进了子宫的收缩所致。产后子宫收缩可以促进子宫的复旧和恶露的排出，是一种自然现象，也是产妇产后恢复的必经过程。如果痛感可以忍受，顺其自然就好。如果疼痛难忍，就要警惕产后子宫出血的发生，要及时报告医生。

（2）乳房痛：产后2～3天，产妇体内的高水平孕激素和雌激素水平会突然下降，使得对催乳素的抑制得以解除，催乳素大量分泌而作用于乳腺，导致乳房逐渐充血、发胀而分泌大量乳汁。这时候如果乳腺管尚未完全畅通，就会导致乳汁不能顺利排出，潴留于乳房内，引起乳房发胀与刺痛。这时可采取若干措施进行应对。

① 早开奶、勤哺乳，促进乳腺管疏通及乳汁的排出。

② 每天定时用湿热毛巾热敷乳房3～5次，或向乳头方向按摩乳房。

③ 佩戴合适的乳罩将乳房托起，以利于乳房的血液循环。

④ 用250克芒硝压成粉末，分装于双层纱布袋子中，敷于肿胀的乳房表面，可以减轻局部肿胀疼痛。

（3）尾骨痛：有部分顺产后的产妇在仰卧、坐下或用力如厕时，会感到脊柱最下端有痛感，特别是坐在硬物上时痛感会加重。这是由于产妇骨盆偏狭窄，胎儿的头部又偏大，在分娩时尾骨和附近的肌肉有挤伤所致。一般在分娩1～2个月内逐渐减轻。应对措施有疼痛处热敷，尽量减少仰卧，坐时垫上柔软的垫子或橡皮圈以避免屁股与硬物接触等。

（4）腰痛：产妇产后腰痛的原因在于，一方面，妊娠期胎儿的生长发育以及产后的母乳喂养需要母体提供大量的钙质，如果母体补充不够或不及时，则会因缺钙引起骨质疏松，表现为腰骶部疼痛。另一方面，产妇在给新生儿喂奶时，经常会使用某个固定姿势半小时以上，从而造成肌肉劳累引发的腰痛。应对措施有及时补充钙质，经常活动腰部关节，局部按摩、热敷或洗热水澡等。严重者可以采用推拿、针灸、理疗和药物外敷。

二、学龄前儿童的家庭健康管理

世界各国对儿童入学年龄的规定各有不同，我国目前规定的小学入学年龄为 6 周岁。本书所说的学龄前儿童是指 3～6 周岁的儿童。学龄前儿童身体新陈代谢旺盛，四肢增长较快，每年身高平均增加 4～6 厘米，体重增加 1.5～2 千克。由于中枢神经系统的功能发育逐渐完善，语言、运动、认知、情绪能力等方面都飞速发展，同时处于社会化和人格发展的初始期，可以说学龄前时期是儿童阶段的关键时期，其营养摄入、心理发展、社会交往及个人安全等方面的管理尤为重要。因要融入幼儿幼儿园集体生活，而且要为进入小学文化学习做准备，同时家庭又是其主要的生活场所，所以家庭健康管理对其身心及社会功能的发展都尤为重要。本章主要针对学龄前儿童的营养、运动、心理、社会化进行健康管理指导介绍。

（一）营养健康管理

相对于婴幼儿时期，3～6 岁儿童的生长发育速度有所下降，超重和肥胖的发生概率上升。中国居民膳食指南推荐，学龄前男孩每日能量供给范围是 1 350～1 700 千卡，女孩每日能量供给范围是 1 300～1 600 千卡。在家庭内部可以通过以下措施来促进学龄前儿童的营养健康管理。

1. 就餐形式

3 岁后儿童的膳食结构和食物多样性已与成人无异，所以可以食用普通家庭膳食。这个年龄段的孩子具有强烈的好奇心和模仿热情，因此该阶段正是规范孩子专注吃饭及培养其就餐礼仪的好时机，家人一定要利用好孩子的这些特点，培养孩子定时定地就餐的好习惯。

2. 营养摄入

尽管学龄前儿童已经具备与成人一起就餐的能力，但与成人相比，其对各种营养素的需要量仍较高，消化系统尚未完全成熟，咀嚼能力仍较差，因此其食物的加工烹调应与成人有一定的差异，所以学龄前儿童膳食指南应在一般人群膳食指南基础上增加以下几点。

（1）规律进食：学龄前儿童的饮食应该是由多种食物构成的平衡膳食，每日不少于 3 次正餐和 2 次加餐，且不随意改变进餐时间、环境和进食量。

（2）科学烹调：第一为培养孩子健康的饮食口味，第二为保护儿童柔弱的消化系统，家长最好多采用蒸、煮、炖、煨等方式来给他们准备饭菜，并注意少放调料、少用油炸，尽可能保持食物的原汁原味。

（3）少量零食：在规律进餐的基础上，要保证学龄前儿童每日有 300～400 毫升配方奶的摄入。同时因零食可以补充营养和让孩子快乐，所以也有必要给予其一定的零食。零食第一应尽可能与加餐相结合，以不影响正餐为前提，多选用营养密度高的食物；第二要注意补充的时机，在餐前 2 小时左右食用为好。

此外，因学龄前儿童活动量较大但胃容量小，建议每日在餐前分多次让其饮水 1000～1500 毫升。

（二）运动健康管理

学龄前儿童大脑神经系统的发育日趋完善，能够完成解纽扣、系鞋带等精细动作；同时粗大动作如跑、跳等更加协调和稳定。运动不仅可以促进学龄前儿童的身体发育，还可以促进其心理健康和提升其社会交往能力，为其将来入学后融入集体生活打下社交能力基础。但学龄前儿童还处于身体器官发育期，在运动管理上并不能和成年人完全一样，所以要在全面体检、循序渐进、科学指导的基础上进行。家长和老师可以参考 2018 年发布的《学龄前儿童（3～6 岁）运动指南》指导学龄前儿童进行科学合理的运动。

（三）心理健康管理

6 岁左右儿童的脑重已在很大程度上接近成人，但思维能力尚未发展完善，不能把复杂的事物表达出来；注意力基本能做到自我控制，但容易转移，每次注意力集中的时间最长只有 15 分钟左右；记忆力的持久性有很大提高，但精确性仍旧不足，容易将自己记忆中的景象和听到/看到的故事混淆；意志力如自觉性、坚持性、自制力等都初显端倪；想象力异常丰富，有时伴随某些动作或思考时会出现自言自语的现象；情绪转换极快，说变就变。6 岁左右儿童能够根据外界的人和事控制和调节自己的行为，同时道德感、美感、理智感也随外界的刺激而逐渐发展；生活基本可以自理，好奇心强，有强烈的自主意识，也有一定的行为独立性和主动性以及极强的模仿力，家庭成员尤其是父母常是他们模仿的对象。鉴于学龄前儿童的这些特点，家长在对儿童行为表现进行家庭管理时一要熟悉这些规律；二要勤于观察，及时发现异常；三要及时鼓励，避免打击。

（四）社会交往能力管理

良好社会交往能力或社会适应能力的形成，第一离不开家庭的社会化启蒙，第二离不开同理心的发展，第三离不开沟通能力的发展。为促进学龄前儿童的社会化发展，家长要抓住家庭教养的各种机会，以同理心为主要手段，以沟通等能力为锻炼目标来训练孩子的社会交往能力。

1. 家庭是人最早的社会化场所

父母在跟孩子互动的时候，其实正是孩子学习社交技能的时候。孩子从小生活在正常友好的环境里，能逐渐积累一些社交经验，了解一定的社交规则，并且知道别人对他的行为会有什么期待，他对别人的行为又可以有什么期待。这些宝贵的经验会进入孩子的社交技能仓库，成为他们日后学习如何解决社交问题的基础。

2. 同理心训练

同理心就是指能设身处地地理解他人的情绪，感同身受地明白及体会身边人的处境及感受，并可适切地回应其需要的一种情绪能力，是同情、关怀他人的基础。学龄前儿童因为已经具备了观察及感受他人情绪的能力，是培养同理心的最佳时机。学龄前儿童已经会使用语言来表达自己对他人处境的理解，家长可以随时随地利用生活中的机会挖掘孩子的同理心。比如，当你送孩子上学经过在雨中作业的施工队员时，可提及在恶劣天气中工作的辛苦；当你和孩子看到一位坐轮椅的残疾人需要绕远路进入建筑时，可谈谈残疾人行动有多不方便；等等。这样的事情多了，他自然就具备了同理心。家庭对孩子同理心的诱导与培养非常重要。

3. 沟通能力训练

发展孩子的沟通能力可以促进其社会交往能力的提高。在家庭内部，父母可以通过跟孩子游戏、聊天来观察和解读孩子的社交线索。当孩子用眼神、其他身体语言等来表达他的需要时，父母要作出恰当的回应，这样的反馈成为一个习惯之后，孩子就会明白人与人之间的沟通原来是一来一往的交流，从而促进其对沟通的认知，也奠定了沟通基础。

4. 培养自主感与价值感

自主感与价值感可以促进孩子的社会适应能力，父母可以通过让学龄前儿童选择自己喜欢的衣服出门，合理安排自己的时间来培养其自主感与价值感。这样培养出来的孩子在与他人交往的时候更敢于表达自己的意愿，也更能对自己的行为负责。此外，父母要在家庭互动中寻找机会赋予孩子价值，比如将孩子辛苦搭成的积木摆放在家里醒目的位置，认真对待孩子自己画的最喜欢的一幅画。一个有自我价值感的孩子，长大后不仅能和他人正常交往，还不会失去自身为人的原则和底线，成为一个社会适应能力更强的人。

三、青少年的家庭健康管理

不同国家对青少年的年龄界定略有不同，此处所说的青少年期是指 12～18 岁年龄阶段，包括初中阶段和高中阶段。其中的初中阶段又称为少年期，是人身体和心理发展的一个加速期。高中阶段又称青年期，高中生在生理发育和智力发展上已接近成人水平，在个性及其他心理品质上表现出更加丰富和稳定的特征。本章主要针对青少年的生理、心理及社会发展特点，提出相应的健康管理措施。

（一）青少年期发展的特点

1. 身体发展

人身心发展的第一高峰阶段是婴幼儿期，第二高峰阶段就是青少年期。在这一时期，青少年身体的巨大变化主要表现在身高、体重、体形以及内脏机能，包括心血管和呼吸系统等系统的变化上，这些变化使他们在外形上逐渐接近成人。在大脑的发育方面，10 岁儿童的脑重已达成人的 95％，所以青少年期脑的重量及容积变化不大，但智力的发展却有很大的空间。个体在 4 至 20 岁之间，存在脑发展的两个加速期，一个发生在 5 至 6 岁之间，二个发生在 13 岁左右。此外，性功能发展在青少年期非常典型，表现为性腺分泌增加、性器官逐渐发育成熟，性机能逐渐得到完善等。

2. 心理发展

（1）逻辑思维迅速发展：逻辑思维是指人们在认识事物的过程中借助概念、判断、推理等思维形式，能动地反映客观现实的理性认识过程，又称抽象思维。进入初中后，孩子们的逻辑推理能力得以迅速发展，其中逻辑归纳能力的发展快于演绎能力。进入高中期后，他们的抽象化能力和辩证能力进一步得以发展和成熟。思维能力的提升是青少年思维发展和成熟的重要标志。

（2）自我意识发展不够成熟：自我意识是对自己身心活动的觉察，即自己对自己的认识。具体包括认识自己的生理状况、心理特征（如兴趣、能力、气质、性格等）以及自己与他人的关系3个方面。个体进入青少年期后，个体的自我意识发展会发生极大的飞跃。表现为能自觉地评价别人和自己，但在评价自己时，只能在同他人对照和比较的条件下实现。同时，在评价自己和他人时，观点不够稳定，并带有主观片面性。

（3）心理活动发展具有两极性：青少年的情绪、意志力与人际关系等方面的发展，呈现出典型的两极性。情绪上时而外显、时而内隐；意志力时而坚毅、时而颓废；在人际关系上时而主动、时而被动。青少年急切盼望自己的才能、人格、工作等得到别人的尊重，但这种自尊感容易走极端。当自尊得到满足时，他们往往容易得意忘形；当得不到满足时，容易妄自菲薄，自暴自弃。

（4）自我同一性的发展是重点：自我同一性是对自己"已经是谁，想成为谁和应该成为谁"的意识。青少年期的一个核心问题是自我同一性的发展，它将为其成人期奠定坚实的基础。在这个阶段，青少年如果不能形成自我同一性，不能明确地意识到自己是谁，今后怎么发展，则会产生角色混乱。

3. 社会发展

青少年身体、心理的迅速发展，为其走向并融入社会提供了必要基础。家庭关系、师生关系和友谊关系是青少年的三大社会关系。其中,友谊关系尤为重要。青少年们通过选择与他们志趣相投的同龄人作为朋友,来探索自身的心理活动,并完善自身的情绪、情感、意志力和自我同一性,进一步对自身的人生坐标进行定位。所以,青少年期的友谊关系,是其确认自我价值并完善自身的过程,也是其心理发展成熟程度的体现。青少年的心理发展和社会发展相互依存,相互促进。

(二)青少年的家庭健康管理

从以上青少年的生理、心理、社会发展特点可以看出,其群体的健康管理有其特异性。充足的睡眠、均衡饮食和适当的运动是健康生活的三要素。青少年的生长发育受到先天和后天诸多因素的双重作用的影响。在诸多因素中,营养是生长发育的基础,体力活动是生长发育的源泉,而充足的睡眠则是生长发育的保障。家长可以从以下几个方面对青少年的健康开展管理,以保证他们在身体、心理及社会适应方面得以全面发展。

1. 科学运动

科学的体育锻炼,对促进青少年身心良好发育有积极的作用。适合青少年的运动有田径、游泳和各种球类。这些体育运动不仅可以加强青少年的心肺能力,还有助于消耗皮下脂肪,增加瘦体重,使青少年的身体得到协调匀称的发育。多项研究表明,运动能使人的骨骼增粗、增长,肌肉纤维增粗,速度、耐力、力量明显提高,反应更加准确和灵敏。运动对身体形态、生理机能和素质指标都有好的影响。因此,专家建议青少年每周至少保证三次 30 分钟以上中等以上强度的运动,具体的运动项目可结合学习的要求和自身爱好而确定。

2. 充足营养

营养是生长发育的物质基础,青少年身体发育的高速度及性发育,使得他们的营养需求高于其他人群。所以，青少年的营养摄入首先要保证充足的热能，以确保其生长发育和体力活动的总能量需求。其次是要摄入优质的蛋白质，以确保其肌肉功能的充分发挥。此外，要保证铁质、钙质等矿物质和各种维生素的全面补充，以确保其骨骼的正常生长和体格发育。

3. 合理睡眠

研究指出，睡眠在帮助巩固记忆和解决复杂问题的创新能力方面发挥着关键作用。青少年需要 9 个小时以上的睡眠才能保持清醒并在学业上有好的表现，而睡眠不足会使青少年的思考能力、记忆力、警觉力与判断力下降，严重睡眠不足甚至可以导致机体免疫功能失调、生长发育迟缓。《2019 中国青少年儿童睡眠白皮书》显示，62.9% 的青少年睡眠不足 8 小时。影响孩子睡眠的第一因素为学习任务，其次是电子产品。

保证青少年的睡眠时长和睡眠质量至关重要。家长原则上要保证青少年每天能有 8～9 个小时的晚间睡眠，如果偶尔有一两天没有达标，可让孩子中午补睡 30 分钟。这样既能帮助孩子缓解疲劳，也不至于影响晚间睡眠。

四、老年人的家庭健康管理

根据世界卫生组织的标准，发达国家 65 岁以上，发展中国家 60 岁以上的人称为老年人。我国是世界上老年人口最多的国家。第七次人口普查显示，我国当前有 60 岁及以上老年人口 2.64 亿，占总人口的 18.7%；65 岁及以上人口约 1.9 亿，占总人口的 13.5%。老化会导致人的身心能力逐渐下降，患病及死亡风险的日益增加。本章针对老年人身体、心理变化和社会适应特点，从生活方式入手指导老年人开展健康管理。

（一）身体变化

老年期生理变化是指人 60 岁以后在生理上发生的退行性变化。典型的表现是生理结构老化、机能衰退。

1. 外部衰老

出现面部肌肉松弛，眼睑下垂，头发和眉毛变得灰白而稀疏；皮脂腺与汗腺萎缩，致使皮肤干枯而粗糙；牙齿逐渐松动脱落，使颚部变小，双颊内陷。

2. 各系统机能衰退

（1）神经系统：脑细胞减少、功能减弱，导致老年人的智力有不同程度的衰退。同时，老年人的感觉和知觉也会发生衰退。

（2）循环系统：心肌细胞逐渐变小、心肌收缩力下降，导致老年人的心脏功能下降。同时，血管的内腔变窄致使外周血管阻力变大，从而使心血管系统的发病率增高，最常见的是血压增高而引起的原发性高血压病。

（3）呼吸系统：肺组织弹性下降、呼吸肌肌力下降、肺活量减少等呼吸系统功能的下降，使得老年人的咳嗽和咯痰能力减弱，进一步促成了呼吸系统疾病，比如慢性阻塞性肺病的发生和发展。

（4）消化系统：老年人的唾液腺萎缩，唾液分泌减少；同时食管蠕动能力减弱，胃黏膜和肠道的肌肉发生萎缩使得胃肠功能减退。

（5）泌尿系统：人进入老年后，控制尿液分泌的肾小球减少，使得肾功能减退；膀胱容量减小，括约肌的随意控制能力减弱，使得前列腺肥大的发病率明显上升。

（6）内分泌系统：进入老年后，人体各种腺体萎缩，发生功能减退，如肾上腺和睾丸的萎缩导致男性激素的合成与分泌功能减弱。

（7）骨骼与肌肉系统：老年人骨的含钙量减少，脆性增加，所以老年人易发生骨折和骨质疏松，而且愈合缓慢。同时老年人的肌肉萎缩加剧，力量和活动能力随年龄增加而下降明显。

3. 睡眠变化

老年人因为身体各种激素分泌下降及社会劳动量减少，生理上对于睡眠的需求会有所下降。相对于年轻人，老年人更容易发生入睡困难、睡眠不稳、早醒等睡眠问题。研究显示，老年人长期睡眠不足 7小时，会导致心脑血管疾病风险上升；而睡眠长时间超过 8 个小时，则会加速大脑的衰老。所以，老年人保证每天睡眠 7～8 小时最合适。

（二）心理变化

进入老年期后，人不仅会在生理上表现出衰老，心理上也会发生巨大变化。这具体包括认知、情绪、性格等方面的变化。

1. 认知变化

首先可表现为感知觉变化。如看不清，听不清，对快速复杂的语句分辨不清等。同时，老年人味觉和嗅觉灵敏度显著降低，痛觉比较迟钝，耐寒能力较差，记忆力也会下降。

2. 情绪、情感变化

在情绪和情感上，老年人与中青年人本质上没有差别，但更关切自身健康状况。也就是说，孤独、悲伤、抑郁、焦虑等负性情绪，并不是年老过程中的必然变化。但老年人会因衰老导致适应能力下降，从而引起不同程度的情绪和情感改变，可表现为因小事而兴高采烈或情绪低落。部分老年人则变得过于怀念过去，难以接受和适应新生事物，甚至对现实抱有对立情绪；长期独居者则更易出现抑郁。

3. 智力变化

有一种智力理论将人的智力分为两大类。一种是"流体智力"，即以生理为基础的认知能力，如记忆力、计算速度、注意力和反应速度等，其与先天有关。所谓"流体"，是指其如流体一般易变。另一种是"晶体智力"，即在实践中以习得的经验为基础的认知能力，如语言文字能力、抽象思维能力等，由后天获得。所谓"晶体"，是指其如晶体一般稳定。进入老年期后，人的"流体智力"会有所衰退，但"晶体智力"（如由生活经验而来的人生智慧）往往比青少年期更强。这些能力会维持到80岁左右，甚至是更高的年龄阶段。但如果伴有严重的慢性疾病，或者因失去亲人而变得孤独，"晶体智力"也会迅速减退。当然，如果老年人能保持良好的生活规律，经常参加各种社会活动，并能保持脑力和体力锻炼，即使患有慢性疾病，其智力水平仍可保持正常。

4. 人格变化

人格是指一个人整体的精神面貌，是人在现实生活中所形成的独特的、带有倾向性和稳定性的心理特征的总和。进入老年期后，部分老人会变得守旧、顽固，不易接受新事物和他人的意见，猜疑心较强。有的则表现为沉溺于对过去成功事例的追溯之中，感慨过多，通过这些心理活动或行为模式获得心理平衡。

5. 动机与需求变化

马斯洛的需要层次论将人的需要分为生理、安全、爱与归属、尊重及自我实现5个层次，老年期各种层次的需要又有其独特的内涵。老年人的安全需要主要表现在对生活保障与安宁的要求上，他们普遍对养老保障、患病就医、社会治安以及合法权益等方面表现出极大的关注。另外，老年人希望从家庭和社会获得更多精神关怀，所以对参与社会活动仍有极高的要求，以满足其爱与归属的需要。尽管老年人的社会角色与地位有所改变，但他们对于尊重的需要并未减退，具体表现为要求外界认可其价值，维护其尊严，尊重其人格，并期待在家庭内部有一定的自主权。老年人还有一定程度自我实现的需要。如果对自己的过去比较满意，就会接受个人生命的价值。反之，则会感到失落，甚至悔恨，产生无价值感，甚至产生绝望心理。

总之，老年期是负性生活事件多发阶段，随着生理功能的下降与疾病的发生、社会角色与地位的改变、社会交往的减少，以及丧偶、子女离家、好友病故等负性生活事件的冲击，老年人经常会产生消极的情绪情感体验和反应。而这种特殊的体验和反应，又会加大他们与后辈以及与现实生活的距离，并导致其社会适应能力下降。

（三）社会适应变化

社会适应是个人调整自己的观念和行为，使其适应所处社会环境的过程。老年人会因社会角色、家庭角色、环境、人际关系等的变化，引发其社会再适应问题。老年期的社会再适应，与老年人的教育水平、收入水平、婚姻状况、家庭居住类型等因素密切相关。在社会再适应的境遇下，老年人的身体、心理健康会不断面临一次次挑战。而老年人的生活方式管理，是老年人应对生理、心理和社会适应挑战最重要也是最容易由自己控制的手段。

（四）生活方式管理

1. 生活方式特点

随着年龄的增长和生理、心理的老化，老年人会有各种不同于其他年龄群体的特殊需求。老年生活方式的特点为：职业活动下降，人际交往频率降低，精神活动内容发生明显变化，家庭生活成为活动的主要内容。这些变化给老年人生活质量带来了多方面的影响。

2. 生活方式管理

世界卫生组织将科学生活方式归纳为：心理平衡、科学饮食、适当运动、戒烟限酒。有研究显示，老年人如果能按这个要求来管理自身的生活方式，心脑血管病和糖尿病的发病率可下降7成左右。

（1）心理平衡：对多位百岁老人的调查显示，这些老人普遍性格乐观开朗、心胸宽广豁达、为人忠厚善良、家人和睦相处、人际关系良好。因此，保持情绪平稳是长寿的基本条件。

（2）科学饮食：慢性病与不良生活方式密切相关。其中，饮食不规律、搭配不合理、长期摄入垃圾食品等不良饮食行为，会导致身体呈高脂肪、高热量状态，成为慢性疾病的"导火索"。老年人的饮食应符合低热量、低脂肪、富含维生素和微量元素的营养需求，这可对心脑血管和糖尿病等慢性病起到预防作用。

（3）适当运动：老年人在选择运动项目时，要结合自身的生理特点、健康状况、锻炼目的，以及个人兴趣进行综合考虑。运动项目应以提高心肺功能的有氧的全身运动为主，散步、跑步、游泳乃是老年人的三大全身运动。由于中老年人血压容易升高，对于需要强肌力的运动、无氧运动、举重以及仅限于上肢的强肌力训练等，应当避免或不过度追求。需要敏捷性的运动如羽毛球、乒乓球、网球、篮球等不可勉强进行。老年人的健身运动，大致可分为三类，即轻度到中度的耐力性运动，伸展运动及增强肌力锻炼。适合中老年人的运动项目有步行、慢跑、太极拳、五禽戏、门球、老年健身操、高尔夫球、登楼梯、游泳以及室内步行车、功率自行车等。

（4）戒烟限酒：老年人是我国慢性病人群的主体，我国目前3亿慢性病患者中，60周岁以上的老年人占比超过了一半。研究显示，吸烟是糖尿病、心血管疾病以及癌症等慢性病的高关联因素，长期喝酒会使得老年人患消化道癌症、老年痴呆和痛风的风险上升。所以，有抽烟、喝酒习惯的老年人一定要了解烟酒对身体的伤害，逐步调整生活方式，做到戒烟限酒。

老年人的生理变化有外部衰老、各系统功能衰退以及睡眠变化等；心理变化表现在认知、情绪、性格、人格、智力以及动机需求等方面；老年人的社会适应与其教育水平、收入水平、婚姻状况、家庭居住类型等因素密切相关。老年人可以采用科学饮食、适当运动、戒烟限酒等生活方式来促进健康。

第五节　家庭照护

家庭实际上是一个由不同成员构成的生活共同体，家庭成员之间存在着互助和共荣的关系，每一个家庭成员不仅要打理好自己的个人生活（可能是在其他家庭成员的帮助下），同时也要对其他家庭成员，尤其是对老年人、婴幼儿、孕产妇以及患病的家庭成员，承担照顾的责任。

一、家庭照护的概念和内容

（一）家庭照护的概念

家庭照护是指家庭成员为病弱、年老或有特殊需求的亲人提供的照护服务。随着人口老龄化和现代生活方式的改变，家庭照护的重要性日益凸显。了解家庭照护的基础知识，可以帮助家庭成员更好地应对照护工作，提高照护质量，保障被照护者的身心健康。

家庭照护是一项重要的工作，需要家庭成员具备一定的照护技能和知识。家庭照护服务是一种为需要长期照护的家庭成员提供专业支持的服务。这种服务旨在满足被照护者在家中享受医疗和照顾服务的需求，提供个性化的全面照护方案，确保他们在家中得到照顾和支持，提高生活质量。家庭照护的实施者应了解家庭照护的基础知识，这可以帮助家庭成员更好地应对照护工作，提高照护质量，为被照护者创造一个温馨、安全的家庭环境。

（二）家庭照护的内容

家庭照护的主要服务内容包括：日常生活照料、个人照护、健康监测、药物管理、康复照护和心理支持等。

1. 日常生活照料

家庭照护服务的首要任务是提供日常生活照料，包括饮食、洗漱、穿衣、如厕等。照护人员会根据被照护者的实际情况制订个性化的日常活动计划，并确保被照护者能够在舒适和安全的环境中完成各项日常活动。

2. 个人照护

个人照护是家庭照护服务的重要组成部分。照护人员会协助被照护者清洁个人卫生，会根据被照护者的需求制订个人照护计划，并采取适当的措施确保其个人卫生和身体健康。

3. 健康监测

家庭照护服务还包括健康监测，以确保被照护者的健康状况得到有效管理。照护人员会定期检测被照护者的血压、心率、体温等生理指标，并记录相关数据。如果发现任何异常情况，他们会及时向家属和医疗机构报告，并采取相应的措施进行处理。

4. 药物管理

药物管理是家庭照护服务的另一个关键内容。照护人员会负责被照护者的药物管理（包括购买药物、按时服药、记录服药情况等）。他们会与被照护者的医生和家属保持密切联系，确保被照护者得到正确的药物治疗，并避免药物错误使用的风险。

5. 康复照护

对于需要康复照护的被照护者，家庭照护服务将提供相应的支持和指导。照护人员会与被照护者和家属一起制订康复计划，提供物理疗法、言语疗法、职业疗法等康复照护服务，帮助被照护者尽快康复并恢复生活自理能力。

6. 心理支持

被照护者在面对疾病时和在康复过程中可能会面临各种心理问题，家庭照护服务应就此提供心理支持。照护人员会与被照护者进行心理沟通，倾听他们的需求和困扰，并提供相应的心理支持和咨询。他们还会鼓励被照护者参与社交活动，与家人和朋友保持紧密联系，促进心理健康和社交互动。

二、家庭照护员与实施家庭照护

家庭照护的对象主要是孕产妇、婴幼儿、老人、病人等。家庭照护者可以是家庭成员，也可以是家庭照护员。家庭照护者实施家庭照护可以通过与医疗机构和社区资源合作进行，这样可以获得更全面的支持和帮助，提高照护的效果和满意度。

（一）家庭照护员

家庭照护员是通过提供各种助力和支持来帮助被照护者在家庭环境中生活的专业人士。目前，家庭照护员已经是国家职业技能标准中确认的新职业。家庭照护员的主要职责是提供对日常生活活动如进食、洗漱、穿衣等的支持。他们还可以参与安排医疗预约、管理药物和监测健康状况。

如果是家庭成员实施家庭照护，则需要具备一定的照护技能。这包括基本的急救知识、身体照护技巧、康复照护技术等。家庭成员可以通过参加相关的培训课程或请专业人士进行指导，提高自己的照护能力。

（二）家庭照护的实施

了解被照护者的需求是家庭照护的基础。不同的人有不同的照护需求，包括日常生活起居、饮食健康、药物管理、身体运动等方面。家庭成员应与被照护者进行充分的沟通，了解他们的需求和意愿，制定个性化的照护计划。

合理安排照护时间和工作分配是家庭照护的重要方面。照护工作需要耗费大量时间和精力，家庭成员应根据自身情况和被照护者的需求，合理安排照护时间，避免过度疲劳和照护疏漏。同时，家庭成员之间可以互相分工，合理分担照护工作，减轻单一家庭成员的负担。

家庭成员还应关注自身的身心健康。照护工作可能会对家庭成员的身心健康造成一定的影响，因此，家庭成员应注意自己的照护能力和心理状态，及时寻求帮助和支持，可以与其他家庭成员、社区资源或专业机构建立联系，获取必要的支持和援助。

在家庭照护中，与医疗机构和社区资源的合作也是非常重要的。家庭成员可以与医生、护士、社工等专业人士进行沟通和合作，获取专业的照护建议和支持。同时，可以利用社区的照护资源如日间照料中心、社区照护服务等，为被照护者提供更全面的照护。

家庭成员还应了解一些常见的照护风险和安全知识，以应对照护过程中可能会遇到的意外情况，如跌倒、烫伤、误吞异物等。家庭成员应了解急救基本知识，掌握正确的急救方法，以保障被照护者的安全。

三、孕产妇的家庭照护

孕产期是女性一生中特殊的时期。孕期即妊娠期，是指胎儿在母体内发育成长的过程，从卵子受精开始至胎儿母体娩出为止，共 40 周。产期即产褥期，是指从胎盘娩出至产妇全身各器官（除乳腺外）恢复或接近正常未孕状态的一段时期，一般为 6 周。

（一）孕妇照护的内涵和价值

1. 有利于胎儿的生长发育

胎儿的生长发育所需要的所有营养素均来自母体，同时母体还要为分娩和分泌乳汁储备营养素，因此保证孕妇孕期的生理与心理健康对于胎儿的健康具有重要的意义。

2. 有助于孕妇顺利度过妊娠期

由于孕期特殊的生理和心理变化，孕妇更需要来自家庭的理解与照顾，为孕妇提供科学、合理、全面的家庭护理，对保障孕妇及胎儿顺利度过妊娠期具有相当的现实意义。

（二）产妇护理的内涵和价值

1. 有利于产妇身体的恢复

妇女经过怀孕、生产，生理和心理都发生巨大变化，分娩后，产妇身体各个方面都很虚弱，良好的照护有助于其快速、安全、健康的修复。

2. 有益于新生婴儿的成长

产褥期对妇女及家庭而言，是一个重要的转折期。初为人母，产妇会经历强烈的生理和情感体验，还需要照顾新生婴儿以适应新的角色。良好的产后照护有助于产妇的良性亲子行为和婴儿的健康。

3. 有助于母乳喂养的成功

母乳喂养对新生儿的成长、母子感情的建立、母体自身的恢复及降低乳腺疾病的发生率均有重要的意义。而成功的母乳喂养，除了正确的喂养技巧，还依赖于良好的家庭照护。

因此，提供科学、合理的家庭照护显得尤为重要，它不仅对产妇的恢复及家庭的适应具有重要的意义，也有助于家庭功能和亲子行为的建立，产妇的心理调适，婴儿的健康，以及母乳喂养的成功。

（三）孕产妇照护的内容和基本原则

1. 孕妇照护的主要内容

孕妇的健康不仅关系到其自身的身体健康与生活质量，还关系到胎儿的正常发育与生长，照护者应从孕妇生活起居等多个方面提供照护，主要包括健康生活方式的指导、用药的指导、常见症状及并发症的应对与识别、家庭自我监护、乳房护理、胎教指导、心理指导及分娩准备的指导。

2. 产妇照护的主要内容

产妇照护的重点在于"月子"期的起居、产后恢复、喂养指导和心理护理，目的是帮助其尽快地适应角色，减少产后并发症的发生。

3. 孕产妇照护的基本原则

孕产期对妇女而言，是一个重要的转折时期，在这一特殊时期，她们需要适应新的角色，而家庭也要经历生活模式的改变。家庭照护的基本原则有以下几条。

（1）合理营养：孕产妇每天应摄入丰富均衡的营养，多吃含铁丰富、高蛋白、高维生素的食物，注意荤素兼备、粗细搭配、品种多样。

（2）适当运动与规律作息：孕产妇应适当运动，但运动时间不宜过长，运动方式不宜剧烈，以不引起疲劳为度，运动期间应注意安全。此外，孕产妇作息要规律，要保证充足的睡眠，夜间应有 8～9 小时的睡眠，午间也应有 1～2 小时的休息。

（3）保持情绪稳定：由于孕产期的特殊性，大部分孕产妇都存在活动无耐力、焦虑、睡眠形态紊乱等问题，照护者要及时了解她们的心理状况，帮助其排除心理压力。

（4）规律的检查：根据国家孕产妇保健管理的要求，孕产期的妇女要定期去医疗机构进行健康检查。检查的具体时间是从确诊早孕开始，孕 28 周以前每月一次产检，孕 28 周后每半个月一次产检，孕 36 周后每周一次产检，一般在产后 42～56 天之间还应进行一次产后检查。

（5）有效的自我监测：除了指导对孕产妇定期进行检查外，照护者还要协助孕产妇及家属进行自我检查。孕期自我监测的内容包括胎动计数、测量体重、测量宫底高度及腹围、听胎心、测量血压、常见并发症及临产的识别；产期则要指导孕妇识别异常恶露，监测外阴伤口或腹部切口的愈合情况。

（6）适宜的指导：首先要进行胎教指导。研究表明，适宜的胎教可以促进胎儿宫内的良好发育，增进母子的感情。这就要求照护者了解胎教的方法，根据胎儿不同时期的发育特点采用适宜的胎教方式。其次要进行母乳喂养指导。母乳是婴儿理想的天然食物，它不仅能提供宝宝所需要的各种营养物质，而且可以增强宝宝的免疫力，也有利于母亲产后康复。世界卫生组织也提倡6个月以内的宝宝母乳喂养率要超过80％。鉴于此，照护者在孕期就要宣传母乳喂养的优点和增强母乳喂养的信心，做好乳房护理的指导，如乳房按摩、纠正乳头扁平或凹陷等。产褥期则主要进行母乳喂养技巧的指导，如正确的哺乳方法、哺乳的时间、挤奶的技术等等。

（7）鼓励家属参与：在照护过程当中应以孕妇和家属为单位，强调孕妇和家属的参与，帮助孕妇及家属做好分娩前的生理、心理和物品准备，共同迎接新生命的到来。

四、婴幼儿照护

婴幼儿是婴儿和幼儿的统称。

（一）婴幼儿照护的内涵和价值

婴幼儿期是孩子成长的黄金时期，这一时期是孩子身体和智力发育最快的时期，也是可塑性强的时期。在这个阶段，良好的照护能让孩子身体健康、心智健全、个性良好，从而为一生打下坚实的基础。

1. 促进身体健康发育

良好的照护要做好婴幼儿的生活照料以及安全防护。婴幼儿正处于生长发育的旺盛期，充足舒适的睡眠和均衡的饮食对他们非常重要。在照护过程中要注意根据不同阶段婴幼儿营养的需求，及时添加营养物质，满足其生长所需。要给婴幼儿营造一个没有干扰的进食氛围，并用积极的语言和目光鼓励婴幼儿进食。充足而高质量的睡眠是婴幼儿健康的基础保障，应根据不同年龄段的婴幼儿睡眠特点给予充足睡眠。掌握婴幼儿基本急救常识与技巧，用心营造一个安全的环境也是婴幼儿照护的重要方面。

2. 满足婴幼儿的合理心理需要进而促进其心理健康发展

要创造条件，尽量满足婴幼儿合理的心理需要，以促进婴幼儿心理的健康发展。需要是人行为产生的动力源泉，需要是情绪情感产生的基础。当人的需要得到满足时，就会产生积极的情绪体验如愉快、兴奋等，积极愉快的情绪有利于婴儿的智力开发，可促进婴幼儿潜能的发挥，有利于其活泼、开朗、信任、自信等良好个性特征的形成。当人的需要得不到满足时，人就会产生消极的情绪体验如痛苦、失望等。如果人的合理需要长期得不到满足，人就会产生受挫感、忧郁感和压抑感，进而影响其心理的健康发展，有的甚至还会出现一些心理行为问题。因此，为了能够更好地促进婴幼儿心理的健康发展，要努力满足他们合理的心理需要。

3. 促进婴幼儿形成正确的道德观念

良好的照护是婴幼儿形成正确道德观念的保证。婴幼儿也有强烈的道德观，如同情心、责任感、互助感等。这个时期的孩子已能关心别人的情绪和处境，因他人高兴而高兴，因他人难受而难受，并想要安慰和帮助别人。当其言行符合道德规范受到表扬时，婴幼儿便产生高兴、满足和自豪的情感体验；当其言行不符合道德规范受到批评时，婴幼儿便产生羞愧、难受和内疚的情绪体验。他们的这些情绪、感受和情感是他们成年后能够成熟思考道德问题的基础。

4. 促进婴幼儿语言能力的发展

良好的婴幼儿照护需要遵循婴幼儿自身的规律，借助各种良性刺激，来激发婴幼儿的语言潜能。0～3 岁是语言发展的关键期。语言既是思维和沟通的重要工具，也是智力发展的一个显著标志。孩子从出生起的 3 年内，大脑发育进步神速，其中语言能力的发展是孩子身心发展的重中之重。良好的照护能够帮助婴幼儿平稳度过语言发展期，感受语言的力量。激发婴幼儿说话的欲望，鼓励婴幼儿进行表达，对婴幼儿的思维发展和性格培养都是有利的。

（二）婴幼儿照护的内容

婴幼儿照护包括日常照护和日常活动的照护两个部分。

1. 日常照护

日常照护包括合理喂养、睡眠的照料、大小便的照料、沐浴、穿脱衣服和更换尿布。

（1）合理喂养。

婴幼儿在生长发育过程中需要充足的营养供给，常见的喂养方式有母乳喂养、人工喂养、混合喂养和辅食的添加。家政护理人员应掌握婴幼儿喂养知识，保证婴幼儿的营养供给，促进婴幼儿健康成长。母乳喂养是指用母亲的乳汁喂养婴儿。母乳是最为理想的婴儿食物，不仅纯天然，而且营养物质丰富，比例适合，更易于宝宝消化吸收。喂母乳时，可使母亲与婴儿同时享受身体的温暖，是一种身体与感情的结合，也利于培养日后家庭成员的亲情及安全感。

人工喂养是指当母亲因各种原因不能哺乳婴儿时，可选用牛奶、羊奶或其他代乳品喂养婴儿。人工喂养需要适量而定，否则不利于婴儿发育。

母乳不足的时候需要添加牛奶、羊奶或者其他代乳品进行喂养，以维持婴儿正常的生长发育，这称为混合喂养。混合喂养虽然不如母乳喂养好，但在一定程度上能保证母亲的乳房按时受到婴儿吸吮的刺激，从而维持乳汁的正常分泌。婴儿每天能吃到2～3次母乳，对婴儿的健康仍然有很多好处。混合喂养每次补充其他乳类的数量应根据母乳缺少的程度来定，原则是以婴儿吃饱为宜。

母乳是婴儿最理想的食物，但从大约4个月开始，光吃母乳或者婴儿配方奶已经无法满足其营养需求。因此从这个时间段开始还应补充一些固体食物，这就是辅食。辅食包括米粉、泥糊状食品以及其他的一些家制食品。添加辅食应遵循从一种到多种、从稀到稠、从细小到粗大、从少量到多量的原则。

（2）睡眠的照料。

人在睡眠时生长激素分泌旺盛，这种生长激素正是使婴幼儿得以发育、功能得到完善的重要因素。婴幼儿多睡对其生长发育有很大的好处。

婴幼儿睡眠的照料方法是：睡前卧室要开窗通风，根据气温增减被褥；晚饭后进行安静的活动，严禁看/听恐怖故事；到睡觉时间以和蔼的语言提醒孩子收拾玩具、书等，洗温水澡或洗脸、手、臀部，刷牙漱口、换睡衣，排尿后上床，自动入睡；婴幼儿熟睡后，拉上窗帘，保持室内通风，注意婴幼儿的睡姿、脸色，注意被子有否捂住口鼻，以防意外的发生，1岁后夜间可不再喂奶或水。

（3）大小便的照料。

培养良好的大小便习惯，有利于帮助婴幼儿建立健康的行为和生活方式。尿布湿了要及时更换，大便后要及时清洗，预防尿布疹。训练婴幼儿大小便就是要建立有关的条件反射。一般从婴幼儿会坐起，在固定的时间训练婴幼儿坐便盆，每次时间不要超过5分钟，一般经过1～2个月婴幼儿会慢慢适应，逐步形成条件反射。3岁时可训练婴幼儿自己脱下裤子坐盆大小便，并训练其自己擦屁股。

（4）沐浴。

每次洗澡的时间宜在两次喂养之间，避免婴幼儿喂奶前过度饥饿及喂奶后洗澡发生溢奶。沐浴时，照护者应洗净双手，准备好婴幼儿浴后要用的大浴巾、衣服及纸尿裤或尿布。为了避免婴幼儿烫伤，先往浴盆中放冷水，然后再放热水，再涂上浴液轻轻洗干净。最后从浴盆中抱出清洗完毕的宝宝，放在大浴巾上，擦干身体。

（5）穿脱衣服。

婴幼儿的衣服以柔软、浅色、容易洗涤的全棉衣料为好。衣服不宜有大纽扣、拉链、扣环、别针之类的东西，以防损伤婴幼儿皮肤或被其吞到口中。穿衣时先穿内衣后穿外衣，穿完上衣再穿下衣；如果是套头衣服，则要先将衣服卷成个圈撑着领口，从头部套下来，然后再穿袖子。脱衣服先脱下裤子或尿布，再脱上身的外衣及内衣等；如果是套头的衣服，要先脱下袖子，然后将衣服圈成一个圈，撑着领口从前面穿过婴儿的前额和鼻子再穿过头的后部脱下。

（6）更换尿布。

给婴幼儿换尿布前先洗手并擦干，准备好所有物品，包括干净的尿布、充足的湿纸巾或湿毛巾。更换尿布时双手握住婴幼儿的双腿，将其高抬，使婴幼儿的臀部稍稍离开尿布，迅速撤换尿布。用柔软的棉签或湿巾轻轻擦拭婴幼儿的会阴部和臀部。为了避免在更换尿布过程中婴幼儿发生小便，可使用柔软的纸巾将婴幼儿的阴茎暂时包裹起来，更换后再将纸巾拿开。让婴幼儿的屁股自然晾干，或者用一块干净的布轻轻拍干。如果需要治疗或预防尿布疹，可以给婴幼儿抹上尿布疹膏或者凡士林。

2. 日常活动的照护

（1）室内活动安全。

婴幼儿室内活动要注意防滑、防摔、防磕碰、防坠落、防扎伤、防夹手、防烫伤和中毒、防电伤、防窒息等。

室内地板砖要及时擦干水或油渍；床、沙发周边等小孩经常活动的地方以及家具、墙的棱角，要做简单的软化处理；小孩穿的鞋鞋底一定要防滑；不要让婴幼儿翻跟头、蹦跳。

住楼房，特别是三层以上楼房的家庭，不要让婴幼儿从窗、阳台往下探身，以防不慎坠落。这类家庭可在阳台、飘窗等处安装安全防护网。不要让婴幼儿拿棍棒在屋内打斗；刀、剪、锥子等尖锐工具，各种药品、爽身粉、洗涤剂、消毒剂、开水，各种引火器具，以及较为贵重物品等，要放在婴幼儿拿不到的地方。婴幼儿够得着的插座，要用桌子、沙发或插座安全防护盖遮挡起来，电线要固定，以避免婴幼儿触电。绝对禁止婴幼儿独自进食花生、瓜子、带核果品、带刺（骨）食品、各种豆类等。此类小件食品要存放在婴幼儿触摸不到的地方。

（2）室外活动安全。

进入公共场所要随时在婴幼儿身边，并牵牢婴幼儿的手，保证婴幼儿时刻不离左右；严禁将婴幼儿独自留在公共场所中游戏，更不能把婴幼儿托付给陌生人看管。

婴幼儿进入草坪与游戏区域玩耍时，一定要先检查该区域是否安全、卫生，是否有锐利物突出、玻璃碎片或可入口小件物品，确保这些场所无危险；任何情况下都不能让婴幼儿独自戏水。

（3）玩具安全。

婴幼儿玩具不可有尖锐凸起，不可是易破碎、易裂开或小得可以吞下的，不能带有长线或长绳（避免缠绕），应无毒，应轻，木制玩具必须光滑。不能让婴幼儿玩长发披肩的娃娃，或内有可取出的填塞物、铁丝、长钉或灌有液体物质的玩具。不能让婴幼儿玩能发出高噪声的玩具（以免惊吓孩子甚至造成其听力障碍），也不能让其玩可抛射的玩具（如标枪、飞盘等，以免伤其眼睛）。婴儿玩具应做到随玩随取，玩后随时收拾。

（三）婴幼儿照护的基本原则

1. 婴儿期

婴儿期是人生长发育最快的时期，所需要的热量和蛋白质比成人相对要高，自身免疫功能尚未发育成熟，抗感染能力较弱，易患各种感染性疾病和传染性疾病。因此，应提倡母乳喂养，指导及时合理地添加辅食，定期进行体格检查；同时要做好计划免疫和常见病、多发病、传染病的防治工作。

2. 幼儿期

幼儿期是人语言、思维、动作和社交能力发育较快的时期，幼儿对危险的识别和自我保护能力尚不足，易发生各种意外伤害。要根据该时期的孩子特点，有目的、有计划地进行早期教育，预防意外伤害的发生，培养幼儿良好的卫生习惯，加强断乳后的营养指导，注意幼儿口腔卫生，定期进行体格检查，继续做好计划免疫和常见病、多发病、传染病的防治工作。

五、老人与病人的照护

尊老、爱老、敬老是中华民族的传统美德。老人过去为经济和社会发展做出了巨大的贡献，对子女也尽了应尽的抚养义务，当父母年老时，子女应赡养老人，社会应回馈老人，这既是法定的责任，又符合人类反哺的理性，有助于维护社会和谐。病人就是患有疾病的人。应对疾病，医学讲究"三分治疗，七分护理"。在医疗资源相对缺乏而人们对健康需求又不断增加的当今社会，"七分护理"不再局限于医院护士提供的专业护理，在家居住的病人也应得到简单易行、安全有效的护理，从而提高其生活质量。

衰老往往与疾病相伴而行，本部分将老人的照护纳入病人照护进行阐述。

（一）病人的种类和特点

医学上根据疾病的特点对病人有不同的分类方法。根据医学分类方法，再结合需在家庭环境中疗养的病人的特点，一般可将居家病人分为五类（见表8－1）。

表8－1 居家病人分类及特点

居家病人种类	主 要 特 点
慢性病病人	指不构成传染，病情持续时间长、发展缓慢的疾病，常见的有高血压、冠心病、脑卒中、糖尿病、恶性肿瘤等。慢性病起病隐匿、病因复杂、病程长且治疗效果不显著，并发症发病率高，易造成伤残，严重影响病人的劳动能力和生活质量。慢性病通常也是终身性疾病，需要长期管理，如定期体检、戒除不良习惯、改善饮食结构、选择合理的生活方式等。
长期卧床病人	指由于脑血管意外、脊椎病变、下肢骨折或严重的心肺疾病等导致需长时间卧床的一类特殊病人。这类病人由于长期卧床、活动减少，导致免疫力降低，极易出现关节僵硬、失用性肌肉萎缩、压疮、尿路感染、静脉血栓、坠积性肺炎等并发症，需采取有效的护理措施，预防或延缓并发症的发生。
手术后病人	指已在医院接受专业的手术治疗，出院后病情已稳定但还需继续治疗或康复的病人。护理的要点是执行医生和护士交代的出院指导。
传染病病人	传染病指由病毒、细菌、寄生虫等感染人体后产生的，具有传染性且在一定条件下可流行的疾病。常见的有流行性感冒、病毒性肝炎（甲肝、乙肝、丙肝）、肺结核、手足口病等。对于传染病病人，除了根据病种提供护理外，还应做好居住环境的清洁消毒和自我及家庭其他成员的防护工作。
临终患者	临终患者主要是各类疾病的晚期患者，疾病治愈无望，患者希望住在家里与家人度过最后的时光。临终阶段是生命的最后，各种迹象显示生命活动即将终结的阶段。护理的目的是最大限度地减轻患者临终前的生理和心理不适，维护其尊严，提高生命质量，使临终患者能够少痛苦、安详、有尊严地走完人生的最后旅程。

（二）病人照护的内涵和价值

对居家病人的照护不再是单纯地生活照顾，而是为病人提供连续而系统的专业照护服务，使个人、家庭、社会都能从中受益。

1. 病人方面

病人在家庭中受到良好照护，一可使病人享受系统性、连续性、专业性护理，控制并发症，降低疾病复发率及再住院率；二可使病人享有正常的家庭生活，从家庭中获得归属感与安全感；三可缩短病人住院时间，提高个人生活质量。

2. 家庭方面

家庭方面照护居家病人，一能减少家属在医院与家之间的来回奔波；二可节省住院费用，减轻家庭经济负担；三可向家庭成员传输防病知识，影响家庭健康观念，有助于预防和控制疾病；四可促进家庭成员间的情感支持，有利于家庭的和睦稳定。

3. 社会方面

照护居家病人可以节约社会医疗资源，可加快医院病床的周转率，降低社会医疗负担。

（三）病人照护的内容

1. 慢性病病人的照护

（1）健康指导：做好健康指导，促使病人形成健康的生活方式如起居规律、戒烟酒、科学饮食和运动，同时保持心情愉悦。

（2）监测身体状况：根据情况监测血压、脉搏、血糖等，学会识别异常情况。

（3）康复训练：进行康复训练，促进其功能的恢复。

（4）合理用药：合理用药，观察并应对不良反应。

（5）创造安全环境：提供安全的生活环境和设施，防止意外。

（6）给予心理支持：掌握病人的心理特征，给予病人心理情感支持，帮助病人树立战胜疾病的信心。

2. 长期卧床病人的照护

（1）协助病人的日常生活，如在床上刷牙、漱口、洗脸、梳发；为其进行床上洗头、床上擦浴、会阴部护理等。

（2）掌握协助病人翻身的技巧，熟练使用轮椅护送病人。

（3）防止各种并发症的出现，例如采取预防压疮和促进病人咳痰的措施，进行肢体的功能锻炼等。

（4）教会并鼓励病人做力所能及的事，增强其日常自我照顾的能力。

（5）安慰、鼓励病人，减轻病人的自卑心理和消极情绪。

3. 手术后病人的照护

严格按照医生和护士交代的出院指导照护手术后病人，例如提供营养丰富、易消化的饮食，合理安排休息、活动与功能锻炼，按照医嘱协助病人服药和如期复查，做好伤口的观察与护理等。

4. 传染病病人的照护

（1）根据病种进行相关疾病的照护，例如肺结核病人体质较虚弱，应加强营养并戒烟酒，避免被动吸烟；流感病人高热时给予物理降温，多饮水；病毒性肝炎病人应遵医嘱服用保肝类药物，不滥用药物。

（2）采用消毒和隔离的方法切断传染病的传播途径，保障家庭其他成员的健康。常用的消毒方法有开窗通风法、食醋熏蒸法、煮沸消毒法、浸泡消毒法等，隔离的方法是将传染源安置在指定地点，暂时避免与周围人群接触。

5. 临终患者的照护

（1）为临终患者提供全方位的生活照护，减轻其疼痛及其他不适，让患者感觉舒适，有足够的时间和精力处理未尽心愿。

（2）注重患者的心理反应，及时给予心理疏导和鼓励支持，帮助患者从死亡恐惧与不安中解脱出来。

（3）关心、安抚家属，帮助家属度过悲伤期。

（四）病人照护的基本原则

1. 尊重原则

尊重是指维护人的尊严，礼貌待人，不损害他人人格以及维护和尊重每个人的权利。在照护病人的过程中，只有尊重病人的人格和权利，才能赢得他们的信赖和尊重，才能建立起融洽和相互配合的关系。

（1）尊重病人的人格：每个人都有自身的人格和尊严，其不会因个体患病而被否定。照护人员应具有爱心、耐心及同情心，尊重病人的人格和尊严，这是与病人建立良好关系的基础，也能更好地促进病人的身心健康。

（2）尊重病人的自主权：自主权即个体做自我决定的权利。在照护病人的过程中，应尊重病人对有关自己的照护问题的自由决定和行动，这是取得病人配合的基础。

（3）保守病人的秘密和隐私：病人的秘密和隐私指在照护过程中所获得的，有关其家庭生活、生理特征、不良诊断和预后等与他人和社会公共利益无关的信息。不经病人本人同意，不能随便将这类信息透露给其他无关人员。在实施照护的过程中，应尽量减少病人身体的暴露。

2. 有利原则

有利原则强调在照护病人的实践中，一切从维护病人的利益角度出发，努力使病人多受益。例如，有的慢性病病人因体质虚弱不愿下床活动，但适当的活动有利于促进病人全身血液循环，预防血栓形成，因此照护者应当鼓励、协助病人下床活动。

3. 实效原则

实效指的是照护方法具有可行性和可操作性，不能纸上谈兵。在家庭环境中照护病人，由于受到场地、设备、医学知识等因素的制约，有时不能像医院那样提供专业的照护措施。但照护者可以结合有利原则，在有限的资源下尽可能为病人提供有实效价值的照护措施。例如，长期卧床的病人需要经常变换体位，家庭中没有可以摇高床头的病床，也没有专业的体位垫，照护者可以发挥聪明才智自制适合病人半卧位和侧卧位的床上设施。

4. 参与原则

参与是指鼓励病人及家庭成员共同参与家庭照护、保健计划的制订与实施。参与原则能促进病人及家庭成员与照护者的合作，能使他们正确认识疾病，增强保健意识，形成健康的行为方式，获得幸福的家庭生活。

第九章 家政服务业与市场发展

引言

　　时下我国出现了家庭小型化和人口老龄化的趋势，特别是全国 80 岁以上的老龄人口每年以 8%～10% 的速度增长。据中国家庭服务业协会调查，我国城镇现有家庭中有约 15% 的家庭需要家政服务。

　　据北京市家政服务协会测算，北京 600 多万户家庭中至少有 200 万户需要家政服务，其中老人陪护、病患护理和婴幼儿看护是北京需求量最大的家政服务业态，而家政服务员缺口达到 150 万人。

　　这意味着，和百姓生活息息相关的家政服务业正驶入发展快车道，成为我们身边新的经济增长点。但家政服务行业存在不少问题，成为制约行业发展的瓶颈。当前家政行业存在的问题具体有哪些表现呢？如何促进家政服务业的发展满足市场需求呢？

本章学习目标

　　1. 掌握：家政服务业的概念和作用；家政服务业发展面临的问题。

　　2. 熟悉：家政服务业的市场发展。

　　3. 了解：家政服务业未来发展的趋势。

第一节　家政服务业的概念和特征

家政服务业是家政学研究的重要领域。作为新兴产业，家政服务业对促进就业、精准脱贫、保障民生具有重要作用。近年来，我国家政服务业快速发展，但仍存在有效供给不足、行业发展不规范、群众满意度不高等问题。随着家政服务业提质扩容成为各方共识，家政服务业越来越受到人们的重视，迎来了新的发展机遇。

一、家政服务业的概念

（一）家政服务与家政服务业

家政服务是家务劳动社会化的产物，是为了维系家庭功能，满足家庭成员自身生存所必需的家庭事务，其由社会专业机构、社区或组织来承担，帮助家庭与社会互动，构建规范和谐家庭，促进社会发展。《国务院办公厅关于促进家政服务业提质扩容的意见》中明确指出，家政服务业是指以家庭为服务对象，由专业人员进入家庭成员住所提供或以固定场所集中提供对孕产妇、婴幼儿、老人、病人、残疾人等的照护以及保洁、烹饪等有偿服务，满足家庭生活照料需求的服务行业。

家政服务业的出发点和归宿点是满足人民对美好生活的需求，其本质是民生行业，这就决定了新时代家政服务业的发展必须坚持以人为本、以家为本的理念，以提升人民在家庭生活中的舒适感、获得感、幸福感作为最大的价值追求。

与传统的家政服务相比较，现代家政服务是将部分家庭事务社会化、职业化、专业化、市场化，委托社会专业机构、社区机构、非营利组织、家政服务公司和专业家政服务人员来承担，以帮助家庭提高家庭生活质量。其服务内容已经从传统的保洁、烹饪、照顾老人、照看儿童等"家政服务"发展到婚丧礼事筹办、家庭理财、家电维修、服装裁剪、房屋维修、家庭教育、保健医疗、园艺等涉及人们生活方方面面的多种服务，服务范围日益扩大，内部分工更加精细。此外雇主对服务的技术性和专业性也提出了更高要求。家政服务业已经成为现代服务业的重要组成部分。

（二）家政服务业的主体

家政服务业的主体是家政服务人员、家政服务企业和雇主，客体是多种多样的家政服务。其中家政服务人员是家政服务的提供者，雇主是家政服务的消费者，而家政企业则把家政服务需求与家政服务提供者充分对接，并对服务过程进行管理。随着《国务院办公厅关于促进家政服务业提质扩容的意见》的颁布，员工制家政企业成为家政企业的发展趋势，家政服务人员与家政服务企业将逐渐融合，共同成为家政服务的提供者。

家政服务企业是指依法成立，具有法律效力的家政服务活动组织，主要有员工制家政企业、管理制（准员工制）家政企业、中介制家政企业和培训机构四类。

1. 员工制家政企业

（1）定义。

员工制家政企业是指直接与消费者（客户）签订服务合同，与家政服务人员依法签订劳动合同或服务协议并缴纳社会保险费（已参加城镇职工社会保险或城乡居民社会保险均认可为缴纳社会保险费），统一安排服务人员为消费者（客户）提供服务，直接支付或代发服务人员不低于当地最低工资标准的劳动报酬，并对服务人员进行持续培训管理的企业。

（2）特点。

第一，建立劳动关系，服务质量普遍较高。

企业与员工建立劳动关系，是员工制最核心的特点。劳动关系建立后，企业就必须给员工缴纳社会保险，这样会大幅度降低家政服务员的流动性。而员工流动性降低后，企业也愿意投入资源提高员工技能，家政服务员较长时间从事同一份工，服务技能也能进一步提高。

第二，促进家政职业化，提高家政服务员的融入度。

实行员工制，建立劳动关系，是一个行业职业化的标志。这也是家政服务业从非正规到正规的关键。目前在城市从事家政服务的人员往往不会将城市视为自己的家，而只将其视为挣钱的地方，因此就出现了过年时的"保姆荒"。职业化可以促进家政服务员的城市融入，从一个"外来务工人员"变成"市民一员"。

第三，保护家政服务员合法权益。

员工制下的家政服务员享受社会保险，这对于家政服务员的权益是极大的保障。不用再担心自己因为疾病和意外而丧失工作能力，同时自己未来退休以后也有了生活的保障。这能够进一步提高家政服务员的职业认同度，使其愿意长期从事这个行业。

第四，运营成本高，市场难以接受。

员工制最大的问题是运营成本，特别是社会保险的支出较高。例如上海正规企业目前的社会保险总支出超过了工资的1/3。而要覆盖这部分支出，一般来说就意味着服务价格要上涨1/3，或者家政服务员的收入要下降1/3。从目前来看，这两种方式无论哪种都不具大规模可行性。

第五，回归家政服务的"事本源"。

长期以来，家政服务陷入一个怪圈，这类服务本应是基于家庭事务服务的"事本源",但却被种种因素干扰,在很大程度上将操心的重点扭曲到了人际关系上,成为"人本源"。员工制能够使家政服务回归"事本源",家庭可更多地关注事情有没有做好,如果服务没有达到期望,家庭不用和家政服务员沟通,而是通过和机构的联系获得满意的服务。

到目前为止,仅有很少一部分家政机构使用(估计不到总数的1%)员工制。最核心的原因在于其社会保险成本远高于目前市场的承受程度。目前能够承担这个成本的,也仅限于一些利润率高的工种如月嫂等。但家政行业要有职业化和正规化发展,就必须朝着员工制的方向前进。

未来,员工制将会以比较慢的速度推进。员工制普及的过程其实也是家政服务高端化的过程,在资本主义国家,大部分家庭都会因为无法承受如此高的服务费用而被"淘汰"出家政服务市场,最终只余下小部分具有很强购买力和支付愿意的富裕家庭;在我国,《国务院办公厅关于促进家政服务业提质扩容的意见》明确要采取"企业稳岗返还和免费培训……加大社保补贴力度,利用城市现有设施改造作为员工制家政服务人员集体宿舍"等措施支持员工制家政企业的发展,这些措施能够在很大程度上对冲企业社保成本的上升,因此能使更多非富裕家庭获得优质家政服务。

2. 管理制家政企业

家政行业中所谓的"管理制",有时也称"准员工制"。它不是严格的学术定义,主要是针对员工相对较散漫的"中介制"而言,是员工与家政公司形成较为固定合作关系的家政企业。

(1)定义。

管理制家政企业是指家政服务机构与家政服务员形成密切、固定的合作关系,家政服务员在约定的期限内放弃多点择业的权力,按照合作协议在家政服务机构领取薪金的企业。

管理制蕴涵着以下几个要素：第一，家政企业与家政服务员形成的是合作关系，不是劳动关系，这有别于员工制，使得企业在很大程度上避免了社保支出；第二，每个家政服务员只能与一个家政机构合作，同一时间不得多处注册；第三，家政企业与家庭签订服务合同，家政服务员系由企业派出到家庭进行服务；第四，家庭向家政公司支付服务费用，家政公司在扣除一定比例的管理费后发放给家政服务员；第五，家政公司对家政服务员承担更大的服务义务，如会提供职业培训、临时住宿、协助办理社保等服务。

（2）特点。

第一，家政服务员的流动性降低。

由于禁止了多点择业，家政服务员在协议时间内只能与一个家政机构合作。因此家政服务员跳槽的意愿降低了。此外，家政服务机构的盈利方式也发生了改变，不是以中介的"次"为结算依据，而是以服务员服务的"月"为结算依据，家政服务员工作的时间越长，家政机构获得的利益越多，因此当家庭与家政服务员间产生问题时，家政机构首先选择的是调和矛盾，而不是更换服务员。

第二，服务水平能有提高。

因为家政服务员的流动性降低了，在可预期的时间内是为固定的家政机构服务的。家政机构拿出资源开展培训的意愿也提高了，因为在此模式下家政机构是能够分享培训带来的收益的。同样对于家政服务员而言，通过更换雇主而提高收入的投机机会消失了，余下的唯一途径就是提高自己的能力来获得更高的报酬。

第三，对经营者要求较高。

管理制本身运行的难度较大，要说服家政服务员和雇主接受，要计算合理的管理费比例，收取家庭的服务费，向家政服务员发放工资，开展家政服务培训，接受雇主的建议和质询等。目前并不是所有的家政经营者都具备管理制家政企业运营能力的。

第四，存在经济风险。

管理制通过"工资代发"实现对家政服务员的管理和自身的赢利，这也给家政服务的过程带来了经济风险。一般工资代发存在着时间差，而这个时间差有可能被某些家政公司利用，最终造成雇主支付了服务费而家政服务员没拿到工资的情况。而如果管理制家政机构和资本挂钩，极有可能出现资本由于某种需要而动用家政服务员工资的事件，从而造成更大的经济和社会不稳定因素。

第五，社会接受程度低。

家庭和家政服务员可能会对管理制提出质疑。家庭可能认为这个模式存在着风险，把服务费交给家政机构，如果最终服务员没有拿到或者少拿工作，最终受到影响的还是家庭；家政服务员可能认为原来的中介费变为管理费，中介费只需要交一次，而管理费则需要每月都交，这是一种变相的"剥削"。

尽管存在着不足，但总体而言管理制相对于中介制还是一种经营模式的进步，也是家政服务业迈向职业化、正规化的必由之路。把家政服务员组织起来的家政服务机构，相对于单打独斗的家政服务员个体，能够提供更好的服务。当然，其中的一些问题也需要提起重视。例如上文所说的"剥削"问题，"中介制"模式下雇佣双方支付总的中介费一般不低于月工资的40％，在"管理制"模式下，如果以5％按月收取，两种经营模式的临界点在8个月，而目前市场家政服务员在一个家庭平均的工作时限是8.4个月。可以看出，按现在的服务水平，"剥削程度"基本没有提高，但多数人并不知道这一点，应加大知识普及力度。另外关于经济风险，也有比较成熟的金融机构可以提供类似第三方监管的服务，可在很大程度上规避风险的发生。

3. 中介制家政企业

中介制家政企业构成了目前市场的主体，估计有超过90％的家政企业采用中介制的经营模式。这客观上为家政市场的繁荣做出了巨大贡献，但也带来了家政服务员流动性大、服务质量差等困扰，被很多家庭所诟病。

（1）定义。

中介制家政企业是大量搜集家政服务员信息，向有需要的雇主提供服务员基本信息，待服务员面试、试工满意后收取服务费用的企业。

（2）特点。

第一，运营简单。

中介制采用最简单的运营模式，家政机构向雇主提供家政服务员，双方经过查阅证书证件、面试沟通、试工等环节，双向满意后即签订服务协议并支付中介费用。工资由家庭直接支付给家政服务员，整个服务过程中的权利和义务由雇主和家政服务员承担，家政机构仅提供一定时间的服务保障（例如更换服务员等）。

第二，服务门槛较低。

中介制家政企业没有复杂的价格计算公式，服务价格由雇主和家政服务员协商，机构仅需要按照比例收取服务费，不需要为家政服务员缴纳社会保险费，服务费用现金收取。对于很多不具有现代管理能力、经营理念的社会人员，只需要具备简单的沟通能力就能经营此类机构。

第三，促进家政服务员“流动”。

这里说的“流动”，是指家政服务员工作岗位之间的流动。因为中介制的收费模式是以中介“次”为单位，只有中介行为发生，机构才能获得盈利。所以，家政机构有着天然的“流动性冲动”，在利益面前会鼓励家政服务员离开原来的家庭获得所谓“更好的”工作。这就造成了人们经常听到的雇主抱怨：家政服务员做不长。

第四，家政服务质量不佳。

因为家政服务员和家政机构之间是合作关系，并不存在事实上的劳动关系，也不存在雇主和雇员的关系，所以家政服务员可以从多个家政机构获得工作信息，可能随时跳槽。大部分家政机构从利益的角度考虑并不愿意投入资源提高家政服务员的服务水平，因为这样的投入可能没有回报，能力提高带来的中介费增值有可能被其他家政机构获得。

第五，人员管理难度加大。

目前大部分家政服务员都是外来人口，在正规就业的组织中，从业者都隶属于一个机构，签订劳动合同。但家政服务员同时会在多个家政机构中求职，如果单纯统计每个家政机构的服务员数量再相加，会和事实上的服务员总数有很大的差异。这也是为什么到目前为止没有任何人和机构能够准确统计一个地方家政服务员总数的原因。

第六，家政服务员的权益难以保障。

因为此类就业属于非正规就业，根据目前的政策无法缴纳社会保险，这就意味着家政服务员貌似较高的收入背后，其实是社会保险的"折现"。一旦家政服务员发生疾病或者事故，其权益很难得到保障。而就目前的家政服务价格水平而言，几乎不可能在中介制家政企业中推行社会保险缴纳。

目前，家政市场至少90%以上的服务是通过中介制模式开展的，这有其特定的存在合理性。近些年尽管我国东部发达地区和中西部的经济差距有所减小，但相对廉价的劳动力还在源源不断地供应到东部地区，这使得东部地区的用户可以较低的价格获得家政服务。同时，人们对于家政服务的"补缺"需求远比对于高质量服务的需求强烈，大部分家庭还是宁可忍受服务中的不足，也不愿意提高价格获得更好的服务，价格的挤出效应还没有显现。

未来，随着家政服务业的正规化、现代化发展，中介制这种模式可能会逐步退出市场。

4. 家政培训机构

培训机构通过各种招生渠道获取学员，对其进行专业化培训，而后配置给家政企业或推荐给雇主。这是一种特殊的家政企业，主要开展家政服务技能培训，培养家政服务人员。

二、家政服务业的特征

近年来，随着经济社会的发展和人们生活水平的不断提高，家政服务越来越成为家庭生活的重要组成部分。特别是近些年来，家政服务市场需求日益旺盛，行业细分日益深化，与新技术新模式结合日益紧密，家政服务业正在发展成为社会各界广泛关注的，事关"调结构、稳增长、促就业、优民生"的新兴业态。

作为一种提供居民家庭日常生活需求劳务的特殊性服务行业，它既有服务业的共性，同时又有其自身的独特性。

（一）劳动密集程度高

家政服务业提供的服务项目众多，涉及居民家庭生活需求的各个方面，整个行业具有劳动力密集程度高、吸纳就业能力强等特点，属于典型的劳动密集型产业。目前我国家政服务业提供的服务大多是简单的手工和体力劳动，准入门槛和技术含量较低，主要为家庭保洁、烹饪、孩子照看、老人照料和病人陪护等初级劳务，服务队伍的整体素质有待提高。

随着人们生活水平不断提高以及现代化、城镇化、家庭小型化和人口老龄化发展进程加快，我国家政服务业的服务领域不断拓宽，服务层次也日益提高，尤其是随着服务需求的快速增长，行业发展提供的就业岗位越来越多，就业空间越来越广，已成为现阶段我国扩大就业的重要渠道。

（二）从业人员流动性大

首先，由于家政服务行业准入门槛低，从业者大多是农村剩余劳动力和城镇下岗失业人员，流动成本较低，使得主动流动和被动流动、企业内流动和企业外流动并存，这种情况提高了从业人员的流动率。其次，目前的家政企业以中介制为多，对从业人员约束较少，而从业人员也因此缺乏安全感和归属感，使得流动成为行业的常态。第三，家政服务项目种类繁多、服务地点分散和服务需求灵活多样的特点，使家庭服务从业人员工作的时间、地点和内容都具有很大的不稳定性和不确定性，这也使得从业人员工作流动非常频繁。第四，传统就业观念也对从业人员流动产生了较大影响。不少人认为家政服务是伺候人的工作，地位低下，得不到社会的尊重，因而很多从业者把准入门槛较低的家政服务工作当作一个跳板，骑驴找马，等找到更好的工作就会离职。

（三）家政服务业企业小、散、弱

我国家庭服务业尚处于初步形成阶段，行业管理机制与体系还不够健全，行业监管和自律性较差，小、散、弱仍然是我国家政服务企业的主要特征。

本行业准入的门槛较低，对资金、技术、场地等的要求不高，一间房、一张桌、网络、电话加上几个人就可以成立一个小公司进行经营，这造成家政服务机构的规模普遍较小，企业组织化程度低，发展的内在动力及抗风险能力都比较弱。

（四）发展弱势性和效应外溢性

本行业的服务主要涉及保洁、家庭养老、孩子照料、家庭护理等。从业人员大部分受教育程度较低、社会地位较低下，同时服务对象又多为无行为能力或具有半行为能力的老人、儿童或病人，服务的供求双方大多属于弱势群体。

此外值得注意的是，该行业涉及我国养老、就业以及满足人们基本生活需要等诸多民生问题，通过帮助中高收入家庭提高生活质量进而带动中低收入者提高收入水平和消费能力，最终促进经济增长。其发展对提高基本公共服务能力、促进收入分配均等化、维护社会公平正义和切实解决人民群众最关心、最直接、最现实的利益问题具有重要作用。同时，本行业涉及的多个领域都具有较大的社会效益正性外部效应，在我国倡导基本公共服务均等化的新时期，其发展在一定程度上具备了部分混合公共产品的特点，也就是说，它既具有私人产品的特点，也在一定程度上具有促进社会经济发展的效应。

（五）发展市场大

我国家政服务业"十三五"期间取得了快速增长。2016年，全国家政服务业总营业收入上升至3498亿元，2017年中国家政服务行业营业收入达到4400亿元，同比增长26.0%，2015～2017三年年均复合增长率为25.9%。2021年，我国家政服务市场规模达到了10149亿元，突破了万亿元大关。

从家政行业从业人数来看，自2015年起，我国家政服务业从业人数稳步增长，至2020年，当前中国家政服务业从业人数已达3696万，较2015年已增长近1.6倍。

尽管从业人数逐年快速增长，但是家政行业人员缺口依然很大，预测达千万级别。例如北京600多万户家庭至少有200万户需要家政服务，家政服务人员缺口达到了150万人；而上海仅高端家政专业人才缺口就高达20万。在人社部公布的短缺职业排行中，家政服务人员多次出现在榜单前十位，人才需求量较大。

从家政服务企业注册量来看，截至2021年4月，我国家政服务业企业已经突破200万家，其中江苏省以64.83万家遥遥领先，贵州、山东分列第二和第三名，苏州则是排名第一的城市。2020年，相关企业新注册79.18万家，同比增长235%，2021年前2个月共新增企业

17.63 万家。尽管如此，家政服务供给还远远不能满足市场的需求。

（六）服务产品多样化

随着经济发展、现代信息技术的广泛应用和家庭消费能力的提升，家政服务需求日益多元化、个性化，家政服务供应也趋向多样化。目前我国家政服务项目涉及家务劳动、家庭护理、维修、物业管理等人们日常生活的各个方面，从抚育婴儿、陪护老人、照顾病人等传统的家庭服务，到理财服务、个人形象设计等新兴的家庭服务，领域越来越宽，专业化程度越来越高，分工越来越细。

目前，家政服务涉及 20 多个门类，200 多个服务项目。传统的简单劳务型家政服务市场，如月子护理、保洁、搬家、保姆、婚介等项目不断细分，专业性越来越强，对从业人员的专业水平要求不断提高，越来越多的家庭也开始重视家政服务人员的学历和培训水平；育儿、家教、护理保健等专业化程度高的知识技能型新型服务进入家政服务范畴；专家管理型家政服务市场，如理财、管家等服务也得到快速发展。

虽然家政服务项目越来越多样化，但是传统简单劳务型依然占比较高，不过可喜的是知识型家政市场增速最快。家政服务业的多样化快速发展，为人民群众提供了高质量、个性化和安全便捷的服务享受，其已成为服务百姓日常生活不可或缺的重要行业。

（七）品牌意识逐渐加强

为推动家政服务业转型升级、提质扩容，近年来，政府相关部门重视通过抓品牌建设培育龙头企业，推进企业连锁门店建设、规范化建设，提升企业知名度，促进家政服务产业化发展。发展家庭服务业促进就业部际联席会议办公室在全国范围内依托各地人力资源和社会保障部门广泛开展"千户百强"家庭服务企业（单位）创建活动，培育知名家政服务品牌。全国妇联把发展巾帼家政作为服务大局、服务妇女、服务家庭的有力抓手，聚焦重点，突破难点，大胆创新，积极推动巾帼家政服务业职业化、品牌化发展，促进广大妇女就业创业、脱贫致富，推动家政服务业可持续健康发展。家政服务机构品牌建设取得了积极的进展，各地涌现出一大批家政服务品牌，各地妇联也以联盟连锁的方式，完善巾帼家政服务企业品牌化推进。

（八）家政服务培训扶持力度逐年加大

目前，我国开展家政培训的机构主要有人力资源和社会保障部门批准的职业培训机构，妇联、家政行业协会等社会组织自筹资金开办的培训机构，以及社会机构与行业组织、院校合作开展的以技能为主的培训机构。近几年来，人力资源和社会保障部、全国妇联等有关部门和社会组织对家政服务培训工作越来越重视，培训力度也在逐年加大。2016 年，人力资源和社会保障部、全国妇联发布通知，决定在"十三五"期间联合组织实施巾帼家政服务专项培训工程。《家政服务提质扩容行动方案（2017 年）》也要求强化家政服务业岗前培训，保证有培训需求的从业人员"应训尽训"，并按规定获得职业培训补贴。同时把家政服务列为农民工职业技能提升计划"春潮行动"的实施重点。

（九）经营模式不断更新升级

近年来，以"互联网＋"和连锁经营为代表的新经营模式对家政服务业产生了重要影响。2016 年，连锁家政服务企业有 12 万家，占家政服务企业总数的 18.2％，企业营业收入 1 438 亿元，占家政服务企业营业总收入的 41.1％。连锁经营大大提高了企业的运行效率和组织化程度，有助于提高企业竞争力。同时，O2O（即 Online To Offline，线上到线下）家政服务蓬勃发展。目前，部分家政机构的 O2O 使用频率达到 14.6%～19.1%，上海、广州、福建等地还建设了覆盖全地区的家政服务网络平台，借助互联网提供服务、进行管理。前瞻产业研究院发布的《家政服务行业市场研究与投资分析报告》数据显示，2016 年中国家政 O2O 行业的市场规模达 1 678 亿元，渗透率达 10.5%，中国家政 O2O 行业市场规模的增速要远远快于中国家政服务业市场规模的增速。

第二节　家政服务业的地位和作用

家政服务业是一项"一举多得"的新兴产业，是"小切口、大民生"的体现，其对促进就业、精准脱贫、保障民生等方面具有重要作用。

一、满足现代家庭生活需要

第七次全国人口普查数据显示，我国 60 岁及以上人口为 26 402 万人，占总人口的 18.70%，我国有 12 个省份已经迈入深度老龄化。同时，我国 0~14 岁人口占 17.95%。"一老一小"两者之和超过总人口的 36%。我国居住在城镇的人口为 90 199 万人，按上述比例计算，仅城市老人和儿童就超过 3 亿人。

在大中城市和经济发达地区，由"4 个父母，1 对夫妻，1 个孩子"构成的"421 家庭"模式，渐成当下社会的主流。家庭在子女教育、老人照顾、个人健康、居室环境、休闲形式、社交往来等方面的变化，促使越来越多的家庭要求社会提供形式多样且优质的家政服务。资料显示，40% 以上的城市家庭有家政服务的需求，同时不少现代家庭已经具备接受社会化家政服务的能力和条件，家政服务业客观上存在着巨大的需求潜力。事实上，家政服务、社区服务、养老服务和病患陪护，均被作为行业发展重点；家庭用品配送、家庭教育等均被鼓励。

二、促进社会和谐稳定

每个家庭都有形式不同的家庭事务需求，由于家庭事务纷杂繁多，部分家庭成员间往往有各种分配上的不公，严重的会导致家庭关系的不和谐。现代家庭面对社会多重压力，生活节奏快，家庭成员参与社会劳动比率高，除了工作时间和必要的家务劳动时间，很少能有富余时间用于家庭沟通，这一方面导致家庭生活质量偏低，一方面导致家庭成员交流少，家人关系容易出现问题。

家政服务承担了部分家庭功能，给家庭成员腾出时间与家人一起休闲娱乐，交流情感，促进家庭生活的整体和谐。同时，现代人对家庭精神生活、物质生活质量、子女教育与发展、老人赡养等又有比较高的要求。家政服务业的出现，正好为家庭担当了这方面的责任。家政服务可促进家庭精神生活、物质生活、伦理生活质量水平的提高，对整个社会的持续稳定及和谐发展起到了一定的作用。

三、扩大就业

就业问题是一个世界性难题。我国劳动力总量供大于求的状况将在一个较长时期内存在，家政服务业作为典型的劳动密集型行业，具有吸纳劳动力能力强、就业弹性系数大的特点，行业的就业空间巨大。目前全国已有家政服务企业和网点 70 多万家，从业人员 3 000 多万人。我国家政服务业目前存在着劳动力供给总量矛盾，即家政服务业的"繁荣"景象与专业从业人员不足的矛盾，特别是高层次的家庭专业服务还有很大的发展空间。

经初步测算，从事家政服务业的人数低于需求人数，还有 1 400 万左右的潜在就业岗位有待开发。在有些城市，家政服务人员被列为市场需求"非常紧缺职业"之一。

家庭服务业已成为我国当前缓解就业压力、有效扩大就业的重要渠道。家庭服务业门类全、范围广、项目多，准入门槛低，对从业人员的文化素质、技能水平要求相对低，不受文化程度和受教育年限等限制，对于吸纳城镇下岗失业人员再就业和实现农村富余劳动力就业具有独特的优势和作用。因此，新时期大力发展家政服务业对有效解决农村剩余劳动力转移，增加农民收入意义重大；对促进城镇下岗职工再就业，促进高校毕业生积极就业作用巨大。

四、拉动内需

我国已经步入人口老龄化、家庭小型化、生活方式多样化和家务劳动社会化的发展新阶段。广大居民家庭对操持家务、照料老人、看护婴儿、护理孕妇、家务管理、家庭教育等家政服务需求呈现快速增长趋势。商务部和国家发改委社会发展司公布的数据显示，2017 年中国家政服务行业营业收入达到 4 400 亿元，2018 年中国家政服务行业市场规模为 5 540 亿元。其中，简单劳务型市场规模为 3 751 亿元，知识技能型市场规模为 1 753 亿元，专家管理型市场规模为 36 亿元。随着我国居民收入水平日益提高和人口老龄化趋势越发严峻，未来，我国家政服务行业市场将逐渐走入快速发展阶段——有关方面预计到 2025 年家政服务行业市场规模将达到 1.4 万亿元。

家政服务正在成为我国大中城市居民消费的重要部分。我国居民的最终消费率仍然大大低于国际平均水平，有效释放居民消费潜力，扩大居民对各项服务的消费，提高人们的消费能力从而扩大消费在经济增长中的拉动作用，是我国扩大内需、促进经济发展的一个重要突破口。发展家政服务业不仅会直接带动内需的扩张，还可以促进生活方式的转变和消费热点的形成。发展家政服务业，以帮助中高收入家庭提高生活质量为新增长点，带动中低收入者提高收入水平和消费能力，重点惠及解决民生问题的薄弱环节和潜力领域，给社会带来双赢。

五、精准扶贫

党中央高度重视扶贫开发工作，确立了精准扶贫、精准脱贫的基本方略，并做出了一系列决策部署。做好就业扶贫工作是打赢脱贫攻坚战的重大措施。开展家政服务劳务对接扶贫工作，对于做好就业扶贫工作，促进农村贫困劳动力转移就业和增收脱贫，具有十分重要的意义。

为实现精准扶贫，2017 年 9 月，发展家庭服务业促进就业部际联席会议办公室举办了全国家政服务劳务对接扶贫行动签约活动，77 对协作单位分别签订了劳务对接扶贫行动协议。2018 年家政扶贫深入实施，开展"百城万村"家政扶贫对接，带动就业超过 10 万人，人均年收入约 4.5 万元。2020 年 6 月，商务部、人社部、国务院扶贫办等十部门联合下发《关于巩固拓展家政扶贫工作的通知》，推出多项支持政策，旨在吸纳更多贫困劳动力从事家政等生活服务工作，更大程度发挥家政扶贫在决战决胜脱贫攻坚中的作用。

六、促进产业结构调整

按照产业结构演变理论，当经济发展处于较低水平时，第一产业比重在国民经济中居于主导地位，第二产业位居其次。当经济发展到一定阶段，第一产业比重将不断减少，第二、三产业比重不断上升，发展到最后第三产业比重达到最大。家政服务业属于第三产业，其发展对促进我国成功实现大量农村剩余劳动力转移、推动劳动力积极转向第三产业和提高服务业在国民经济中的比重具有重要作用。它既顺应我国经济平稳较快发展和产业结构优化升级的发展目标，也契合我国劳动力结构不断优化和劳动力质量不断提高的前进方向，因此发展我国家政服务业将有力推动我国产业结构和劳动力结构的调整和优化。

　　加快发展家政服务业，促进提高服务业在产业结构中的比重，有利于推进经济结构调整和加快转变经济增长方式。目前服务业人员在发达国家的比重处于60%～78%之间，在服务业发展较好的发展中国家也占40%以上，而我国服务业从业人员的比重仅为32.4%。农业的调整带来农村富余劳动力向城市的流动，制造业的升级换代也促使一部分劳动力向第三产业转移。从产业结构调整进程看，家政服务业是具有巨大潜力的第三产业就业新领域。

七、促进国民经济新的增长

　　经济新常态下，带动经济发展的主要动力已由投资和出口转向消费和提高劳动生产率，这给家政服务业带来了新的发展机遇，将大大提升其对经济发展的贡献和满足人民日益提高的消费需求。目前，我国服务业占 GDP 的比重与发达国家相比仍有较大的发展空间，家政服务业作为服务业的重要组成部分，在"调整结构、改善民生、促进就业"方面正发挥更加积极的作用。

第三节　家政服务业的市场发展

20世纪80年代，我国第一家家政企业——北京朝阳家务服务公司成立，这标志着我国家政服务业进入全面发展阶段。尤其是近些年来，随着经济社会的发展变化和人们对家庭生活质量追求的不断提高，家政服务业作为朝阳产业、民生产业，对于吸纳就业、促进乡村振兴具有重大推动作用，家政服务业市场的发展也迎来了新的发展时期。

一、家政服务业的发展历史

（一）传统家务服务的历史演变过程

家庭观念在中国源远流长，有着深厚的历史积淀。家务服务伴随着家庭的产生而出现。在我国漫长的封建社会中，上层家庭中形成了一套特殊的，以"亲情"为纽带的家务服务体系。仆人为家庭主人提供家务服务，家庭主人为仆人提供生活保障，双方的关系主要通过一种建立在封建等级制度基础上的"亲情"来体现和维系，是一种人身依附关系。当时的家务服务主要局限在家庭内部，而不是普遍的社会化服务，故不能称之为一个行业。

（二）现代家政服务业的发展

中华人民共和国成立后，随着社会主义改造的完成，生产资料公有制占绝对优势的新经济基础建立，亿万农民和其他个体劳动者变成了社会主义集体劳动者，家务服务在我国一度消失。直至 20 世纪 80 年代改革开放后，农村女性剩余劳动力就业问题以及城市双职工家庭对家庭劳务社会化服务大量需求的同时出现，推动了家政服务的发展，使得家政服务逐渐发展成为一个行业。

改革开放以来，我国家政服务业快速发展，大体来说，我国家政服务业发展分为三个阶段。

第一阶段是 20 世纪 80 年代，社会环境发生了巨大变化，越来越多的家庭希望从琐碎的日常事务中脱离出来，同时农村家庭联产承包责任制的实施提高了农业劳动生产效率，释放了大量劳动力，以上因素推动家政服务业从无到有，并不断快速发展壮大。

第二阶段是 20 世纪 90 年代后特别是十四届三中全会后，随着我国社会主义市场经济体制改革目标的确立和改革的进一步深化，人们对多元化家政服务需求不断加大。这一阶段，下岗再就业压力与家政服务的巨大需求使家政服务业进入了政府议事日程。2000 年 7 月，原劳动和社会保障部印发了家政服务员国家职业标准，这是我国家政服务职业化的起点。

第三阶段是进入 21 世纪以后，随着我国社会经济的进一步发展，家政服务业在我国蓬勃发展，初步形成产业链。这一时期，国家将家政服务业作为增加就业、服务民生、扩大内需的重要手段，国务院建立了发展家政服务业促进就业部际联席会议制度，并将发展家政服务纳入了国民经济发展的总体规划。

（三）家政服务发展的社会背景——以上海为例

尽管很多人对于当下的家政服务有诸多不满，但总体上大部分有需求的家庭还是会去购买家政服务的。以上海为例，进入 21 世纪以后，上海的家政行业在规模上飞速发展，目前已经形成一个拥有 50 多万从业人员，服务 300 多万家庭，年产值超过 300 亿元的庞大产业。

尽管其作用不常被提及，甚至还经常曝出负面新闻，但不可否认，家政服务为上海大量家庭解决了后顾之忧，减轻了全社会养老服务的压力，为上海的繁荣稳定发挥了积极作用。是什么原因促使了家政业的发展？这个庞大产业背后的基础又是什么呢？

1. 与日俱增的社会需求

在20世纪80年代，几乎没有家庭会聘用家政服务员，但当下越来越多的家庭习惯于依赖家政服务员为自己提供生活帮助。这种变化是由多方面原因导致的。首先，经济的发展使得越来越多的家庭有足够的经济条件聘用家政服务员；第二，老龄化社会的发展使得越来越多的老人需要有人照顾；第三，独生子女的普遍存在使得家庭希望唯一的孩子获得更好的照顾；第四，社会生活压力增加和节奏加快，使得有些家庭不得不求助于社会化力量解决自己的后顾之忧。

2. 庞大的劳动力供给

上海家政服务业市场上一直有着相对大量的劳动力供给。在20世纪末，很多家政岗位是由本市户籍人员占据的，到了21世纪初，这些岗位逐渐被外来务工人员所占据。其中很大的原因是外来务工人员结构在2000年左右发生了重要变化，从原来以男性为主转变为到以夫妻（家庭）为主，男性还是以从事中等和重体力工作为主，女性则很大部分加入了包括家政服务在内的服务业中，这种模式为家政行业提供了充足的劳动力。

3. 宽松的入职门槛

只要愿意，家政服务员可以随时找到家政工作，政府不仅没有设置任何入职门槛，而且还提供了大量免费培训的机会，培训岗位包括家政服务员、育婴员、母婴护理、养老服务等，构建了从初级到高级的职业资格体系。家政类职业培训还突破了社会保险的要求，即使家政服务员不缴纳社会保险，也能够享受政府的补贴培训。

（四）未来家政服务的需求与供给变化

家政服务未来会发生怎样的变化？家政服务机构是否依然有充足的家政服务员提供给处于"半饥饿"状态的市场？这要从供给和需求两个维度来分析。

1. 未来家政服务的供给

家政服务的供给，简单来说就是未来是否会有更多的人从事家政服务工作，未来服务的价格会怎样。

第一，劳动力供给下降。

未来家政服务人员的供给大概率会下降，这一方面是由于随着国家脱贫攻坚任务的逐步完成，地区间的经济差异逐日缩小，一些以前的劳务输出重点地区人口逐渐倾向于本地就业，而这些地区往往不是家政服务重点需求地区，因此，会在结构上造成家政服务人员减少的局面；另一方面，在可预见的将来，中国新生人口数不会达到目前在岗家政从业人员出生年代的新生人口数，这也从根本上决定了未来家政服务人员会有所减少。

第二，劳动力价格上涨。

劳动力价格上涨，不是家政一个行业的特点，也不是中国一个国家的现象。世界上任何国家或地区，劳动力价格一定是随着经济发展水平而不断上涨的。上涨到一定程度，本国本地区无法解决的时候，就向外国劳动力开放。而中国在可预见的将来开放国际劳工的可能性不大，这必然会造成劳动力价格持续上涨，直到达成市场价格平衡。

2. 未来家政服务的需求

需求决定供给，对于需求的变化，可从总量、类别、质量三个角度来分析。

（1）量的需求。

量的需求其实就是市场规模，其受以下一些因素影响。

第一，服务价格。如上文所述，家政服务的价格将会上涨，而大部分的家政服务属于非刚性需求，在家庭开支中属于首先被压缩的对象。如上海现有大约 300 万家庭使用家政服务，未来家政服务价格上涨后，可能其中收入相对较低的家庭会退出这个市场，致使总需求下降。

第二，公共服务。这里的公共服务指的是面向本地居民的公共服务，特别是养老、医疗照护、幼儿照看等服务。从这些年的发展看，各地公共服务在不断扩大（如上海正进行长期护理保险试点）。这些服务的增加在一定程度上也会降低家庭对于家政服务的需求。

第三，环境改善与科技助力。家务总量和两个因素密切相关，一是生活环境，空气污染越严重，购买产品越是粗放，家务总量越是大；另一个因素是家庭科技产品的使用，使用越多，家务总量越少。近些年也可以明显感觉到，我国环境在不断改善，进入家庭的产品（主要是食品）的加工程度在提高，社会服务涉及家庭的领域也在不断扩大，家庭中科技产品的使用也在不断增加。这些都会影响到家政服务的需求。

（2）类的需求。

类的需求其实就是工种的细分，也就是满足雇主更多元的服务要求。目前的家政服务，正在从钟点工、养老照护、育儿服务、母婴服务四大类向更细化发展。以养老照护为例，根据老年人的特点，又可以细化为对普通老人、病患老人、全护理老人、阿尔茨海默症老人的照护。

（3）质的需求。

未来家庭对于家政服务质量的要求一定是提高的。基于挤出效应，首先淘汰的一定是服务能力差、服务意识薄弱的从业人员，家政服务员的整体素质将会提高；对于家庭而言，继续购买家政服务的家庭整体对于生活的要求较高，对于服务的期待也在提高。

总之，目前的家政行业还处于初级阶段，由于较低的行业门槛和简单的服务能力期待，使得大量没有特别技能的人员在家政行业中就业。未来，家政行业的职业化与正规化势在必行，对于技能的要求和对于经验的重视其实都是在提高从业的门槛，进而又会进一步促进服务价格上涨和压缩无技能或者低技能从业人员的就业空间。

（五）家政服务主要业态的发展情况

1. 养老家政服务发展情况

中国人口老龄化表现出基数规模大、发展速度快、持续时间长以及未富先老等特点，对整个社会养老服务保障构成了巨大的挑战。伴随老龄化程度的不断加深，我国老年抚养比 2016 年达到 15％，2023 年上升为 21.8％。

为支持养老家政服务的发展，近年来国家不断出台文件，从法律支持、财政支持等方面促进居家养老产业化发展，推动民间资本进入居家养老服务事业。2019 年国务院办公厅印发了《关于推进养老服务发展的意见》，2020 年国务院办公厅又印发了《关于促进养老托育服务健康发展的意见》，为破除发展障碍，健全市场机制，持续完善居家为基础、社区为依托、机构为补充、医养相结合的养老服务体系，提出了具体政策措施。

2. 婴幼儿家政服务发展情况

在全面二孩政策实施、女性职业化程度提高，以及婴幼儿托育服务社会化程度低等因素的影响下，近年来婴幼儿家政服务需求处于快速发展状态。据统计，家政服务业母婴护理业态的营业收入从 2014 年的 703 亿元增长到 2016 年的 1 055 亿元，母婴护理业态营业收入占家政服务业总营业收入的比例基本维持在 30％以上水平。母婴市场繁荣也带动了细分月子中心发展。

（六）家政服务行业发展的政策规范

为促进家政服务业提质扩容，2019 年 6 月 26 日国务院办公厅发布了《国务院办公厅关于促进家政服务业提质扩容的意见》。继此之后，不断有相关政策进行发布，2023年2月，市场监管总局（标准委）、民政部、商务部联合印发《养老和家政服务标准化专项行动方案》，进一步促进家政行业职业化、规范化、标准化、品牌化、数字化、规模化发展，积极推进家政服务业向高质量方向转型升级。

二、家政服务业发展中的问题

（一）产业规模总体偏小，规模以上企业占比少

家政服务业近年来虽然保持了20％的年增长势头，但2016年家政服务业营业总收入占第三产业增加值的比重仍然不到1％，占居民服务、修理和其他服务业增加值的比重仅为三成，家政服务业的产业规模总体偏小。而且家政服务企业以小微企业居多，2016年规模以上企业总计14万家，仅占家政服务机构总数的21.2％，2014年以来规模以上企业占比呈逐年下降趋势。

（二）家政服务人员供不应求，职业能力有待提升

我国家庭小型化、人口老龄化的发展以及二孩三孩政策的实施，对家政服务的需求将越来越大。而从供给来看，由于劳动强度大和职业偏见的原因，愿意从事家政服务的青年农村转移劳动力和城市下岗职工越来越少，家政服务员数量相对不足。大部分家政公司为中介制管理，有的服务员同时在若干个家政公司报名、注册，造成整个行业供应链不规范和劳动力不稳定。家政服务人才稀少、留不住高层次人才成为制约家政服务业发展的瓶颈。

此外，据有关方面预测，我国高端家政服务业的需求将出现井喷式增长，而目前在高端服务领域，我国的家政服务供给恰恰是最为缺乏的。

（三）行业规范化水平仍然偏低，市场监管不到位，行业自律有待加强

当前，家政市场缺口大，门槛低，家政服务企业市场规范化水平仍然偏低，难免导致一批未注册、不规范、不诚信的企业产生。这些企业存在合同不规范、乱收费、缺乏员工培训与鉴定等不良行为，违规操作和短期行为严重，极大扰乱了家政市场秩序。

此外，从业人员缺乏应有的信息登记和跟踪记录，家政服务市场缺乏有效的信息甄别机制，家政服务从业人员在服务过程中容易产生道德风险，诚信问题突出。家政服务业自我约束机制尚未建立，行业缺乏统一规范的管理和良性的经营环境。市场监管不到位，规范管理的价值设定有待澄清。传统监管手段遭遇挑战。行业协会能力普遍有待提高，资源缺乏，未能发挥应有作用，权威性不足。近年来家政服务业发生的一些负面极端个案，使家政服务业在公众心目中的形象直线下降，直接影响了行业的发展。

（四）从业人员职业化水平不高，职业素质整体偏低，合法权益缺乏保障

在雇佣家政服务人员时，"服务人员素质与技能差，不能满足家庭需要"和"雇佣关系不好处，很麻烦"是人们最担心的问题。有居民反映找不到既会照料孩子，又会教育孩子的家政服务人员。家政服务从业人员绝大多数是农村转移劳动力，流动性高、稳定性差。仅有1/4从业4年以上，大多数是行业"新手"。家政服务从业人员中"4050"人员约占70％，初中以下文化程度的占到86％，个人素质和职业能力需进一步加强。低文化程度增大了对家政服务从业人员的培训难度，从业人员提升职业化水平比较困难。除较大的家政服务企业有自己的培训机构外，多数企业没有专门的培训部门，是采取老员工带领新员

工现场实习几次就直接上岗的"培训"方式。行业绝大多数采取中介方式，家政服务从业人员没有与企业签订劳动合同，从业人员合法权益缺乏保障；社会保险参保率不高，约有一半的家政服务从业人员没有参加任何类型的养老保险，约10%的家政服务从业人员没有参加任何类型的医疗保险。

（五）家政服务企业品牌建设及内部管理需进一步加强

我国家政企业创立时间比较短，整个家政行业仍然面临小、散、弱的局面，规模化、产业化、品牌化发展有待进一步加强。当前家政企业多为中介制管理，受管理体制影响，存在客户资源易流失、员工队伍不稳定的问题，行业信誉需进一步加强。目前，家政服务员基本上是各公司鉴定自己的员工级别，没有统一的服务和收费标准，这成为雇佣纠纷频发和行业恶性竞争的原因之一。大部分家政职业经理没有受过专门培训，品牌意识差，有小富则安的心理。这些小企业在管理上属于经验管理，缺乏绩效管理、目标管理、薪酬管理、股份管理及激励机制等现代管理模式与方法。

三、家政服务业的发展趋势

（一）规范化发展

目前家政服务满足了很多家庭的需求，提升了生活质量。但也出现了一些不良事件甚至个别恶性案件，这给家政服务业的发展带来了难以估量的负面影响。这种现象的产生主要是由于家政市场发展的不规范所造成的，其中最主要的表现就是家政服务机构多为中介制模式，对家政服务人员没有进行严格培训和有效监管，以及家政服务人员平均文化程度较低，无论是对家政公司还是对家政行业的忠诚度都比较低。

规范是家政服务业发展的首要要求，也是底线要求，只有规范化有序发展，家政服务业才能做大做强。所谓规范化，就是要依法依规规范家政服务企业、家政服务人员、家政服务对象、家政服务行业与相关行业等各方的权利义务关系，建立健全相关管理制度，切实保障各方的合法权益。比如，家政服务企业与服务对象形成服务关系，要有明确的口头或书面服务合同；家政服务企业与家政服务人员形成劳动关系，要依法签订劳动合同；等等。

规范至少应该包含四个方面的内容。

一是家政服务市场的规范。公开、公正、公平、透明的市场竞争和管理约束机制，有利于家政企业不断追求积极稳定的发展，自觉通过不断完善、优化和创新等努力做到在竞争市场中以质量求生存、以诚信求市场、以管理求效率、以创新求发展。从机制和制度上对家庭服务企业、从业人员和消费者的行为进行有效的规范、监督和约束，这也是对企业、从业人员和消费者合法权益的切实保护和保障。

二是行业监管规范。政府相关部门和家政服务企业应该积极探索有效、可持续的途径和办法，切实规范家政服务业的发展。首先是政府要加强监管，从制度执行到实际工作效果等多方面、多部门形成有效的监管体系。对于违规违法者，要依规依法予以处理，从而形成良好的氛围。要建立健全家政服务法律法规，充分发挥行业协会作用，制定完善行业规范，各地因地制宜制定修改完善家政服务法规、规章、规范性文件和标准，使得行业监管有标准，有依据。

三是企业管理规范。家政公司要加强自律，建立健全内部规章制度，切实承担起培训、考核职责，严格执行持证上岗制度。使用统一的用工协议或合同，保障雇主和服务人员的合法权益，避免不良事件的发生。对企业各项管理制度进行规范与调整，有利于促进企业有效整合人才、资本、技术、信息等要素，使其达到最佳状态，激发企业员工的主人翁精神，使其能认真、负责并创造性地做好相关工作，进而提升行业的美誉度。

四是家政服务的规范。家政服务三方的权利义务、家政服务人员的服务行为都应有相应的标准以及规范性文件制度加以约束；走规范化发展之路是推动家庭服务业在市场经济下健康、快速、有序发展，有效提高其整体发展水平的关键，走规范化发展道路是家庭服务业发展的必然要求。

（二）专业化发展

所谓专业化，就是家政服务人员工作状态的标准化、规范化、制度化，家政服务人员在工作中遵循职业行为规范，具备必要的职业素养和匹配的职业技能。

专业化发展是家庭服务业发展的关键。只有不断提升专业化发展水平，才能有效提升家庭服务的服务品质、不断优化家庭服务产品的结构层次，开拓创新服务领域，丰富细化服务项目，这样才能契合广大家庭个性化的多层次的家庭服务需求，从而有效释放居民对家庭服务的巨大消费需求，为家政服务业发展赢得稳定、巨大、广阔的市场空间。

可通过构建完善的有针对性的培训教育体系，加大对家庭服务从业人员的培训力度，全面推行持证上岗，进而提高他们的专业化服务水平；培养形成充满正能量的职业价值观，如对家政服务职业的认同、职业责任感、职业信任等；不断增强其特色化、个性化和多样化服务特点，最终实现家庭服务的专业化发展。

（三）智能化发展

我国已经全面进入移动互联网时代。政府大力支持家政服务通过线上线下融合向数字化发展及致力发展大健康产业的举措，为家政服务的产业化发展和数字化转型提供了巨大的机遇。

行业应顺应并引领大数据时代服务行业的发展潮流，以物联网为依托，搭建家政服务业大数据平台，促进家政服务业与信息化、网络化深度融合，并在此基础上创新业态、创新服务模式、创新盈利模式，发展家政服务业人工智能，开发养老、医疗、清洁等家政服务业的人工智能产品，回应市场需求，弥补未来劳动力缺口。

（四）规模化发展

在不断提升服务质量、不断开拓服务领域的基础上，走规模化发展道路有利于家政服务企业减低运营成本，增强市场竞争力。规模化经营有利于企业充分调动相关资源，更好地进行资源的合理有效配置，保证和提高企业的整体生产效率和盈利能力，提升企业经营的稳定性。规模化发展有利于保证和提高综合服务质量，有利于获取更多高质量客户，承接更多重大服务项目。规模化发展还有利于企业增强风险抵抗能力和实现可持续发展战略目标，为其长期发展打下良好基础。家庭服务业走规模化发展道路有利于培育和发展龙头企业。

（五）品牌化发展

家政服务企业必须从"小作坊"式的服务中介机构发展为规模化、品牌化的家政服务大企业。当前，部分企业已经完成了创业初期的发展，开始进入"跑马圈地"的规模化发展阶段，这有利于推动企业通过创建品牌服务走连锁经营、品牌经营之路。企业未来的发展方向是跨区域经营、全方位服务、连锁式发展，并借助标准化、资本介入、品牌推广等途径，在市场竞争中以优质、专业、灵活的服务和良好的信誉取胜，满足不同消费者的多元化、特色化、个性化需求，扭转小、散、弱的行业格局。

（六）跨界发展

一方面，家政服务业属于微利行业，并且随着经济社会的发展，其"大众化"特征将会越发凸显，因而服务费用大幅整体升高的空间并不大。另一方面，家政服务业的发展和服务水平的提升需要更多资本的投入，需要大企业大集团的出现，需要高素质高技能的服务人员。因而在家政服务业中，存在服务对象的大众化和服务水平的成长性之间的矛盾。

服务水平的提高需要高素质、高水平的服务人员和服务机构，而这要求有高工资、高利润的吸引和培养，但这与行业现状和未来的总体要求并不相符，因而需要寻找支撑行业发展的新的增长点，跨界发展提供了这样的可能性。从消费供求的角度看，家政服务是一项高频消费，家政服务人员是劳动力市场上人力资本共享的重要表现形式。与其他服务行业相比，家政服务业有着贴近消费者、受众广泛、熟悉家庭特殊需求的特点，因而家政服务业在产业链的延伸和跨界发展方面有着独特的优势。

当前，家政服务中的跨界方兴未艾，家政服务＋其他生活服务、家政服务＋生产服务业、家政服务＋产品等多种形式的跨界正在蓬勃发展。

（七）家政进社区

家政进社区是指家政企业以独营、嵌入、合作、线上等方式进驻社区，开展培训、招聘、服务等家政相关业务。

2019年，国务院就促进家政服务业提质扩容出台意见，提出"推动家政进社区"，相关部门随即开展家政服务业提质扩容"领跑者"行动，并确定了32个城市（区）为领跑城市。

此后，国家发展改革委等部门制定了方案，自2021年至2023年实施了深化家政服务业提质扩容"领跑者"行动，推出设立家政社区服务网点等举措。现有情况下，多数社区居民寻找家政服务人员是通过熟人推荐或到家政公司聘请，还有一些是通过网络家政服务平台进行选择，存在服务关系不稳定、服务品质差异大等不足。家政进社区被认为有望解决此类问题，实现家政服务供需两端"双向奔赴"。

2022年底，国家发展改革委等部门又印发了《关于推动家政进社区的指导意见》，对引导家政服务充分融入社区生态体系作出部署，确定了一系列有力措施。

（1）支持家政企业在社区独立设点。各地在新建小区和老旧小区改造过程中，可采取公建民营、委托运营的方式，为家政服务网点预留空间，有条件的地区可减免家政网点租赁费用。家政企业在社区设置服务网点，其租赁场地不受用房性质限制，水电等费用缴纳沿用居民价格。

（2）支持家政企业与社区载体融合共享。推动家政企业嵌入社区综合服务中心、日间照料中心、托育机构、老年助餐点等现有社区公共服务设施，适当减免租赁费用，采取多种形式实现共享共用共管。家政企业可与便民超市等市场主体共同运营社区"家政服务超市"。鼓励符合条件的物业服务企业开设家政服务机构，或与家政企业开展合作，积极拓展服务范围。

（3）鼓励街道、社区组织家政企业发放家政服务体验券，为特殊群体提供免费家政服务。支持家政企业与社区业主大会、业主委员会或物业服务企业合作，在团购平台上开通销售渠道。

（4）推广实施"一照多址"注册登记，各地可采取整体签署协议的方式，推动家政企业以连锁形式在社区设立服务网点。有条件的地方还可对家政社区服务网点装修、升级改造、信息化建设等进行专项补助。

伴随这些措施的落地，家政在社区不仅将有"场所"，还可以更多地利用社区公共资源推广服务、拓展市场，并获得一定财政补贴，真正成为社区的有机组成。政府和企业下一步将着力延伸家政进社区的供应链，支持员工制家政企业在社区发展，支持家政企业与制造业、农业等领域企业合作，推出新产品、新服务。

第四节　家政行业的规范管理

家政服务员是提供家政服务的主体，家政服务机构是对家政服务员进行管理的主体。但家政服务员的管理不仅仅是家政机构的事情，而是包括家政机构在内的政府、社会、行业、家庭共同的系统工程。家政服务员的规范管理又是落脚于家政机构的，本节主要讨论如何规范家政行业的管理。

一、目前家政行业的管理现状

目前家政行业的管理现状在很大程度上是：小而散的经营规模、原始的评价方式、家政服务员的无序流动、行业组织缺乏资源和执行力，四者交织形成了目前家政行业混乱的管理现状。某个家政服务员在 A 家政公司推荐的 B 家庭的工作中出现了严重违规的行为，只要没有上升到刑事层面，换到 C 公司推荐的 D 家庭仍然可以畅通无阻地继续工作，几乎没有制约。家政公司落后的管理方式和经营者薄弱的管理能力也决定了他们无法对家政服务员进行有效评估和管理。例如之前的某地保姆纵火案、某地虐婴案案发后，涉事家政机构负责人竟然认为中介服务公司不用对家政服务员的行为承担责任。

二、规范管理需要多元配合

社会上大部分职业的工作地点都是"公域"，因为从业者的原因所产生的职业危害也是针对不特定多数人的，至少也是一个群体，所以其风险被"均摊"了。而家政服务的特殊性就在于其工作地点是家庭"私域"，服务过程中的风险均由家庭承担；而且很多家政服务员服务的是生活无法自理的老人或者不能表示意愿的幼儿。从这个意义上来说，必须对家政服务员采取相对普通行业更加严格规范的职业管理。对家政服务员的管理应该是多元配合的管理，应由政府、行业协会、企业、家庭各自发挥作用。

1. 政府把好入口关

近几年政府一直在强调"简政放权"，降低了很多职业的准入门槛，取消了一批职业资格证书。但"简政放权"是简化烦琐无用的办事流程，而政府作为社会监管者的职责不能简，不能放。在家政行业规范中政府最低层面可做三件事：第一是建立覆盖全地区的纯公益性家政服务信息网，要求所有的家政服务机构、家政服务员信息上网，并记录机构和家政服务员的鼓励行为和违规信息；第二是建立技能和心理两项评价制度——前者过去非常完善，是一项不能被"简放"的民生工程，而后者则应被纳入新从业者评估中，通过后方可登记上网，加入行业；第三是建立行之有效的持证上门制度，所有从业人员在完成心理评价和信息上网后，以获得的从业证作为进入用户家庭工作的凭据。

2. 协会当好执行者

政府是政策制定者，具体的工作还需要行业协会和社会力量共同参与，其中行业协会发挥着至关重要的作用。在规范家政服务员管理工作中，行业协会也应当做好三件事：首先是宣传，制度再好、平台再优，不宣传就没人知道能用，所以行业协会首先应该在家政机构、家政服务员、家庭中进行广泛宣传，让政府的投入产生实际功效；其次是监督，协会应发挥对于家政机构和家政服务员的监督作用，对于在运营和从业过程中出现违规甚至违法的行为，由行业协会负责审查，并设立类似黑名单的处理机制；再次是倡导，家政行业在经营中出现的种种乱象和经营模式有着密切关系，要从根本上改变就必须变企业的中介制为管理制乃至员工制，但这不是一蹴而就的，需要一个较为漫长的规范过程，逐渐让机构、家政服务员和家庭接受，此间行业协会应该发挥倡导的作用，加快各方接受的步伐。

3. 企业守住底线

近些年社会上发生的涉及家政的恶性案件中，有的涉事家政服务员的从业经历已经体现出不正常，但家政机构基于利益的考虑还是将其推荐了出去。中介服务的本质是信息服务，家政服务员的信息不仅包括其技能信息，也包括其既往相关行为信息。家政机构疏于管理或者故意隐瞒，发生事故后难辞其咎。所以家政机构要守住底线，积极配合政府、协会的各项措施。

4. 家庭摆正位置

在家政服务过程中，家庭居于什么位置，这不仅是家庭自身的问题，更是家政服务过程中的管理问题。有些家庭认为家庭和家政服务机构（包括家政服务员）之间是委托和被委托的关系，家庭承担了服务费用后，其他的事情应当由家政服务机构负责。正是由于这种不正确的理解，导致家政服务过程中监管的缺失。事实上家庭和家政服务机构（服务员）之间是合作关系，家政服务员承担的是辅助性的角色。家庭在接受家政服务时，要提高对相关信息，包括政府管理措施、家政机构提供的信息、日常家政服务过程信息的关注。恶性案件中，无一例外都存在家庭缺乏对于家政服务员信息的了解，服务过程又缺乏监督的现象。

参考文献

［1］ 夏邦新，王翠云. 论家政学的定义、对象和任务［J］. 湖北大学学报：哲学社会科学版，1987（02）：56‑61.

［2］ 陈朋. 美国家政学学科发展研究——现代性的视域［M］. 北京：中国社科科学出版社，2012：2.

［3］ 谢秀芬. 家庭与家庭服务——家庭整体为中心的福利服务之研究［M］. 台北：五南图书出版社公司，1998.

［4］ 朱贻庭. "伦理"与"道德"之辨——关于"再写中国伦理学"的一点思考［J］. 华东师范大学学报（哲学社会科学版），2018（01）：5‑6.

［5］ 张锡勤. 中国传统道德举要［M］. 哈尔滨：黑龙江人民出版社，1996：4‑5.

［6］ 王恒生. 家庭伦理道德［M］. 北京：中国财政经济出版社，2001：3.

［7］ 恩格斯. 反杜林论［M］. 北京：人民出版社，1957：95.

［8］ 自萧家炳. 家庭伦理［M］. 北京：中国环境科学出版社，1996：21.

［9］ 马克思恩格斯选集：第3卷［M］. 北京：人民出版社，1972：133.

［10］ 徐安琪. 城市家庭社会网络的现状和变迁［J］. 上海社会科学院学术季刊，1995（2）.

［11］ 乔乔. 家庭简史［M］. 长春：时代文艺出版社，2004：1.

［12］ 路易斯·亨利·摩尔根：古代社会［M］. 上海：商务印书馆，1977.

［13］ 崔立莉. 人类早期历史的科学审视——《家庭、私有制和国家的起源》解读［M］. 现代出版社. 2016：166.

［14］ 恩格斯. 家庭、私有制和国家的起源［M］. 北京：人民出版社，2018. 4.

［15］ 金双秋. 现代家政学［M］. 北京：北京大学出版社，2009：12‑14.

［16］ 劳拉. 斯马特. 家庭——人伦之爱［M］. 延边：延边大学出版社，1988：1.

［17］ 魏英敏. 孝与家庭伦理［M］. 郑州. 大象出版社，1997：115.

［18］ 李桂梅. 冲突与融合——中国传统家庭伦理的现代转向及现代价值［M］. 长沙：中南大学出版社，2002：328.

［19］ 郭尉超，任福全. 构建和谐社会必须加强家庭美德建设［J］. 前沿，2010

（06）：28.

［20］ 萧家炳. 家庭伦理［M］. 北京：中国环境科学出版社，1996：5.

［21］ 习近平. 在会见第一届全国文明家庭代表时的讲话［N］. 人民日报，2016－12－16.

［22］ 马克思恩格斯选集：第4卷［M］. 北京：人民出版社，1972：81.

［23］ 苏霍姆林斯基. 育人三部曲［M］. 北京：人民出版社，1998：49.

［24］ 黑格尔. 美学：第2卷［M］. 朱光潜译. 上海：商务印书馆，1982：326－332.

［25］ 瓦西列夫. 情爱论［M］. 北京：当代世界出版社，2003：35.

［26］ 马克思恩格斯全集：第1卷［M］. 北京：人民出版社，1956：438.

［27］ 于培源，吴晓明. 马克思主义哲学经典文本导读：上卷［M］. 北京：高等教育出版社，2008：256.

［28］ 李桂梅. 略论中西家庭伦理精神［J］. 湖南师范大学社会科学学报. 2005（2）：20.

［29］ 高乐田. 传统现代后现代：当代中国伦理的三重视野［J］. 哲学研究. 2005（9）：90.

［30］ 薛进宫. 名言大观［M］. 文化艺术出版社，1983：184.

［31］ 于晓琪. 婚姻的两面向——马克思主义婚恋家庭思想研究［M］. 南京：南京大学出版社，2017：97.

［32］ 贝尔. 后工业化社会的来临［M］. 高锋等译，北京：商务印书馆，1984：53.

［33］ 孙伟平. 人本、公正、民主：中国特色社会主义核心价值理念［M］. 北京：社会科学文献出版社，2014：177.

［34］ 翁芝光. 中国家庭伦理与国民性［M］. 昆明：云南人民出版社，2002：299.

［35］ 张怀承. 中国的家庭与伦理［M］. 北京：中国人民大学出版社，1993：203.

［36］ 闫玉. 当代我国婚姻伦理的演变与合理导向研究［M］. 长春：吉林文史出版社，2009：191.

［37］ 罗国杰. 罗国杰文集：上卷［M］. 石家庄：河北大学出版社，2000：795.

［38］ 黑格尔. 法哲学原理［M］. 北京：商务印书馆，1981：177.

［39］ 闫玉. 当代我国婚姻伦理的演变与合理导向研究［M］. 长春：吉林文史出版社，2009：183.

［40］ 陈戍国. 四书五经［M］. 长沙：岳麓书社，1990：661.

［41］ 陈名财. 以家庭和谐促进社会和谐［J］. 攀登，2008（01）：86.

［42］ 廖小平. 中国传统家庭代际伦理的现代转型和重构［J］. 东南学术，2005（06）. 83.

［43］ 董玉整. 现代家庭需要民主［N］. 人民日报，2000－11－27（3）.

［44］ 王苏. 现代家庭伦理探析［J］. 兰州学刊，2009（03）：124.

［45］ 程屹. 违反夫妻忠实义务的损害赔偿［J］. 人民司法，2009（22）：80－82.

[46] 马克思恩格斯选集：第 4 卷［M］. 北京：人民出版社，1972：81.

[47] 马克思恩格斯全集：第 21 卷［M］. 北京：人民出版社，1965：95.

[48] 漆仲明. 现代家庭核心价值研究［J］. 山东社会科学，2015（02）.

[49] 许敏. 现代中国家庭伦理方式的蜕变［J］. 东南大学学报（哲学社会科学版），2015（07）.

[50] 闫书华. 和谐家庭伦理构建的困境与路向研究［J］. 哈尔滨职业技术学院学报，2016（06）.

[51] 张晶晶. 现代家庭的伦理承载力——基于 2017 年全国道德调查的实证分析［J］. 道德与文明，2019（03）.

[52] 孙向晨. 重建"家"在现代世界的意义［J］. 文史哲，2019（04）.

[53] 侯红霞，韩淼. 恩格斯婚姻伦理观及其现代启示［J］. 攀登，2021（01）.

[54] 侯庆海，史焕翔. 新时代家庭道德建构路径探究［J］. 长春师范大学学报，2021（07）.

[55] 民法典［M］. 北京：法律出版社，2020.

[56] 中华人民共和国家庭教育促进法［M］. 北京：中国法制出版社，2021.

[57] 斯科特·夏皮罗. 合法性［M］. 郑玉双，译. 北京：中国法制出版社，2016.

[58] 孔安国注，孔颖达疏. 尚书正义［M］. 十三经注疏. 清代阮元校刻. 北京：中华书局，2009.

[59] 恩格斯. 家庭、私有制和国家的起源［M］. 北京：人民出版社，2009.

[60] 王弼注，孔颖达疏. 周易正义［M］. 十三经注疏. 清代阮元校刻. 北京：中华书局，2009.

[61] 柯林斯. 发现社会-西方社会学思想述评［M］. 北京：商务印书馆，2014.

[62] 中共中央国务院. 新时代公民道德建设实施纲要［N］. 新华社，2019-10-27（04）.

[63] 马克思恩格斯全集（第 26 卷）［M］. 北京：人民出版社，1975.

[64] 中共中央宣传部. 习近平总书记系列重要讲话读本［M］. 北京：人民出版社，2016.

[65] 中共中央文献研究室. 十八大以来重要文献选编（上）（人民对美好生活的向往，就是我们的奋斗目标）［M］. 北京：中央文献出版社，2014.

[66] 王守颂. 休闲：基于马克思休闲生存范式的解读［M］. 济南：山东人民出版社，2015.

[67] 杰弗瑞·戈比，张春波译. 21 世纪的休闲与休闲服务［M］. 昆明：云南人民出版社，2000.

[68] 李经龙. 休闲学导论［M］. 北京：北京大学出版社，2013.

[69] 王双，刘燕飞. 休闲教育中藏着民族生命力的密码［N］. 中国教育报，2017-06-22（06）.

［70］ 张树民，程爵浩。我国邮轮旅游产业发展对策研究［J］. 旅游学刊，2012（6）：79－83.

［71］ 郑航，方青. 生态休闲与新时代美好生活建构［J］. 安徽农业大学学报（社会科学版），2020（01）：31－33.

［72］ 陆茹. 马克思人的发展理论视野下的新时代美好生活［J］. 人民论坛，2019（12）：111.

［73］ 郭力源. 个性化休闲消费与人的全面发展［J］. 河南师范大学学报（哲学社会科学版），2018（2）：113.

［74］ 顾明远. 现代家庭需要学家政学［N］. 中国教育报，2021－06－27（4）.

［75］ 芦琦. 家政服务法律法规［M］. 上海：上海远东出版社，2021年9月.

［76］ 闫玉. 当代我国婚姻伦理的演变与合理导向研究［M］. 长春：吉林文史出版社，2009：186.

［77］ 蔡特金. 列宁印象记［M］. 上海：三联书店，1979：70.

［78］ 王恒生. 家庭伦理道德［M］. 北京：中国财政经济出版社，2001.

［79］ 陈琳瑛. 当代中国家庭道德建设研究［D］. 武汉：武汉大学，2003.

［80］ 裴夕. 传统儒家家庭伦理及其对我国现代家庭伦理建设的启示［D］. 成都：西南财经大学，2009.

［81］ 王秀华. 经济发展与家庭伦理［M］. 厦门：厦门大学出版社，2009.

［82］ 李桂梅. 中西家庭伦理比较研究［M］. 长沙：湖南大学出版社，2009.

［83］ 徐红新，张金波. 试论家庭伦理道德建设［J］. 河北大学学报（哲学社会科学版），2000.

［84］ 陈延斌，史经伟. 传统父子之道与当代新型家庭代际伦理建构［J］. 齐鲁学刊，2005（01）.

［85］ 李桂梅，郑自立. 改革开放30年来婚姻家庭伦理研究的回顾与展望［J］. 伦理学研究，2008（05）.

［86］ 王苏. 现代家庭伦理探析［J］. 兰州学刊，2009（03）.

［87］ 顾明远. 现代家庭需要学家政学［N］. 中国教育报，2021－06－27（4）.

［88］ 海伦·麦奎尔，阿曼达·麦克劳特. 家政教育：打造永续而健康的未来［J］世界教育信息，2021，34（03）：6－13.

［89］ 吴航. 家庭教育学基础［M］. 湖北：华中师范大学出版社，2010.

［90］ 吴玉韶. 对新时代居家养老的再认识［J］. 中国社会工作，2018（02）：38－40.

［91］ 吴占权，蔡春奎. 家庭经济保障研究［M］. 河北教育出版社，2009.

［92］ 习近平. 在2015年春节团拜会上的讲话［N/OL］. 人民网，2015－02－17. http://military. people. com. cn/n/2015/0218/c172467-26581264. html.

［93］ 习近平. 在会见第一届全国文明家庭代表时的讲话［N］. 人民日报，2016－12－16（2）.

［94］ 习近平. 最光荣、最崇高、最伟大、最美丽［OL］. 人民网-中国共产党新闻网 http://cpc.people.com.cn/n1/2019/0501/c164113-31060895.html.

［95］ 谢宇，张晓波，涂平，任强，黄国英. 中国民生发展报告（2018—2019）［M］. 北京：社会科学文献出版社，2019.

［96］ 薛书敏. 中国家政思想史［M］. 青岛：中国石油大学出版社，2017.

［97］ 杨菊华. 理论基础、现实依据与改革思路：中国3岁以下婴幼儿托育服务发展研究［J］，社会科学，2018（09）：89-100.

［98］ 杨菊华. 新时代实现0—3岁婴幼儿幼有所育的路径［J］中国妇运，2019（04）：26-27.

［99］ 杨军剑. 我国家政服务质量存在的主要问题及对策建议［J］. 经济研究导刊，2021（04）：147-150.

［100］ 杨倩茜. 大学生社会比较特点、自我评价与心理幸福感的关系研究［D］. 河北师范大学，2011.

［101］ 易法建. 心理医生［M］. 重庆：重庆大学出版社，2005.

［102］ 袁慧玲. 家政企业经营与管理概论［M］. 山东：山东科学技术出版社，2011

［103］ 袁林. 西方饮食文化对中国食品工业的影响［J］. 食品工业，2018，39（8）：236-239

［104］ 袁顺奎. 论中国家庭教育之殇［J］. 青年学报，2016（4）：85-87.

［105］ 张东燕，高书国. 现代家庭教育的功能演进与价值提升——兼论家庭教育现代化［J］. 中国教育学刊，2020（1）：66-71.

［106］ 张国超. 试论中华民族传统家庭伦理文化的现代意义［J］. 淮阴师范学院学报（哲学社会科学版），2015（37）：123-128.

［107］ 张平芳. 现代家政学概论（第二版）［M］. 北京：机械工业出版社，2017. 张茜. 中国饮食文化对西方日常食俗的影响［J］. 扬州大学烹饪学报，2012（1）.

［108］ 张瑞强. 家庭社会学新论［M］. 河北人民出版社，2014.

［109］ 张树民，程爵浩. 我国游轮旅游产业发展对策研究［J］. 旅游学刊. 2012（6）：7983.

［110］ 辞海编辑委员会. 辞海［S］. 上海：上海辞书出版社，1979.

［111］ 胡乔木，等. 中国大百科全书·教育［S］. 北京：中国大百科全书出版社，1985.

［112］ 赵忠心. 家庭教育学［M］. 哈尔滨：黑龙江少年儿童出版社，1988.

［113］ 顾明远. 教育大辞典［S］. 上海：上海教育出版社，1990. 11.

［114］ 缪建东. 家庭教育社会学［M］. 南京：南京师范大学出版社，1999.

［115］ 关颖. 社会学视野中的家庭教育［M］. 天津：天津社会科学院出版社，2000.

[116] 李天燕. 家庭教育学 [M]. 上海：复旦大学出版社，2007.

[117] 缪建东. 家庭教育学 [M]. 北京：高等教育出版社，2009.

[118] 陈建翔. 新家庭教育论纲：从问题反思到概念迁变 [J]. 教育理论与实践，2017，37（4）.

[119] 高书国. 新时代家庭教育的特点与趋势 [J]. 中国国情国力，2018（9）：10－12.

[120] 宋艳丽. 基础教育阶段家庭教育投入结构失衡倾向及优化对策 [J]. 教育观察，2018，7（12）.

[121] 张文霞，朱东亮. 家庭社会工作 [M]. 北京：社会科学文献出版社，2005.

[122] 邓伟志、徐榕. 家庭社会学 [M]. 北京：社会科学文献出版社，2001.

[123] 陈陈. 家庭教养方式研究进程透视 [J]. 南京师大学报（社会科学版），2002（6）.

[124] 卜尚聪，马莉萍，朱红. 精英大学本科生家庭教养方式及其影响研究 [J]. 教育学术月刊，2021（8）.

[125] 李天燕. 家庭教育学〔M〕. 上海：复旦大学出版社，2007：15.

[126] 张东燕，高书国. 现代家庭教育的功能演进与价值提升 [J]. 中国教育学刊，2020（01）.

[127] 周倩. 中日家庭教育理念比较及启示 [J]. 文化创新比较研究，2019，24：197－198.

[128] 赵宏玉. 亲子共学：最大程度发挥家庭教育功能 [J]. 中小学心理健康教育，2020（32）.

[129] 曹益民. 浅析以德为先的家庭教育 [J]. 新一代：理论版，2021，5：65－65.

[130] 金双秋. 现代家政学 [M]. 北京大学出版社，2009．1.

[131] 孙云晓、卢宇. 家庭生活教育的主要内容与方法初探 [J]. 中华家教，2021，2：41－48.

[132] 黄河清. 家庭教育学 [M]. 华东师范大学出版社，2014：4.

[133] 章海山. 家庭伦理 [M]. 广州：广东人民出版社，1984：125－126.

[134] 张怀承. 中国的家庭与伦理 [M]. 北京：中国人民大学出版社 1999：231.

[135] 刘晓梅，李康. 亲子关系研究浅识 [J]. 贵州师范大学学报，1996（03）：74.

[136] 袁方. 社会学百科辞典 [M]. 北京：中国广播电视出版社，1990：484.

[137] 覃尔岱，等，我国不同区域膳食结构分析及膳食营养建议 [J]. 中国食物与营养，2020，26（8）：82－87.

[138] 赵丽云，1992—2012 年中国城乡居民食物消费变化趋势 [J]. 卫生研究，2016，45（4），522－526.

[139] 陆征丽，步怀恩，王泓午. 营养学高等教育在我国的发展及其思考 [J]. 中国成人教育，2014（6）：141 - 143.

[140] 中国营养学会. 中国居民膳食指南（2022）[M]. 北京：人民卫生出版社，2022：4.

[141] 中国营养学会. 中国居民膳食指南（2016）[M]. 北京：人民卫生出版社，2022：294.

[142] 国家市场监督管理总局，保健食品防骗手册 [M]. 2019.

[143] 赵文秀. 家庭营养膳食与保健 [M]. 上海：上海远东出版社，2021 年 9 月.

[144] 夏征农. 大辞海·心理学卷 [M]. 上海：上海辞书出版社，2015 年 10 月.

[145] 杜亚松. 儿童心理障碍诊疗学 [M]. 人民卫生出版社，2013 年 12 月.

[146] 曾强. 功能医学概论 [M]. 北京：人民卫生出版社，2016.

[147] 边玉芳，梁丽婵，张颖. 充分重视家庭对儿童心理发展的重要作用 [J]. 北京师范大学学报（社会科学版），2016（5）：46 - 54.

[148] 王家骥. 全科医学概论 [M]. 北京：人民卫生出版社，2019.

[149] 王陇德. 健康管理师 [M]. 北京：人民卫生出版社，2019. 1.

[150] 郭姣. 健康管理学 [M]. 北京：人民卫生出版社，2017. 1.

[151] 王正珍，徐俊. 运动处方 [M]. 北京：高等教育出版社，2018. 8.

[152] 国家体育总局. 全民健身指南 [M]. 北京：北京体育大学出版社，2019. 3.

[153] 赵忠新. 睡眠医学 [M]. 北京：人民卫生出版社，2016. 3.

[154] 郑修霞. 妇产科照护学 [M]. 北京：人民卫生出版社，2012. 7.

[155] 李春晖. 家政学概论 [M]. 长春：吉林大学出版社，2021. 11.

[156] 汪志洪. 家政学通论 [M]. 北京：中国劳动社会保障出版社，2015. 1.

[157] Keyes L M, Shmotkin D, Ryff C. Optimizing well-being: The empirical encounter of two traditions [J]. Journal of Personality and Social Psychology, 2002, 82, 1007 - 1022.

[158] Kohut H. How does analysis cure? [M]. New York: International Universities Press, 1984.

[159] Lee R M, Robbins S B. Measuring belongingness: The social connectedness and social assurance scales [J]. Journal of Counseling Psychology, 1995 (42):232 - 241.

[160] Lee R M, Robbins S B. The relationship between social connectedness and anxiety, self-esteem, and social identity [J]. Journal of Counseling Psychology, 1998(45):338 - 345.

[161] Lee R M, Robbins S B. Understanding social connectedness in college women and men [J]. Journal of Counseling and Development, 2000(78):484 - 491.

[162] Linley P A, Maltby J, Wood A M, Osborne G, Hurling R. Measuring happiness: The higher order factor structure of subjective and psychological well-being measures [J]. Personality and Individual Differences, 2009, 47(8), 878 - 884.

[163] Ruble D N, Frey K S. Changing patterns of comparative behavior as skills are acquired A functional model of self-evaluation. J Social comparison: Contemporary theory and research 1991, 79 - 113.

[164] Schmutte P S, Ryff C D. Personality and well-being: reexamining methods and meanings [J]. Journal of Personality and Social Psychology, 1997, 73 (3): 549 - 559.

[165] Taylor S E, Buunk B P, Aspinwall L G. Social Comparison, Stress, and Coping [J]. Personality & Social Psychology Bulletin, 1990, 16(1): 74 - 89.

[166] Taylor S, Wood J, Lichtman R. It Could Be Worse: Selective Evaluation as a Response to Victimization [J]. Journal of Social Issues. 1983, 39 (2): 19 - 40.

[167] Tesser A. Toward a self-evaluation maintenance model of social behavior [J]. Advancesin experimental social psychology, 1988, 21: 181 - 227.

[168] Thornton P R, Shaw G, Williams A M. Tourist group holiday decision-making and behaviour: the influence of children [J]. Tourism Management, 1997, 8(5), 287 - 297.

[169] Wills T A. Downward Comparison Principles in Social Psychology [J]. PsychologicalBulletin, 1981, 90: 245 - 271.

[170] Bohlander, Robert W. Differentiation of self, need fulfillment, and psycho-logical well-being in married men [J]. Psychological Reports, 1999, 84(3): 1274 - 1280.

[171] Davis H L, Rigaux P. Perception of marital roles in decision processes [J]. Journalof Consumer Research, 1974, 1(6): 51 - 62.

[172] Elizabeth A, Skowron Thomas A, Schmitt. Assessing interpersonal fusion: reliability and validity of a new DSI fusion with others subscale [J]. Journal of Marital & Family Therapy. 2003, 8: 209 - 232.

[173] Hanson P A. An application of Bowen Family Systems theory: Triang-ulation, differentiation of self and nurse manager job stress responses [J]. Dissertation Abstracts International: The Sciences and Engineering, 1998, 58(11): 58 - 89.

[174] Kerr M E, Bowen M. Family Evaluation: An Approach Based on Bowen Theory [M]. London: W. W. Norton, 1989.